개정판 한국 주거와 삶

Korean Housing and Lifestyle

개정판

한국 주거와 삶

Korean Housing and Lifestyle

윤정숙
Yoon, Chungsook

유옥순
Ryou, Oksoon

박선희
Park, Sunhee

김선중
Kim, Sunjoong

박경옥
Park, Kyoungok

(주)교문사

머리말

역사적으로 볼 때 한국의 주거만큼 시대적으로 많은 공간적 변화를 겪어온 경우도 드물다. 한국주거는 구한말 개항을 필두로 급격한 변화가 시작되었다. 즉, 서구 및 중국, 일본 등의 외래주거의 도입을 시작으로 일제강점기가 되면서 일본식 가옥이 확산되었으며 이 속에서도 구습을 탈피하고자 하는 지식인들의 신생활 운동과 주택 개선의 움직임, 도시 인구 집중으로 인한 도시형 한옥의 발달이 있었다. 그런 과정에서 맞게 된 해방과 5년 후 발발한 한반도전쟁은 주거 발달에 또 다른 영향을 끼치게 되었다. 무엇보다 전후 당시 혼돈된 사회의 안정적 질서를 위한 주택의 양적 공급을 위해 등장한 마포아파트는 집에 대한 새로운 개념이자 한국에서 공동주택이 발달하고 보편적 주거유형으로 정착되는 첫 신호탄이었다.

이후 경제개발정책과 더불어 생활의 변화가 일어나면서 도시의 단독주택은 새로운 구조와 공법 및 재료로 아파트의 평면을 모방한 수직적 공간구성으로 변화하였다. 한편 1970년대에는 전국 농촌을 중심으로 한 새마을운동과 새마을주택이 있었다. 시멘트라는 기능적인 건축재료는 도로와 일반 건축물은 물론, 도시와 농촌할 것 없이 집 안 부엌의 부뚜막에까지 사용되었다. 동시에 서울을 중심으로 건설된 공동주택은 전국적으로 확산하게 되었고, 아파트는 오늘날 한국의 가장 양적 수위의 보편적 주거유형으로 정착되었다.

이제 한 세기라는 시대를 보내면서 과연 무엇이 한국인을 위한 한국적인 주거인지, 한국인의 정서와 생활양식에 가장 적합한 공간구성이 무엇인지 한국주거의 정체성 확립이 필요하게 되었다. 복잡한 유형의 선택은 개개인의 것이지만 다르게 보이는 가운데 한국인의 공간적 정서가 공통으로 나타나고 있음은 아무도 부인할 수 없다.

이렇듯 변화무쌍하였던 한국인들의 주거와 삶의 흐름에 대한 통사적 정리와 고찰이 주거학 분야의 학문적 과제이며 또한 주거학교육의 전공서가 매우 필요하다고 생각되어, 이에 뜻을 같이 한 연구자들이 집필을 구상하였다.

이 책은 조선시대부터 현대에 이르기까지 한국에서 크게 주류를 이루었던 주거유형을 중심으로 한국인들의 주거생활과 삶을 조명해 보기 위하여 구성되었다. 총 5개 장으로, 각 장의 구성과 집필은 다음과 같이 이루어졌다.

1장 조선시대의 주거와 삶은 전북대학교 박선희 교수, 2장 근대주거와 삶은 연세대학교 윤정숙 교수가 집필하였고, 3장 현대 도시단독주거와 삶은 충북대학교 박경옥 교수, 4장 현대 공동주거와 삶은 울산대학교 김선중 교수가, 마지막으로 5장 현대 농촌주거와 삶은 군산대학교 유옥순 교수가 집필하였다.

애당초 이 책의 집필의도는 대학교 전공도서로서의 성격에 초점을 맞추었는데 내용구성이 조선시대부터 현대의 주거까지를 총망라하는 과정이다 보니 그 양이 방대하여 많은 자료를 누락할 수밖에 없었다. 그러므로 각 주제에 맞게 심층적 논의가 이루어지거나 선학들이 이루어 놓은 관련 자료들을 심도 있게 모두 인용하지 못한 아쉬움이 있다. 이 점 많은 선후배 제위들에게 양해를 구하고자 한다.

오늘날 개념적인 집의 의미와 가치는 과거에 비하여 너무 많이 변화하였다. 이제 후손을 위한 보다 나은 미래의 한국주거의 질적 발전을 위하여 많은 각고의 노력과 각성이 제 분야에서 일어날 것을 기대하면서 우리 모두 냉철한 시각에서 우리의 주거문화를 되짚어보고 점검을 게을리 하지 않으면 안 될 것이다.

모쪼록 이 책이 주거학 및 이의 관련분야를 공부하는 사람들에게 정리된 시각을 제공하는 데 일조를 할 수 있다는 것으로 집필자들 모두의 보람으로 여기고 이 책의 출판을 흔쾌히 허락해 주신 (주)교문사 류제동 사장님, 양계성 상무님께 감사를 드린다.

2011년 9월
집필자 일동

차례

머리말 iv

1장 조선시대의 주거와 삶

1. 조선시대 생활환경과 주거 2
2. 주생활의 정착과 한옥의 완성 10
3. 반가와 주생활 18
4. 민가와 주생활 43

참고문헌 56

2장 근대주거와 삶

1. 근대화와 외래주택 60
2. 신생활 운동과 주택 개선 75
3. 주택난과 도시주거 96

참고문헌 108

3장 현대 도시단독주거와 삶

1. 광복과 주택 복구 112
2. 경제개발과 단독주택의 대량건설 124
3. 단독주택의 다양화 143

참고문헌 161

4장 현대 공동주거와 삶

1. 공동주택의 도입 166
2. 공동주택의 정착 181
3. 공동주택의 확산 199
4. 공동주택의 성숙 214

참고문헌 236

5장 현대 농촌주거와 삶

1. 한국농촌의 변화 242
2. 전통생활과 농촌주거 246
3. 새마을운동과 농촌주거 253
4. 현대식 생활과 새로운 농촌주거 267
5. 도농의 공생과 과제 282

참고문헌 290

찾아보기 294

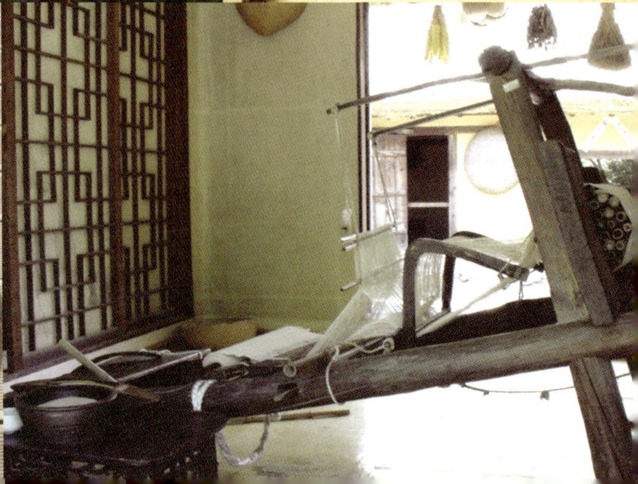

I

조선시대의 주거와 삶

조선왕조는 시대적으로 전기(1392~1592년), 중기(15세기 말엽~17세기 말엽) 그리고 후기(17세기 말엽~1910년)로 나누어진다.

전기는 왕조의 건설 초기로 도읍 이전을 비롯하여 여러 가지 체제 정비로 다소 혼란이 있었을 것으로 보이지만 일반인들의 생활풍속이나 사회배경은 고려시대와 크게 다를 바 없이 이어져 왔다.

중기에는 큰 전란으로 인한 폐해와 질병 및 기근이 이어져 전반적으로 어려운 시기였다. 17세기 후반 이후의 조선사회는 중세 봉건 질서의 붕괴기로 임진왜란 · 병자호란으로 인한 사회경제적 기반의 동요, 중앙집권층 벌족의 확대, 농업생산력의 증대와 이에 따른 화폐경제의 발달로 구질서 자체가 변화되기 시작하였다.

그러나 이를 기점으로 후기에 이르러서는 조선왕조의 정치적 안정 및 사회체제의 정비, 그리고 생산 경제의 확대에 따라 여러 가지 생활 문화가 활발하게 꽃을 피우게 되었다. 우리가 오늘날 전통적 생활문화라고 일컫는 것들은 후기에 확립된 것이 많다.

1. 조선시대 생활환경과 주거

자연에 대한 관점과 주거

한반도의 위치가 가진 기후 환경은 특히 지역별 주거 특성에 많은 영향을 주었다. 기후 환경은 크게 동기후(動氣候)적 요인과 지리적 요인으로 특징짓는데, 우리나라는 중위도의 중간으로 온대성 기후의 특색을 갖고 있다. 사계절이 뚜렷한 가운데, 특히 겨울에 시베리아 대륙 내부에서 발원한 시베리아 기단의 북서 계절풍으로 인하여 우리나라의 겨울철은 매우 길고 심한 추위와 건조한 기후를 갖게 한다. 또한 여름철에는 장마기와 한여름으로 구분되어 7월의 지루한 장마철이 물러가면 북태평양 고기압이 강해져 삼복 무더위가 기승을 부리는 혹서의 계절이 된다. 이러한 혹한과 혹서의 대비를 위하여 주거에서 생성 발전된 것이 '온돌'과 '마루'라는 이중적 가옥 구조였다. 그러나 서민의 가옥은 마루보다는 겨울의 혹한에 대비한 온돌 구조가 더 발달하였으며 산간이나 도서지방과 같은 특수 기후에서는 겹집평면과 외양간이 부속된 몸채가 발달하였다.

또한 남북의 위도 차가 약 10도나 되어 1월의 평균 기온은 제주도(6.0°C)와 중강진(-20.8°C)의 경우 26도 차이가 난다. 따라서 전반적으로 한반도 남북 간에는 기온차가 많으며 식물 분포, 토지 이용, 생활양식의 차가 현저하다. 이러한 기후 환경의 차이는 한반도 전체에서도 크게는 북부, 중부, 남부지역별로 민가의 구조와 평면 배치 등의 방식에 영향을 주게 되었다.

정치, 경제 및 사회와 주거

조선왕조의 경제 기반은 토지 경제에 주로 의존하였다. 모든 세금도 곡식을 기준으로 할 만큼 농경은 중요한 일이었다. 따라서 농민은 국가 존립의 경제적·사회적 기초로 인정받고 있었을 만큼 중요하였고 조선시대 인구의 대부분을 차지하였다. 그러나 점차 도시의 행정관리를 비롯하여 상업이나 공업에 종사하는 사람들이 많아졌다. 이들의 증가는 도시 주거의 특성을 형성하는 데 간접적인 영향을 주게 되었다.

조선왕조의 도시는 수도 한성부(漢城府)와 지방도시로 구분할 수 있다. 한성부는 관할구역을 성내(城內)와 성 아래 10리(城底十里)로 나누어 성내 거주만을 원칙으로 하였다. 그러나 산림보호를 목적으로 한 성 아래 10리는 이후 한양 내 도시 인구의 집중에 따라 조가(造家)와 정주(定住)를 막을 수 없었다. 특히 임진왜란과 병자호란 이후 이농자들이 급격히 불어나게 되었다.[1] 도시의 주민은 관인(官人), 향리(鄕吏), 공장(工匠), 상인(商人), 노비(奴婢) 그리고 양인(良人)들이었다. 이들 주거의 공간 요구는 관련된 생업에 따라 차이가 있었을 것이다. 한정된 대지에 거주자들이 늘어나면서 주택수요가 늘어나게 되자 도읍지의 가옥들은 농촌과는 달리 한정된 대지의 특성에 따라 도시주택으로서의 특성을 띠면서 발달하게 되었다.

1 왕조 초기 서울의 인구는 성내에 약 10만 명, 성밖 1만 명으로 합치면 11만 명이 되는 대도시였다(손정목, 1994).

한편 농가의 주거는 농작업을 하기 위한 많은 공간이 함께 구성되었다. 즉, 광과 마당처럼 농산물을 저장하고 갈무리하기 위한 공간과 농기구 보관 공간, 퇴비 공간, 축사, 외양간 등으로 구성되었다.

신분과 주거

조선시대는 신분상의 계급이나 부의 정도에 따라 주거의 구조나 규모에 차이가 있었다.

그 당시 집은 사적 소유이자 민중들의 유일한 건물이었다. 그러므로 집에 대한 애착은 매우 각별하였고 집을 짓는 일에 대한 각종 의식이나 사상 및 의례 등이 발달하였다. 그러나 일반 백성들은 농토로부터의 이탈을 막기 위해 제정된 호패법이 있어서 거주의 이동을 자유롭게 할 수 없었다. 그러므로 그들은 대를 이어가며 일정한 지역에서 대체로 의식주를 자급자족하며 살았다. 또한 대지는 원칙적으로 개인의 소유가 아닌 국가 소유였으며 집을 짓기 위해서는 국가의 허가를 받아야 했다.

당시 국가에서 제정된 주택법은 주거의 규모나 사치스러운 장식을 제한하는 일에 중점을 두었다. 이것은 오늘날의 입장에서 보면 그 관점이 매우 단순한 것처럼 보이나 당시로서는 사회계급이나 분수에 따른 생활방식을 유도하고 물자를 절약하고자 하는 질서와 근검의식에서 비롯된 중요한 사안이었다.

주거의 크기와 장식 제한

주거에 대한 법적 제한은 가사제한, 가대제한, 장식제한 등이 제기되었다. 원칙적으로 백성들은 각기 신분에 맞는 가사(家舍)·가대(家垈)에 대한 법적인 제한에 대해 흡족하게 생각하지 않았으며, 그리하여 자기 신분에 맞는 규제보다 크게 규모를 늘리고자 함으로써 제기된 문제들을 실록에서 찾아볼 수 있다.

한양의 경우 주민의 가옥 건축지는 한성부에서 희망자의 신청을 받아 공지를 분양·대여하였다. 즉 불하가 아닌 지상권만 부양한 것이었으며 불하를 받은 후 2년이 경과하도록 집을 짓지 않는 대지는 회수하여 새로운 희망자에게 나누어 주었다.

세조 6년(1460년) 『경국대전(經國大典)』에 명시된 대지의 제한 규정은 다음

조선시대 주거 대지의 제한

신 분	부 수	현행면적(m^2)	신 분	부 수	현행면적(m^2)
대군(大君)·공주(公主)	30	4224.90	오륙품(五六品)	8	1126.64
왕자군(王子君)·옹주(翁主)	25	3520.75	칠품(七品) 이하 및 유공자 자손	4	563.32
일이품(一二品)	15	2112.45			
삼사품(三四品)	10	1408.30	서인(庶人)	2	281.66

주거의 규모제한(성종 9년, 서기 1418년)

신 분	크기(間)	신 분	크기(間)
대군(大君)	60	삼품(三品) 이하	30
군(君) 공주(公主) 옹주 종친(宗親)	50	서인(庶人)	10
이품(二品) 이상	40		

표와 같다. 이 『경국대전』에 나타난 가대의 규모 제한은 『대전회통』에도 변함없이 조선왕조 말까지 존속하였다. 가대의 확보와 도시 내에서의 토지 이용도 제고 및 미관유지 등의 방안으로 한성부 성내에서는 곡식의 경작이 금지되었으며, 또 남산의 경우는 성밖에 있는 남쪽 기슭도 중턱 이상은 대장에 사유지로 등록된 땅이라도 경작이 허용되지 않았다.

주거의 장식제한(裝飾制限)은 집의 치장에 붉은 칠 등의 진채(眞彩: 단청에 쓰이는 불투명한 진한 색)를 금하게 한 것과 주춧돌 이외 숙석(熟石: 인공으로 다듬은 돌)을 금하게 한 것 정도였다. 단청은 당시 건물의 목재 부분의 약점을 보

서울 창덕궁 내 낙선재 | 숙석주추를 사용한 궁실주거

완하며 치장을 겸한 마감도료로서 중국의 수입에 의존한 것으로 매우 비싸고 귀하였다. 그러므로 단청 사용의 금지는 결국 국력의 낭비를 제한하려는 조치였음을 이해할 수 있다. 이러한 장식제한의 문제는 중종 때 가장 많이 나타났으나 경종 이후에는 발생하지 않았다.

전남 구례 운조루 | 호박돌을 주춧돌로 사용한 모습. 같은 누마루 구조에도 궁실과 반가의 가옥에 대한 법적 질서가 있었다.

이와 같이 『경국대전』에 공시된 집의 법적 규제는 신분에 따른 규모와 장식제한이었으나 실제적 규제 조항은 더 많았던 것으로 보인다. 여러 기록에 나타난 관습적인 규제는 집의 층고와 좌향, 부연금지 등의 지붕구조의 제한, 대문의 설비와 크기, 목재의 사용 종류 제한 등이 더 있었음을 알 수 있다.

한편 신분별 거주지역 제한에 대한 구체적인 증거나 자료는 없지만 대체로 권문세가(權門勢家)는 궁궐에 가깝게, 아전(衙前)은 관아(官衙)에 근접해서 살았으며 그 외 일반 백성 및 이하 신분의 사람들은 궁궐이나 관아에서 거리가 먼 곳에 거주하였던 것으로 추정된다. 이러한 사회계층에 의한 거주지역의 분화현상은 지방도시에서도 마찬가지였다. 성벽에 싸인 읍내인 경우 성내에는 원칙적으로 관인과 향리들만 거주했으며 간혹 양반들의 별저가 있었다. 즉, 상인이나 농민들 및 독립 외거노비들을 포함한 민가는 모두 성밖에 거주하는 것이 원칙이었다.

그 외 『조선왕조실록』에 제기된 주거 관련 내용으로는 가가(假家), 인가철거, 건축용 목재, 온돌, 집값, 재해로 인한 가옥붕괴, 담장과 우물, 왜인거주 등으로 보아 당시의 주거에 대한 사회적 관심의 폭이 오늘날과 비교하면 매우 지엽적인 것들이었음을 알 수 있다.

종교 및 사회사상

조선왕조의 정치·사회·문화의 모든 면에서 지배적 위치를 차지한 것은 유교사상이었다. 조선왕조 정치사상의 기반이었던 성리학은 유교의 가치체계를 존중하면서 인륜과 도덕을 우주의 질서와 연결시켜 파악함으로써 정치철학적 이론을 제공하였으며, 원칙적으로 성리학 이외의 다른 사상이나 종교는 이단시되었다. 그 결과 불교는 크게 밀려나게 되었지만 성리학의 사상 자체는 불교와 공통되는 점이 많아서 15세기 중엽 훈구세력은 성리학 이외에도 불교를 비롯하여 도교, 풍수사상, 민간신앙 등 여러 사상에 관대하였다.

유교사상의 도입으로 조선 전기에 이어져 왔던 생활관습이나 의식은 중기 이후에 서서히 탈바꿈되었고, 후기에 이르러 오늘날 우리가 전통이라고 부르는 많은 생활문화들의 모습으로 정착하게 되었다. 유교의식은 특히 가정생활에 대한 의례나 가족제도 등에 많은 영향을 주게 되었다. 주거에서는 공간의 구성이나 사용에 영향을 주었다. 무엇보다 집안의 가묘(家廟), 즉 조상을 모시는 사당의 설치가 이루어졌다는 점과 생활 거처에 대한 남녀 분리의 규범이 정착되었다는 점이 큰 변화였다.

풍수지리 및 도교사상과 주거

풍수지리의 배경은 당 시대의 자연 환경을 기후 조건과 결부하여 최대한 바람직한 방향으로 토지를 활용하고자 한 지식과 지혜의 결산이라고 할 수 있다. 특히 한반도의 기후조건이 혹서와 혹한 그리고 여름철의 집중호우라는 특성에 대한 대비책에서 농경 작업을 겸한 일상적 주거생활을 잘 유지하기 위하여 어떠한 곳에 집 자리를 선정하는가가 매우 중요하였다. 그러나 후에 풍수지리는 묘 자리와 관련된 음택 풍수가 더 성행하게 되어 타락하게 되었다.[2]

한편 풍수지리와 잘못 동일시하거나 잘 혼동되는 것으로 도참사상[3]이 있었다. 도참은 앞으로 일어날 사건을 암시하는 상징물인 도(圖)와 밀어(密語)의 형식을 띤 예언적인 언어인 참(讖)이 합해진 말로서 미래의 길흉화복을 예측하려는 사

2 다산 정약용은 풍수지리 중 특히 음택 풍수의 오용에 대하여 근거 없는 미신적 행위로 간주하고(민족문화추진회, 1997) 여러 사례 등을 들어 신랄하게 비판하였다.

3 도선이 창시한 도참사상은 본래 풍수지리에 근거한 것으로 국가의 홍건을 위한 것이었으나 조선 후기에 이르러 개인의 길흉화복을 위한 양택·음택 선정 논리로 타락하게 되었다.

회적 욕구에서 비롯된 상징행위이다. 이러한 도참설은 조선 후기 무속신앙과 함께 민간에서 널리 신봉되었다. 사회체제가 변동하고 기존의 가치질서가 무너지는 상황에서는 예언설이 유행할 수밖에 없었는데, 특히 사회의 모순과 지배층의 비리가 특히 심해진 19세기 초에 두드러지게 나타나 정부를 비방하면서 피폐화된 민중의 동요를 자극하였다. 이러한 도참설은 개인적 구복 성격의 무속신앙과 함께 일반 민중사회에 깊이 침투하여 사회적으로 열악한 상태의 백성들에게 정신적 도피처의 역할을 제공하였다. 그러나 이러한 도참설이나 무속신앙에 대하여 조선조의 선비들을 비롯한 지식인들은 사람의 정신을 혼돈케 한다 하여 경계하고 비판하였다.

그 외 주거생활에 부분적으로 영향을 준 종교로 도교가 있다. 도교는 건국 초에 태조가 단을 설치하여 천신에게 제사를 지내기까지 하였으나 태종 때에 중단하였고 조선 중기에 이르러 국가 의식으로서의 위치를 상실하고 정치적 · 사회적 중요성을 잃게 되었다. 도교는 이후 민간신앙화하여 칠정사요(七政四曜) · 남두칠성(南斗七星) · 북두칠성(北斗七星) 등의 별자리 의식과 관련되었다. 또한 입택(入宅)할 때 길일을 택하거나 제식으로 향촉과 정화수 한 그릇과 버드나무 한 가지, 푸른 채소 한 접시를 신전에 놓고 천지와 가신(家臣)과 조왕신(부뚜막신)에게 절을 한 후 신 앞에 놓았던 정화수를 문기둥에 뿌리는 것은 살을 피하는 일로 불교적 요소가 섞인 도교적 행위의 하나였다.

가족제도와 주거

가족생활의 특성은 혼인 등의 가족제도와 긴밀한 관련이 있다. 조선 전기에는 고려 이래로 이어져 온 가족제도의 전통이 강하게 남아 있었다. 무엇보다 서류부가(婿留婦家)[4]의 혼인제도, 아들 · 딸 구분 없는 재산상속제도, 조상의례의 균할 담당, 아들이나 딸 자녀의 호적 등재 등이 대표적인 예이다.

그러나 17세기 초 양란과 이에 대한 대응 방식의 쟁점이 부각되면서 성리학의 보급 및 예제에 대한 본격적 보급 및 정착 과정이 이루어지면서 생활의례나 가

4 서류부가란 혼인 후에 신랑이 일정기간 처가에서 생활한 뒤 가족들을 데리고 본인의 집으로 가서 사는 제도를 의미한다. 고구려의 서옥제 이래 이어진 풍습으로 전하며 중국의 친영제가 도입된 후 조선 중기부터 서서히 사라지게 되었다.

부장적인 친족체계로의 변화로 정착되었다. 조선 후기 친족체계 변화의 주된 골격은 내외친이 망라되는 양계친족에서 적장자 중심의 부계친족으로 특징지으며, 이는 제사상속 및 재산분배에서 장자 우대의 경향, 족보에서 친족의 수록범위 축소, 입양제도의 변화, 그리고 동족 마을의 형성 등으로 예증된다.

친족체계의 변화에 따라 적장자(嫡長子)로 이어진 집은 종가(宗家)로서 그에 대응한 생활요건을 기본으로 주거 공간이 구성되었다. 조선 후기 사대부 종가를 비롯한 거주 공간의 변화는 크게 세 가지를 들 수 있는데, 첫째는 집 안의 사당 건립, 둘째는 남녀의 생활공간 분리, 셋째는 여성의 공간적 행동 제약 등이다.

한편 장남을 제외하고 성혼한 자녀는 가호(家戶)를 달리하고 분재(分財)를 하였는데, 분가를 한 가족은 대가족을 포용할 필요가 없으므로 집의 규모는 크지 않았다. 그러나 차남 이하가 결혼하여 분가하더라도 장남가족인 본가(종족, 대가)를 중심으로 제사 및 길흉의 행사가 이루어졌고 농업생산에 있어서도 집안일이라는 관념을 가져왔다. 이와 같이 같은 지역에서의 가부장제 대가족들이 오랫동안 함께 살면서 지연과 혈연이 합쳐지고 이는 자연스럽게 동성부락을 형성하게 되었다.[5]

한편 상류계층의 집에서는 가족뿐만 아니라 농사일을 비롯한 가사생활을 지원하는 하인들이 함께 거주하였는데, 이들은 대개 노비[6]들로서 가족의 재산에 등재된 소유의 대상이었으며 집 안에 함께 거주하는 솔거노비와 집 밖에 거주하면서 출퇴근을 하는 외거노비들이 있었다. 상류계층뿐만 아니라 경제력이 있었던 농민이나 노비들도 별도의 노비를 둘 수는 있었다. 이러한 노비는 조선 후기의 사회변동에 따라 외거노비는 19세기에 소멸되어 버렸고, 솔거노비도 대지주나 세도가층 등의 일부에 한정되었다.

이에 비하여 서민층인 대부분의 농민은 한 채나 두 채로 된 소규모의 주거에서 가족 중심의 생활을 하였다.

5 변시민 외(1984). 한국사회의 규범문화. 한국정신문화연구원, 60쪽.

6 조선 전기에는 솔거노비가 외거노비보다 많았다. 솔거노비들은 비록 주인의 강한 경제적 신분적 압박을 받았지만 '가내사환노비(家內使喚奴婢)'적 존재로만 구성되지는 않았던 것으로 보인다. 즉 조선 전기의 솔거노비들은 주인의 농장 주변에 거주하면서 제한된 형태나마 자기의 독자적 경영을 가지면서 수시로 부역노동만을 제공하는 형태인 솔하(率下)노비가 지배적이었다. 한편 외거노비들은 주가(主家)에 신공(身貢)이란 이름으로 그들의 잉여 생산물을 제공하였고 노비전호(佃戶), 노비자작농, 노비지주 등의 여러 형태로 존재하였다(국사편찬위원회, 1998).

2. 주생활의 정착과 한옥의 완성

한옥이란 이 땅에 우리 민족이 수천 년 동안 살아오면서 자생적으로 혹은 문화 접변에 의한 간접적 경험들이 걸러져 한국인들에게 적합한 쪽으로 발달한 고유한 우리네 주거양식이다. 이러한 한옥에는 의생활 · 식생활 · 주생활 등의 제반 생활양식과 통시적 사회 흐름을 반영하는 제도적 표현체로서 형성된 문화 특성을 내포하고 있다.

한옥이 지닌 대표적인 특성은 무엇보다 온돌과 마루구조의 통합, 유연한 기와지붕의 선, 창호의 개방적 구조 등이라 하겠다.

일반적으로 동양의 건축적 구조와 발달은 중국으로부터 시작되었다. 공간에 대한 개념이나 이에 따른 건물의 배치도 초기에는 중국의 영향을 받았다. 중국은 처음부터 목조가구식 구조에 주력하였으므로 골조를 만드는 데 2~3천년의 실제적인 경험을 지녀 왔다. 기둥, 몸체, 지붕이라는 입면을 조성하는 데 있어 제일 중요한 부분은 지붕의 설계이다. 지붕은 합리적으로 건축물의 외형을 강조하고 증대시킬 수 있으며 또한 건물에서 가장 높아 원근에 관계없이 모든 사람의 시선의 초점이 되고 경관의 대상이 된다. 그래서 처마를 조성하고 지붕을 강조하기 위하여 공포 등의 처마 밑 구조를 만들어냈으며 지붕 위에 길상이나 안전 부귀를 상징하는 장식 부재를 사용하기도 하였다. 이러한 기법이 한국과 일본 등에 영향을 주어

미려한 한옥 외관(경북 안동 양소당고택)

궁궐이나 사찰의 지붕구조가 복잡하게 발달하였다. 그러나 주거에서는 이러한 권위적 형태의 지붕이 필요하지 않은데다 물력의 낭비로 이어지므로 공포 구조는 일반 한옥에서는 법으로 금지되어 적용하지 못하였다. 그러므로 한옥은 날렵한 지붕의 선과 함께 긴 처마 밑으로 드러난 목조 기둥과 개방된 마루 공간, 그리고 온돌방의 창호와 창살의 조화로 외관상으로는 지극히 정갈하고 단아한 아름다움을 보여 주게 된다.

고구려의 벽화에서부터 나타난 한옥의 기원적 형태는 오랜 세월 한국인의 생활을 통해 다듬고 수용되어 조선시대에 이르러 고유한 주거생활의 정착을 이루면서 전통적 주거로서의 한옥을 완성하게 되었다.

한옥 공간구조의 특성

한옥의 실내 바닥은 크게 마루와 온돌 그리고 토방으로 구성되는 것이 특색이다. 마루로 구성되는 고상식 구조에 온돌이 첨가된 평면구조는 세계적으로 유일한 우리나라만의 가옥 특성이라고 하겠다. 온돌은 기본적으로 사람의 기거공간이며 마루는 계절적 기거공간과 아울러 수장공간의 바닥구조로 활용되었다. 토방은 부엌이나 함실처럼 취사와 난방공간, 방아실과 같은 농작업공간, 그리고 일반적 수장공간, 축사공간, 측간 등의 바닥구조로 다양하게 이용되었다.

우리나라의 마루구조는 자생적이며 온돌 역시 발해 유적에서도 나타났던 것처럼 일찍이 북부지역에서 자생적으로 시작하여 점차 남부지역으로 파급되었다. 북쪽 추운 지방에서 유래된 온돌이 남부지방 및 제주도까지 파급되어 한반도 전체에 정착한 것은 조선 중기 무렵으로 보고 있다. 물론 조선 초기 가옥에서도 온돌방을 부분적으로 한두 칸 설비하여 노인들이나 환자를 위한 방으로 사용하기도 하였으며, 온돌을 전혀 구비하지 않은 마루구조만으로 주거생활을 한 집도 있었다.

토방은 부엌이나 광처럼 외부와 자주 연결되는 생활공간 바닥을 흙으로 다짐처리하여 쉽게 왕래하며 사용할 수 있도록 한 것이다. 특히 부엌은 온돌방에 불을 들이는 아궁이를 설치해야 하므로 바닥의 평면 높이를 낮게 설치하였다.

✿ 평면과 배치의 특성

조선시대 한옥은 한 몸채에 공간을 덧붙여 확장하지 않고 별도로 채를 구성하여 집을 계획하였다. 이렇게 지어진 각각의 채는 거주자 및 사용 역할에 차이가 있었다. 채는 하나의 채로만 구성된 一자형에서부터 각 채가 배치된 모습에 따라 ㄱ자형, ㄷ자형, ㅁ자형, 튼ㅁ자형 등 그 유형이 다양하게 되었다. 평안도나 남부지방은 一자형이 많으며 서울 및 중부지방은 ㄱ자형이, 그리고 도시한옥이나 경상북도 및 일부 산간과 도서지역은 ㅁ자형 평면으로 많이 발달하였다. ㄷ자형은 규모가 큰 집의 안채에 종종 지어졌다. 그러나 이러한 각각의 유형은 한 가옥 안에서도 사랑채는 一자형, 안채는 ㅁ자형과 같이 서로 혼합되어 구성하기도 하였다.

한편 하나의 채에서는 마루나 방의 배치가 한 줄로 이루어진 홑집의 형태와 田자형과 같이 겹으로 구성된 겹집의 형태가 있는데, 이는 지역이나 민가의 유형에 따라 조금씩 차이가 있다. 한편 이러한 실의 구성을 더 구체적으로 분석하여 외통집과 양통집 그리고 겹집으로 분류하는 경우도 있다.

✿ 입면의 특성

한옥은 단층이 특색이다. 중국이나 일본의 전통가옥이 2층 이상 건축된 데 비하여 우리나라 한옥은 모두 단층 구조로 이루어졌다. 이것은 고려시대 이래로 이어져 온 음양오행 및 풍수사상을 근거로 하여 한반도 지형에 적합한 집의 규범으로 본 데에 기인한 것이다. 『고려사』(世家 卷之28)에는 다음과 같은 기록이 나타나 있다.

> "산이 적은 땅에는 고루(高樓)를 세우고 산이 많은 데에는 평옥(平屋)을 세우라 했습니다. 다산(多山)은 양(陽)이고 희산(稀山)은 음(陰)이며 고루는 양이고 평옥은 음이라… 우리나라는 산이 많은 나라이며 따라서… 태조(太祖) 이래로 높은 집을 짓지 않았을 뿐 아니라 민가에도 이를 금하고 있습니다."

이와 같이 일찍부터 사찰이나 누각 및 특수건축물 이외에는 이층 이상을 지을 수 없도록 자연스러운 정착이 이루어지게 되었다.

단층집이라는 같은 구조 안에서 위계적 질서를 나타내고자 할 때는 대지를 이용하기도 하였다. 지대가 높은 곳에 사당을 배치(충남 예산의 추사고택, 충남 대전의 제월고택 등)하거나 동족마을에서도 제실이나 신분이 높은 집일수록 지대가 높은 곳에 위치하였다(경남 양동마을, 경북 성주 화개마을).

입면 구조는 단층 안에서의 공간 확장에 따라 차이가 있었다. 도리의 수에 따라 3량 집, 4량 집, 5량 집, 7량 집으로 구성되었는데 행랑채와 같은 작은 규모는 3량 집으로, 5량이나 7량은 규모가 큰 상류가옥의 경우에 채택되었다.

지붕재료와 형태

한옥은 일단 기와지붕을 전제로 하고 있다. 그러나 조선시대 서민 주거의 지붕재료는 초가도 아주 많았다. 초가는 주로 볏짚을 이용한 지붕으로 농가를 비롯, 일반 서민가옥에서 흔히 사용하던 것이었다. 농경이 어려운 제주도와 같은 섬이나 산간지역의 일부 가옥은 '새'를 지붕재료로 활용하였다. 그러나 이러한 초가지붕은 화재 시에 피해가 컸기 때문에 나라에서는 기와지붕을 장려하였다.

창덕궁 연경당 안채 팔작지붕

골기와 지붕(서울 가회동)

기와는 암키와와 수키와를 사용한 골기와 지붕이 전형적이었다. 지붕 형태는 기본적으로 박공을 가진 형태로 평면의 공간 규모 및 특성에 따라 맞배지붕, 우진각지붕, 팔작지붕, 모임지붕 등 다양한 종류가 있었다. 공간 규모가 비교적 큰 상류가옥은 팔작지붕이 많았으며 단순한 평면을 가진 서민가옥은 우진각의 초가지붕이나 맞배지붕이 많았다.

한옥 지붕이 지닌 특성은 처마의 유연한 선적 흐름을 들고 있다. 일본과 같이 깎아지르거나 중국과 같이 날카롭지 않은 따뜻하고 포근한 처마 곡선은 보기에도 좋을 뿐 아니라 여름과 겨울의 태양 고도에 맞게 실내 공간을 시원하거나 따뜻하게 해주는 과학적 지혜의 소산인 것이다.

외부공간과 집의 경계

부지에 배치된 거주공간 외 바깥공간은 울타리로 둘러싸인 마당과 채소를 기르던 남새밭, 장독대, 간단하게 만든 돼지나 닭 등의 축사, 광이나 곳간, 그리고 변소 등이 있었다. 상류가옥의 경우에는 별도의 우물을 축조하거나 경제규모에 따라서 방아실채 및 곳간채가 구성되었다. 또한 인접한 별저에는 연못이나 누각을 설치하기도 하였다.

✿ 대문과 담장

기본적으로 담장과 대문은 가족의 사적인 생활의 보호이자 사유재산에 대한 주거의 경계 표식이다. 민가에서는 비교적 높은 담장과 대문의 설치가 일반적이었다. 담장은 대개 흙담이 많았으며 대문도 주변에서 손쉽게 얻기 쉬운 재료로 만들었다.

민가의 주생활은 각 호가 독립하여 울타리를 치고 이웃과 격리되어 단독적인 생활을 하였다. 그러므로 접촉하는 상대방에게 항상 진중하며 이웃이나 친척뿐만 아니라 술친구에게까지 진중하다. 촌락과 같은 협소한 사회에서 생활하는 사람들은 생활전반에 걸쳐 서로가 긴밀한 관계를 지니게 되어 평소 불화가 생기지 않도록 노력하게 되고 부락민 상호간의 친화관계가 유지된다. 이에 따라서 한 마을 내 주민들은 밀도 높은 인간관계까지 형성될 수 있는데 비하여, 타 부락이나 외부에 대해서는 배타적 관계가 형성된다. 이러한 특성의 배경적 요인으로 조선시대 실시된 연좌제[7]와 오가작통법[8]이 큰 영향을 끼친 것으로 지적되기도 하지만 이것이 대문과 담장 형성에 대한 직접적인 원인이라고는 할 수 없다. 오히려 농업생산이 일상적 기본생활이었던 당시로서는 땅에 대한 소유 영역의 표시 및 생필품인 농작물 및 가족과 재물에 대한 보호의식이 더 크게 작용하였을 것이다.

7 형벌이나 진상 등을 해당자에게만 국한시키지 않고 그의 일가나 이웃 주민에게까지 연대책임을 지우는 것을 말한다.

8 숙종 때 시작된 법으로 다섯 집을 한 통으로 하는 자치조직법이다. 그 시초는 기근 대비책으로 음식관리에 목적이 있었다. 이후 노역부담자의 동태나 헌종 때 천주교인 적발에도 이용되었던 것으로, 초기에 일가친척이나 이웃간의 연대의식강화를 위한 순수한 목적이 서로 감시하고 시기하는 쪽의 인륜적·도덕적 폐단을 가져오게 되었다.

마당과 장독대

조선시대 주거의 뜰은 말 그대로 땅을 평평하게 닦아 놓은 빈 땅이었다. 정원의 개념이 아닌 외부의 생활공간으로서 마당은 곡식 말리기나 타작 등의 농작업, 혼례나 회갑잔치, 상례 등의 생활의례에 매우 중요한 장소였다. 그러므로 마당은 단단히 다져서 깨끗하게 비워 둔 상태를 항상 유지하였으며 남새밭이나 축사 등은 주거의 한쪽이나 뒤안에 배치하였다.

장독대는 1년 내내 식품을 저장하는 항아리들의 갈무리 장소로 매우 중요한

정읍 칠보의 김동수 가옥 안마당

민가의 돌담과 대문(전남 낙안읍성)

경북 교동 최씨가의 장독대

전통가옥의 담장과 경계(전북 고창지역)

설비였다. 해가 잘 들고 통풍이 잘 되면서 부엌과의 동선에도 잘 연결되는 위치에 자갈을 다져서 평평한 바닥을 조성하여 많은 항아리들을 비치, 갈무리하였다. 저장 항아리는 그 형태가 지역의 기후에 따라 조금씩 차이가 있을 만큼 섬세하고 중요한 우리 고유의 발효식품 저장 용기였다.

지역과 주거유형

✿ 홑집과 겹집

조선조 주거의 평면은 크게 홑집 또는 겹집으로 구성되었다. 홑집은 방이 한 줄로 배치되어 평면 형태에 따라 一자형, ㄱ자형, ㅁ자형 등으로 구성되며, 겹집은 방이 두 줄로 배치된 것이다. 전국적으로 볼 때 홑집이 보편적이며 겹집은 북부지방과 산간지역, 그리고 도서지역 등에서 볼 수 있다. 겹집은 기후가 추운 곳뿐만 아니라 산간지역과 같이 낮과 밤의 기온 차가 심한 곳 그리고 부지의 여유가 없는 곳에서 발달한 것으로 보인다. 겹집 민가의 분포지역은 제주도, 함경도 지방, 경북 북부지역, 강원도 일대에서 주로 볼 수 있다. 도서지역으로는 백령도 및 대청도, 소청도 등에서 나타난다.

충청남도 이남규고택의 홑집구조

강원도 김종우의 겹집 가옥 | 외형적으로는 홑집과 겹집의 구분이 드러나지 않는다.

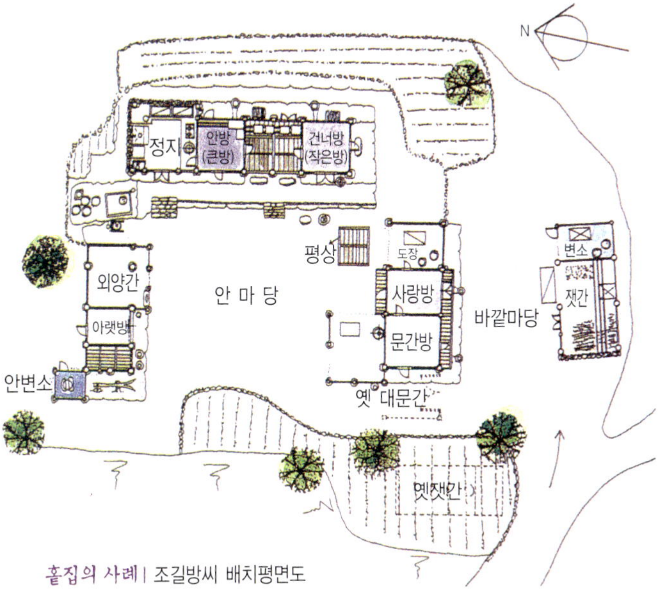

홑집의 사례 | 조길방씨 배치평면도
자료 : 김일진, 1996, 124쪽.

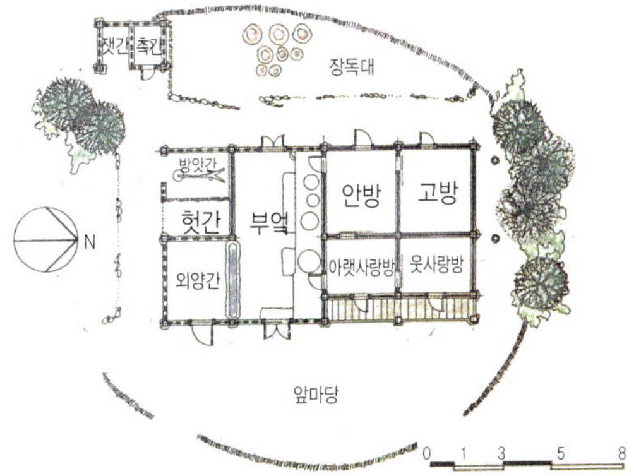

강원도 삼척 권영태가 겹집평면
자료 : 김일진, 1996, 62쪽 재인용.

3. 반가와 주생활

반가(班家)는 조선시대에 양반의 신분을 지닌 집을 일컫는다. 원래 양반이란 칭호는 고려에서 비롯되었고, 관제상 문반과 무반을 합칭한 관료 및 관료 충원군을 합한 포괄적 개념이었다. 이들은 주로 정책입안을 담당하는 최상위의 신분으로 오로지 학업에만 종사하여 관리로 진출하는 것을 궁극적인 목표로 삼았던 계층이었다. 조선시대의 양반은 경제적 · 정치적 · 사회적 · 문화적으로 각종 특권을 누렸으므로 반가의 주거는 그 시대 건축주나 장인이 표현할 수 있는 고급의 주거 문화를 최대한 반영한 것이었다. 그러나 조선 후기에 가서는 신분질서의 붕괴에 따라 사대부가 아니더라도 많은 상류가옥의 건립이 가능하였다. 그러므로 본 절에서 다루는 가옥의 특성은 반가를 중심으로 하되 일반적인 상류가옥을 모두 포괄한다.

조선시대는 철저한 농촌사회로서 농(農)과 유리된 사(士)의 존재란 현실적으로 상상할 수 없었다. 그러므로 양반이라 하더라도 생활의 경제적 기반은 전적으로 농경에 의존하였으며, 행정관리로 직접 등용되어 일하는 경우가 아니면 거의 도시가 아닌 촌락에 살았다. 특히 15세기 후반에는 양반들의 대농장 소유가 많아지게 되었는데, 이러한 배경은 반가를 유지 관리하는 데 있어서 많은 인력을 필요로 하였으며 그 노동력의 대상이 바로 노비들이었다.

경북의성김씨 대종가 | 반가의 가옥 모습이 잘 남아 있는 대표적인 종가집이다.

반가 주거의 공간구성과 특성

조선시대 반가 주거는 공간의 물리적인 특성과 사용에 의한 개념적 특성을 함께 지니고 있다. 반가 주거는 시대와 지역에 따라 차이가 있지만 기본적으로는 안채와 사랑채를 중심으로 하고 그 외 필요한 채들이 구성되었다. 각 채들은 부분적으로 연결된 것도 있지만 분리되기도 하였다. 이러한 채의 구성과 배치는 시대나 지역별로 조금씩 특성이 있으며 무엇보다 건축주의 주거관에 따라 개성 있게 지어졌다. 이와

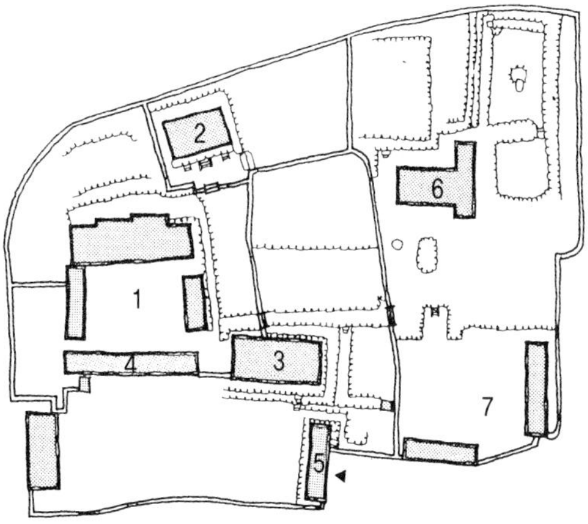

경북 성주 한주종택의 배치도
자료 : 연세대학교 건축공학과 건축역사 · 이론연구실, 1991, 67쪽 재인용.

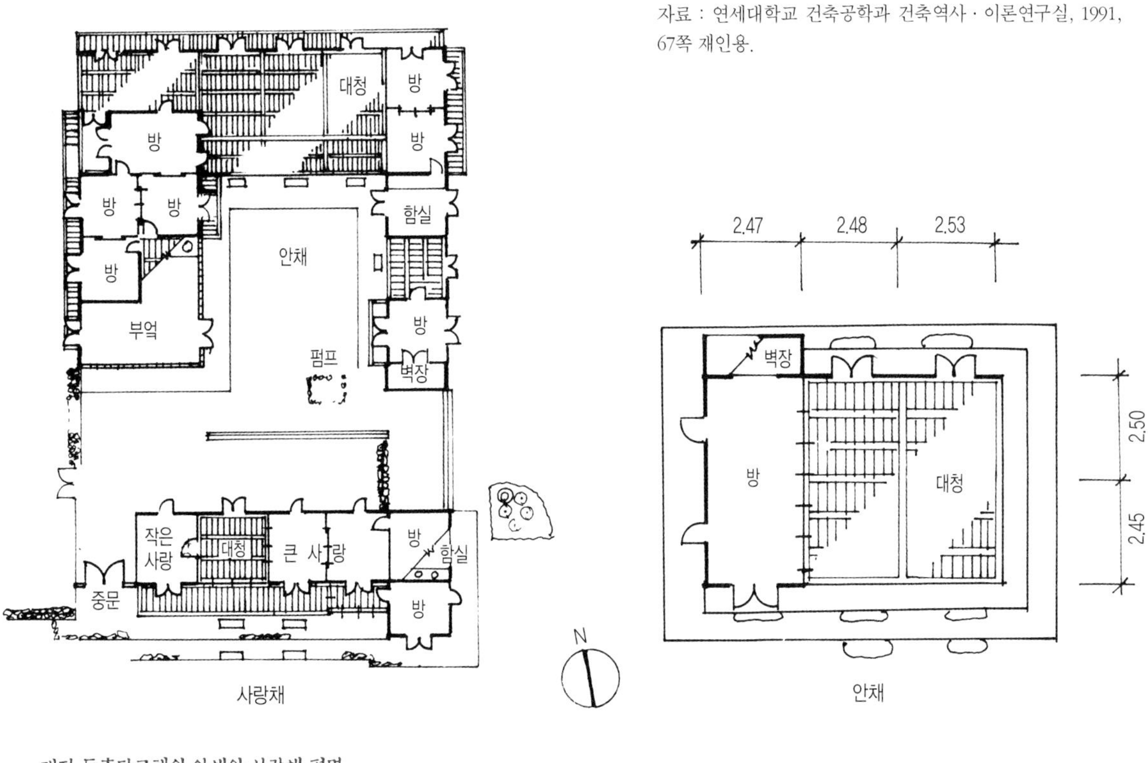

대전 동춘당고택의 안채와 사랑채 평면
자료 : 주남철, 1980, 143쪽 재인용.

안채와 사랑채 사이의 내외벽(대전 동춘당고택)

같이 반가 주거의 특성을 요약하면 첫째, 여러 동의 채로 구성되고 각 채는 그 기능에 따라 다시 여러 개의 공간으로 나뉜다. 둘째, 각 채는 안과 밖, 위와 아래라는 위계적 개념에 따라 배치되었다. 셋째, 남녀 간의 성적(gender) 구분으로 생활공간 영역이 분리되었다. 넷째, 조상숭배를 위한 규격화된 의례 공간, 즉 사당이 필수적으로 건립되었다.

✿ 채의 구성과 배치

반가의 가옥은 시대와 지역에 따라 차이가 있지만 기본적으로 안채와 사랑채를 중심으로 하여 행랑채, 곳간채, 문간채, 방아실채, 사당채, 별당 등으로 구성되어 있으며 각 채는 마당을 에워싸고 있다.

전통적 가옥구성의 기본적 원리는 대지를 나누는, 즉 영역을 설정하는 것으로 시작되었으며 이 영역은 건물이나 담으로 인해 철저히 분할되었다. 전통건축은 지붕이 차지하는 비중이 컸기 때문에 이에 따른 전체의 윤곽이 결정되고 거기에 맞추어 방 · 마루 · 방의 세부기능으로 분할되는 철저한 분할법적 구성으로 되어 있다. 이러한 공간체계는 사고체계로부터 비롯되는 것으로, 즉 안채가 있어 안주인이 있는 것이 아니며 사랑채가 있어 바깥주인이 있는 것이 아니다. 사당이나 행랑, 작업마당의 의미도 그러하였다. 안과 밖의 개념이 있고 안주인과 바깥주인의 존재에 따라 안채와 사랑채가 있었던 것이다. 의미를 가지고 분할된 대지는 안채(母), 사랑채(父), 사당(조상)이라는 세 개의 중심으로 초점화한다. 이렇게 전통의 주거는 명확한 중심성을 지니고 있으며 분할의 근거가 되는 의미는 건축구성의 세부적 사항에까지 결정요소로 작용하였다.

함양 정여창고택의 각 채 구성사례

1 사랑채
2 안채
3 안마당과 시설
4 사당
5 대문
6 곳간채
7 아래채

한편 상류가옥에서 볼 수 있는 채나 공간의 분화형태는 반가마다 각기 나름대로의 특성을 지니고 있다. 그것은 실제적인 측면에서 볼 때 건축 당시의 가족생활을 위한 계획안 및 주인의 주거관이 반영된 것을 가장 기본적 근거로 삼을 수 있으며, 이때 주인의 사회적 위치나 경제적 여력, 그리고 지역적 습속이 작용하였을 것으로 생각된다. 그러나 집은 처음과 같은 형태로 지속되지 않고 필요에 따라 더 증축을 하거나 세월이 흐르고 후대로 계속 이어지면서 수리, 화재 등의 문제도 생기므로 연한이 오래된 집일수록 그 원형이 어떻게 변하였는지 살펴볼 필요가 있다.

구례 운조루의 경우도 1793년에 아버지가 아들에게 양도할 때는 78칸이었는데 화재로 인하여 1909년 보수 때는 64칸이었고 현재는 55칸만이 남아 있다. 따라서 현존하는 대부분의 상류가옥은 이러한 내용을 감안할 때 조금씩의 변화가 있었다고 볼 수 있다. 상류가옥에서는 기능적으로 여덟 가지 전후의 채를 구성하고 있되 조금씩 차이가 있어 채의 종류와 수가 전체적인 규모를 바로 반영하지는 않는다. 왜냐하면 사랑채도 하나만 있는 경우도 많지만 큰 사랑채, 안 사랑채, 중 사랑채, 바깥 사랑채, 새 사랑채 등 여러 채를 지닌 경우도 있었다. 그리고 행랑채와 문간채의 중복이나 별당도 동별당, 서별당으로 존재한 경우도 있거나 아예 없는 경우도 있기 때문이다. 즉, 이러한 채의 성격이 다르게 나타나는 것은 가족이 추구하는 목표에 의한 특성이 반가마다 매우 차이가 있음을 반영하며 이러한 주거공간의 구성적 차이는 반가의 일상적·비일상적 생활전반에 큰 영향을 끼쳐 왔다고 볼 수 있다.

대전 제월고택의 제월당 | 이곳에서는 주로 학습이나 시회가 이루어졌다.

각 채가 지닌 공간의 보편적 성격에 따른 생활적 기능을 보면 안채와 사랑채, 별당은 거처의 기능을 지녔으며, 문간채는 출입을 위한 동선기능을 지녔고 곳간채는 수장기능을, 방아실채는 농작업기능을, 사당채는 의식(儀式)을 위한 상징적 기능을, 행랑채는 하인 거처와 수장 및 일상작업의 기능들이 조금씩 혼재하였다.

안채와 사랑채의 공간구성

현존하는 상류가옥은 대부분 조선시대 후기에 건립된 것들이 많다. 그러나 같은 후기라 하더라도 안채와 사랑채가 지니는 평면 구성상의 특성은 시대에 따라 차이가 있다. 1800년대 이전의 상류가옥의 안채 유형은 ㅁ자형의 동(棟)구성과 툇간집의 간(間)구성, 그리고 실(室)구성은 꺾임형이 많았다.

1800년대 이후는 동구성은 一자형이, 간구성은 계속 툇간집이 우세하였고, 실구성은 일렬형이 훨씬 많이 나타났다.[9] 전체적으로 동구성은 ㅁ자형이, 간구성은 툇간집이, 그리고 실구성은 일렬형이 가장 많았다. 이것을 지역특성에 따라서는 중부형, 영남형, 호남형, 영동형으로 구분하기도 한다.

9 최일(1989), "조선 중기 이후 남부지방 중상류주거에 관한 연구", 서울대학교 박사학위논문.

조선 중기에 건립된 중상류가옥은 지역에 관계없이 대부분 안마당이 위요감이 높은 ㅁ자형을 이루고 있다. 또한 후기 실학자들의 저서에서 양반층의 대표적인 주거형식으로 ㅁ자형 주택을 들면서 이 형태에 대한 문제점을 중국의 주택과 비교 제시한 점에서 볼 때, 조선 중기 양반층의 기본적인 주거형태는 ㅁ자형 평면구조에 근거하고 있었음을 알 수 있다. 이 ㅁ자형이 후기에는 영남 북부권에서 압도적으로 치중되어 있다.

사랑채 배치는 가옥형과 안채구성에 따라 좌우되는데 1800년대 이전에는 안채에 딸린 접속형이 많이 남아 있으며 1800년대 이후의 가옥에서는 분화된 별동형이 많다. 공간구성 역시 안채와 마찬가지로 툇간집이 계속 우세했음을 알 수 있고 실구성은 누마루나 부속사가 붙어 있는 형보다는 단순형의 사랑채가 많았다. 즉, 이와 같이 시대를 불문하고 한국의 전통적 상류가옥의 유형은 정도의 차이는 있어도 동구성이나 간구성 그리고 실구성상에 있어서 모든 유형이 골고루 존재하고 있는 것을 알 수 있다.

서울 ㅁ자형 안채(남산 한옥마을)

1800년대를 기점으로 한 상류가옥의 형태적 변화에 대한 주요배경에는 경제와 가사운영 변화를 들 수 있다. 우선 지금 남아 있는 조선 중기의 가옥은 상류계층이 중앙관료로 재직한 후 은퇴하여 지방에 세거지(世居地)로 건립한 가옥들이 대부분이다. 이때에는 가사운영과 경제력의 운영방식이 모두 노비에 의해 이루어졌고, 상류가옥 내 거주인의 규모도 이와 긴밀한 관련이 있었다. 그러다가 조선시대 후기에 와서는 솔거노비의 숫자가 줄어들고 양반이라는 신분유지도 경제력 확보에 의해서 이루어졌고, 오히려 지방토호 계층으로서 농업경영자적 측면이 강하게 되었다. 따라서 농업경영이 가사생활의 중요한 부분을 차지하면서 한편으로는 노비수도 감소하면서 가사운영이 직계가족 중심으로 바뀌게 되었다. 이에 따라 안마당의 사용행태는 가사노동, 농작업준비, 의식용(婚禮, 喪禮)들로 복합적으로 나타나면서 안마당의 공간이 넓어지게 되었고 이는 다시 안채의 별동화를 가져오게 되었다. 한편 사랑채의 규모나 크기, 누마루의 설치 등은 시대적 특성이라기보다는 오히려 건축주의 재력이나 주거 사용의식과 밀접한 관계가 있었다.

각 실의 구성과 특성

안채

안채는 조선시대 가정생활의 가장 핵심이 되는 몸채로 많은 공간으로 분화되어 있었다. 안채는 안방(큰방)과 대청, 건넌방(작은방, 윗방)을 기본적 조합으로 하였으며, 이를 중심으로 세분화된 수장공간이 만들어졌다. 그 외 정지방이나 아래방 또는 샛방이 각 가옥의 특성에 따라 몇 개의 방 및 명칭들이 다르게 나타나고 있다.

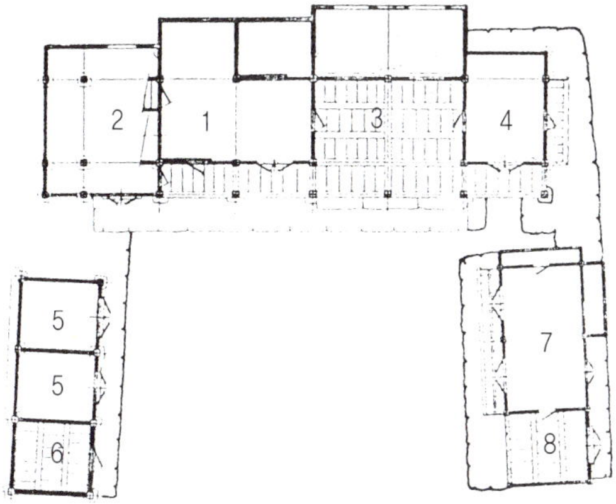

경북 성주 한주종택(1767년) 안채
자료 : 연세대학교 건축공학과 건축역사·이론 연구실, 1991, 68쪽 재인용.

1. 안방 2. 부엌
3. 대청마루 4. 건넌방
5. 찬광 및 광 6. 마루방
7. 아랫방 8. 광

안방

안방은 여주인의 일상 거처실이고 또 밤에는 침실이 된다. 안방은 조선시대 상류주택의 실내 공간 중에서도 상징적으로 가장 중요한 위치에 있었으며 출산, 임종 등 집안의 중요한 일이 이뤄지던 여성들의 주된 생활공간이다. 이 공간에는 직계존속(直系尊屬) 이외의 남자는 출입이 금지되어 있는바, 이는 내외법에서 따른 것이다. 그만큼 은밀한 공간이기 때문에 주택에 있어서 중심의 가장 안쪽에 자리 잡고 있다. 전통주택에서 방은 열린 공간인 대청과 반대되는 폐쇄적인 의미를 지닌 개인적인 공간이다. 잠을 자고, 식사를 하고, 휴식을 취하는 전통가옥에서의 방은 잠을 잘 때는 따뜻한 구들 방바닥 위에 이부자리를 펴고 자고, 낮에는 방석에 앉아 지내는 좌식생활을 하도록 되어 있는 공간이다. 신발을 벗고 들어가 바닥에 바로 앉아서 생활하기 때문에 방을 늘 청결하게 유지하였다. 방의 내부는 모두 벽지나 천장지를 발랐으며 바닥은 장판지로 마감하였다.

반가 안채의 안방(윤씨가, 남산 한옥마을)

충남 논산 윤증고택 안채의 대청

윗방

윗방은 안방 윗목에 인접한 방으로 보통 이 윗방과 안방 사이는 네 짝 미닫이 창호로 되어 있는데 평상시에는 열어 놓는다. 이 윗방의 윗목에는 장과 농 반닫이 등을 늘어 놓고 이 위에 실함, 반짇고리 등을 얹어 둔다. 바닥과 벽, 천장의 마감은 안방과 같다.

대청

대청은 안방과 건넌방 사이에 위치하여 조선시대 상류주택의 의식과 권위를 표현하는 상징적인 공간이며 각각의 방을 연결하는 공간으로 오늘날 주택의 거실에 해당하는 공간이다. 여름철에 분합문을 서까래 밑에 내려진 들쇠에 걸어서 올려 놓으면 대청은 열린 공간으로 생활의 중심이 되는 공간이 되었으며, 겨울철에는 분합문을 닫아 한기를 막고 대청공간을 아늑한 실내공간으로 만들었다. 대청은 한여름의 무더위를 이기기 위해 현명하게 고안한 가옥의 구조라고 할 수 있는데, 전면 또는 사방이 트여 있어 엄밀히 말하면 실내 공간 속의 실외라고 할 수 있는 곳으로 자연스럽게 외부와의 유기적 연결이 이루어지는 공간이다. 대청의 바닥은 상류주택에서 서민주택까지 우물마루로 축조되었다.

건넌방

건넌방은 며느리의 방으로 사용될 때가 많다. 이때에는 윗목에 장과 농을 놓고 그 위에 색실함이나 반짇고리를 얹어 둔다. 남부지역에는 건넌방 일부에 낮은 누마루를 만들어 여름을 위한 시원한 공간을 형성하기도 하였다.

부엌

상류주택 중에서도 특히 지방의 상류주택에서는 부엌이 대·소로 두 곳에 있는 경우가 많다. 하나는 안방과 접한 조리를 하는 주된 부엌이고 다른 하나는 방에 불을 때기 위한 아궁이의 성격을 부엌으로 전환하여 솥을 걸고 평상시 더운

충남 논산의 윤증고택 부엌

경북 월성 향단의 부엌

물을 끓이며 때로는 조리도 하였다. 특히 경북 월성마을의 향단은 그 평면의 독특함과 더불어 부엌 역시 살림채 안에 깊숙이 자리 잡고 있는 점이 특별하다. 이는 몸채의 연결에서 만들어진 작은 뜰이 부엌 공간에 밝은 채광을 만들어 주면서 넓은 가사 작업을 할 수 있도록 여유 있는 공간의 확장이 이루어졌다. 일반적인 상류가옥의 일상 식생활공간은 부엌에만 한정하지 않고 식품저장이나 갈무리를 위한 다양한 공간들이 있으며, 이러한 공간 구성이나 형태는 집집마다 조금씩 다르다. 한편 궁궐과 같은 특수주거에서는 부엌이 몸채에 있지 않고 반빗간이라는 별도의 취사공간으로 만들어졌다.

찬마루(서울 남산 한옥마을)

찬방

찬방 또는 찬마루라고 불리는 이곳은 오늘날 주택의 부엌방이나 다용도실에 해당하는 공간으로 반가나 중·상류 지방의 가옥에서 볼 수 있는 부엌의 보조공간이다. 부엌과는 문으로 연결되어 있어 부엌에서 조리된 음식을 이곳에서 상에 올려 안방, 사랑방 등으로 내갔으며 간단한 음식은 이곳에서 조리하였다. 이곳에는 상을 차리는 데 필요한 그릇, 식기 등이 마련되어 있으며 음식물을 보관하기 위한 창고로도 쓰였다.

사랑채

사랑채는 외부로부터 온 손님들에게 숙식을 대접하는 장소로 쓰이거나 이웃이나 친지들이 모여서 친목을 도모하고 집안 어른이 어린 자녀들에게 학문과 교양을 교육하는 장소이기도 하였다. 또한 사대부 남자들이 모여서 학문에 대해 열띤 토론을 하고 시를 짓거나 거문고 등의 악기를 연주하며 수준 높은 문화생활을 한 것도 사랑채에서였다. 사랑채는 보통 사랑대청과 사랑방으로 구성되며 부유한 집안은 누마루를 마련하며 한층 품위를 살렸다. 사랑방은 사랑채의 주요 공간으로 남자주인과 귀한 손님이 기거하는 공간이다. 상류주택의 사랑방은 기거와 침식 외에도 독서, 예술 활동, 손님접대 등의 많은 행위가 이루어졌던 중요한 공간이다.

사랑방

집안에서 가장 어른이 되는 남자주인의 일상 거처실이자 사회적 응접공간이었다. 상류주택의 주인은 중앙관서에 출입하는 현직의 고위층이거나 지방에서는 전통적으로 내려오는 동성부락 또는 문중을 대표하는 어른이기 때문에 정치·사회 방면으로 교류가 활발하였다. 그리고 이 교류는 통상 이 사랑방에서 이루어졌기 때문에 사랑방의 기능은 주인의 일상 거처는 물론 내객의 접대 및 문객들과의 대화 등을 위한 것이다. 그러므로 사랑채의 위치는 대문과 가깝게 하여 나무와 아름다운 돌 등으로 정원을 조성하고, 산과 자연과의 풍경을 감상할 수 있도록 전망 좋은 곳을 배려하여 계획하였다. 계절에 따라서는 경치가 좋은 근처에 정자를 짓거나 연못 등이 있는 정원을 조성하고, 별당을 지어 손님들과 시회를 비롯한 지적 교류 및 풍류를 통한 여가의 시간을 즐겼다(예: 강릉 선교장, 경북 화개마을, 논산 윤증고택 등).

사랑채 대청에서의 연주 모습

사랑방 모습(서울 남산 한옥마을)

대청

대청은 사랑방과 누마루에 출입하는 전실과 같은 기능을 가지며 여름에는 시원한 거처실이 된다. 사랑방 대청은 통상적으로 안방 대청보다 그 크기가 작으며 여름철의 손님 접대가 주 기능이었다. 사랑채 대청은 안채의 대청과 달리 겨울철 방한을 위한 분합문 설치를 한 집들이 많이 나타난다. 분합문은 또 여름철에는 들어 열어 올림으로써 시원한 통풍이 가능하다. 이렇게 분합문을 통한 계절별 기후 조절까지 섬세하게 배려된 한옥의 공간 구조와 설비는 매우 과학적이었다.

침방

사랑방 옆에 붙은 침방은 주인의 일상 취침공간이다. 별도의 침방이 없는 경우는 사랑방이 모든 기능을 하였다. 주인은 부인과 동침할 때를 제외한 평상시에는 이 방에서 취침한다. 이는 조선시대가 숭유정책에 입각한 내외법을 지나치게 엄격하게 적용하여 태종 때부터 부부 별침을 명하였기 때문이다.

누마루

누마루는 양반 사대부들 가옥의 권위를 가장 잘 나타내는 공간이었다. 가옥에서 가장 높게 구성하는 누마루는 조망을 위한 공간이자 여름철의 접객을 위한 곳으로 무엇보다 선비인 가장의 권위와 집의 품격을 높이고자 하는 의도에서 축

논산 윤증고택 사랑채 누마루

정여창고택 사랑채 누마루의 내부

조된 것이다. 선비들은 누마루에서 시회를 하거나 바둑 등의 여가생활을 즐기기도 하였다. 이러한 누마루는 한옥이 지닌 외관의 아름다움을 더 한층 살려주는 격조 있는 공간 구조로서 일반 서민가옥에서는 전혀 볼 수 없는 특별한 공간이었다.

마당의 설비 및 구성

채의 구성적 성격에 따라 함께 조성된 마당은 각 채의 위치에 따라 안마당, 사랑마당, 행랑마당으로 형성되었다. 그 중에서 안마당은 보통 계층을 불문하고 혼례 등의 중요한 의식의 장소로 이용되었다. 아울러 일상적으로는 농사 작업을 겸하는 공간으로 아주 중요하였다. 특히 중정(中庭)형 평면을 지닌 가옥의 안마당은 실내를 연결하는 유기적 공간이자 일상의 취사와 식사를 보조하는 공간이었다. 특히 안동 의성김씨 종가, 안동 임청각, 월성 향단 등은 아주 작은 중정을 지니고 있어 내부 공간의 연장과도 같은 아늑한 느낌이 드는데, 이것은 외부공간에 대한 독특한 접근방식이라고 하겠다.

사랑마당은 집에 따라 차이가 있어서 안마당과 같이 비어 있는 경우도 있지만 정원을 조성하거나 심지어 정서적 조망을 위한 연못을 만들기도 하였다. 강릉 선교장의 활래정이나 경상북도 성주 화개마을의 한주정사는 정자나 별당 앞에 별도의 큰 연못을 만들었다. 이와 같이 안마당은 기능적 사용을 중심으로, 사랑마당은 접객을 위한 정서적 공간으로 활용하였다.

그 외 행랑마당은 대개 행랑채에 있는 광이나 농작업 공간과 관련된 일을 할 수 있도록 구성되었다. 또한 소규모 야채를 자급자족하기 위하여 뒷마당이나 여유 공간에는 남새밭을 만들었으며 저장설비로서 장독대 등이 채광과 통풍이 잘되는 안채 뒤편에 만들어졌다.

우물(함양 정여창고택)

한편 공동 가족이 많은 상류가옥은 필히 중요한 급수원인 우물을 만들었고 배수로를 시설하였다. 한 장소에서만 3백년 동안 이어온 전주 교동의 이주방가는 우물 옆에 포도나무 넝쿨을 올리어 여름철의 위생공간을 구성하기도 하였다.

그 외의 설치물로는 굴뚝이 있는데 굴뚝의 축조 모습이나 크기 및 위치는 가옥에 따라 다양한 모습을 보이고 있다.

반가의 주생활과 주공간

인간이 하루라는 시간적 범위 안에서 일상적으로 반복하는 생활 행위는 매우 다양하다. 조선시대의 일상적 주생활을 이루는 행위의 특성이나 시간에 대한 개념은 오늘날과는 아주 달랐다. 특히 여성들에게 사회활동이 거의 없었던 만큼 집안에서의 가사활동이 주된 일상생활이었다. 사대부가 남자들도 기본적으로는 학문에 연마하는 것이 주요 일과였으므로 행정관리로 등용된 경우가 아니면 대부분의 시간을 집안에서 거처하는 것이 일반적이었다. 그러므로 집안에서의 일상생활은 오늘날보다 오히려 매우 분주한 나날이지 않았을까 추정된다.

식사 및 취사생활

상차림과 용구

조선시대의 일상적 음식차림은 좌식생활에 맞는 높이의 다리가 달린 낮은 '소반'을 사용하였다. 중국은 입식의 테이블, 일본은 다리가 없는 아주 낮은 개인용 수납형 그릇 상자를 사용한 데에 비하여 우리의 소반은 아주 독창적이며 실용적이고 아름답기까지 한 대표적인 생활공예품의 하나였다. 상차림은 1인용이 기본이었으며, 경우에 따라 2인용의 겸상이나 큰 상도 사용되었다. 소반의 역사는 고구려 벽화에도 나올 정도로 그 역사가 오래되었는데, 소반의 구조적 형태는 취사공간에서 식사를 하는 장소로의 음식 이동 등 주공간의 생활양식과 밀접한 관계가 있다. 소반은 온돌이 일반화된 평좌식의 기거 구조에 알맞은 높이와 특히 음식을 얹고서도 이동하기에 무리가 없는 경쾌한 크기와 형태를 잘 갖추고 있다.

조선시대 식사 모습

안동의 한 종부는 "3시간 정도 준비하여 아침상을 내가는데 보통 독상 15개 내지 30개를 차려야 한다. 귀빈도 많으나 접객도 많

유기 사각반 상차림

일상의 소박한 상차림

았다."[10]고 하였으며, 또 다른 종부도 구술[11]하기를 "밥상은 정지에서 차려 안채의 토방에 얹어 놓으면 사랑채에서 사람이 나와 밥상을 들고 사랑채로 옮겨갔다. 하인이 많을 경우에는 2~3인이나 4~5인이 함께 식사를 하였다."고 하였다. 이와 같이 종가의 경우는 전통적인 식생활 방식이 1900년대 이래에도 계속 이어져 왔음을 알 수 있다.

10 조혜정(1984). "전통적 경험세계와 여성" 전통적 생활양식의 연구. 한국정신문화연구원, 133쪽.

11 박선희(1992). 반가의 주생활과 공간사용에 대한 연구. 연세대학교 박사논문, 133쪽.

식사방식이나 예절은 집안에 따라 조금씩 차이가 있었지만 가족들의 식사공간은 기본적으로 안방(큰방)이었다. 할아버지는 손주와 할머니는 장남과 겸상을 하는 경우가 있었으나 대부분의 어른들은 독상을 받았으며 그 외 가족들은 다른 방에서 식사를 하기도 하였다. 하루 중에서 아침식사를 가장 중요하게 여겼으며 저녁은 소찬이라 하여 가볍게 하였다. 손님이 오는 경우는 대개 남자였고 사랑채에서 별도로 식사를 하였다.

취사 및 식품 공간

조선조 가옥에서 음식을 조리하는 공간은 '부엌'(서울 및 경기지역의 호칭이며 그 외 지역은 '정지')이었다. 부엌은 구들에 불을 지피는 난방용 아궁이 시설이 있는 곳으로서 이 열로 취사작업을 겸하였다. 아궁이는 보통 물 끓이기, 밥하

쌀 뒤지(함양 정씨 가옥)

곳간(구례 운조루)

기, 국 끓이기를 위한 세 개의 솥을 걸고 사용하였다. 이외에 식품을 씻고 다듬거나 준비하는 과정은 대개 우물이 있는 곳에서 이루어졌다.

식품은 장독대와 별도의 공간에 저장을 하였는데 광, 고방, 곳간, 뒤지, 찬간(광)과 같이 그 명칭이나 공간의 특성이 지역에 따라 조금씩 차이가 있었다. 조선시대는 무엇보다도 주식인 쌀을 잘 보관하는 것이 중요하였는데, 규모가 큰 경우는 이를 위한 별채의 대형 곳간을 만들기도 하였다.

취침생활

온돌방은 개인 방이자 곧 취침 공간이다. 한여름의 더위를 피하여 통풍이 잘 되는 마루나 대청에서 일시 수면을 하기도 하지만 취침의 기본 공간은 온돌방이었다.

알렌은 『조선견문기』(1905)에서 "소작인이나 품팔이 노동자의 오막살이가 비록 누추하다 할지라도 단단하고 작은 침실을 가지고 있다. 짙은 갈색 유지(油紙)로 덮인 구들과 방바닥은 하루에 두 번 밥을 짓기 위해서 때는 불 만으로도 매우 따뜻하다. 조선 사람들은 이 점에 있어서는 이웃나라 사람보다 더 훌륭하다. 왜냐하면 일본의 가옥은 해로울 정도로 춥고 화로가 손을 쬐는 유일한 재래식 온방장치일 뿐이며 그 반면에 중국인들은 겨울의 혹한에도 결코 따뜻함을 모르기 때문이다."고 하여 온돌 구조 및 설비를 칭찬하기까지 하였다.

취침은 남녀별로 구분이 되어 안채는 안주인 및 딸들이나 며느리들이 사용하였으며 남자들은 사랑채를 사용하였다. 조선 후기에 도시에 거주한 양반 가족의 크기는 2~5인이 많았다[12]는 점에서 볼 때 취침공간은 그리 과밀하지 않은 상태라고 보겠다. 방의 명칭은 위치(건넌방, 아랫방, 머릿방 등), 사용자(청지기방, 복직이방 등)에 따라서 이름 짓는 경우가 많았다.

12 임지나 · 최재석(1986). 한국가족제도와 연구, 436-467쪽.

취침 용구

기본적인 침구는 지금까지 이어져 온 것과 같은 이불과 요, 베개이다. 조선시대도 혼인을 할 때 신부가 가져오는 필수품목이 이 침구들이었다. 잠잘 때 사용하는 이부자리는 저포단(著布團)이라고 하는 금(衾, 이불)과 부포단(敷布團)이라고 하는 요(褥)로 나뉘는데 춘추용 및 여름과 겨울에 따른 계절별 구분이 있게 만들었다. 저포단은 남녀별로 색을 달리하여 남자는 감색이나 흑색같은 침착한 색을, 여자는 좀더 화려하고 아름다운 색상을 사용하였으며 홑이불은 모두 백색을 사용하였다. 이부자리의 크기는 1인용과 부부용을 위한 2인용, 그리고 유아나 아동용 크기로 제작되었다.

이부자리의 속은 목화솜을 넣은 것이 보통이었으나 간혹 7월에 피는 부들꽃 말린 것을 요나 방석에 이용하기도 하였으며, 털요로서 개가죽이나 오소리가죽, 심지어는 돼지가죽까지 사용하기도 하였다. 이외에도 『임원경제지』[13]에는 여름용 자리와 털가죽 요에 대한 장단점까지도 기술하고 있어 당시의 침구로 여러 가지 재료들을 다양하게 사용하였음을 알 수 있다.

베개는 백제의 무령왕 왕비의 관에서 목침까지 나온 것으로 보아 그 역사가 오래되었음을 알 수 있다. 목침은 이후 조선조에 이르기까지 흔히 사용했지만 그 외에도 다양한 재료와 형태를 가진 베개가 많이 이용되었다. 신혼부부의 구봉침(九鳳枕), 서랍이 달린 퇴침, 자기로 된 도침(陶枕), 면침(綿枕), 골침, 돌베개, 쌀겨를 넣은 곡침 등이 있었으며, 속재료에 따라 국화베개, 결명자베개, 녹두베개 등과 같이 건강을 위해 여러 가지 고안을 하기까지 하였다.

13 조선 후기 실학자 서유구가 저술한 박물학서. 『임원십육지(林園十六志)』라고도 한다. 이 책은 전원생활을 하는 선비에게 필요한 지식과 기술, 기예와 취미를 기르는 백과전서로, 실생활에 필요한 내용을 담았다.

가구 및 실내용품

한편 반가와 같은 상류가정에서는 중국의 평상과 같은 가구들이 함께 사용되었다. 서유구는 『임원경제지』에서 벼룩과 같은 해충의 피해를 위해 이러한 가구의 도입이 필요하다고 일찍이 권장하였다.

또한 온돌방은 계절에 따라 병풍, 침장, 휘장, 모기장, 주렴과 같이 여러 가지 차폐용구를 사용하여 실내 기후 및 프라이버시를 조절하였다. 특히 병풍은 두 폭에서 열두 폭까지 그 크기나 용도가 매우 다양하여 바람이나 공간을 막아 줄뿐만 아니라 장식의 역할을 겸한 것으로 남녀나 사용목적에 따라서 적절한 그림이나 글로 장식하였다. 침장이나 휘장도 비단을 비롯한 여러 재료를 사용하여 한겨울의 바람이나 공간 가리개용으로 사용하였으며 여름에는 대나무나 갈대로 만든 주렴을 사용하였다.

접객생활

조선시대의 접객은 봉제사 다음으로 매우 중요한 일이었다. 그것은 가장의 사회적 역량에 큰 관계를 가지는 일이기도 할 뿐만 아니라 당시의 사회적 규범으로는 집에 찾아 온 손님을 온갖 성의로써 잘 대접하는 것이 중요한 일이었다. 조선시대 선교사로 온 달레가 1874년의 기록한 『조선교회사서설』에 보면 "손님대접은 누구나 다 신성한 의무라고 생각하고 있다. 알든 모르든 식사할 때 온 사람에게 밥 주기를 거절한다는 것은 관습에 의하면 부끄러운 일일뿐만 아니라 큰 잘못이 되는 것이다"라고 기술하였다. 즉 조선시대는 친분관계도 없는 낯선 이들의 접대도 오례(五禮)의 하나였던 미풍양속이었다.

반가의 접객은 비일상적인 몇가지 유형도 있었다. 음식을 나누어 먹는 '곡회(曲會)'나 '난로회'도 있었지만, 시와 서화를 그리는 '고회(高會)'와 시 짓기만을 위한 모임인 '시회(詩會)'처럼 격조 높은 지적(知的) 모임도 있었다.

겨울철에는 사랑방에서 손님을 맞이하였지만 여름철에는 대청이나 누마루를 활용하였다.

사랑채 변소(구례 운조루)

생리위생생활

조선시대의 급배수는 주로 우물가에서 이루어졌다. 물을 깃는 일은 취사 때나 세면, 목욕 등의 행위에 아주 중요한 일이었다. 그러나 규모가 큰 상류가옥을 제외하고는 집집마다 우물을 설비하기는 어려웠다. 일반 가정에서는 보통 부엌 안의 큰 항아리에 물을 저장해 놓고 사용하였으며, 세면이나 손 씻기 등의 행위는 대부분 세숫대야를 이용하여 마당에서 이루어졌다.

여름철을 제외한 목욕의 일상적 행위는 제대로 갖추지 못한 급배수 시설을 비롯하여 당시의 여건으로 볼 때 어려움이 많았다. 원래 어디서나 개울이나 계곡물이 많은 한반도의 자연 지형은 물의 사용에 어려움이 없었으며 고려시대만 하더라도 목욕이란 남녀 누구나 냇가에서 자유스럽게 할 수 있었다. 그러나 이러한 풍속은 조선시대의 엄격한 유교 및 도학 사상에 의한 규범에 의하여 행동 수정을 요구하게 되었으며, 그로 인하여 목욕이란 의례를 앞두고 깨끗한 몸가짐을 가질 때를 제외하고는 아주 은밀한 행위로 뒤쳐지게 되었다. 일부의 가옥에서는 별도로 목욕간을 만들어 사용하기도 하였지만 대부분은 전용공간이 없이 부엌이나 뒷마당의 후미진 곳에서 통에 물을 담가 씻는 부분욕 정도로 만족해야 했다.

종가의 제례모습(진양 하씨)

의례생활과 공간 사용

사람이 태어나서 죽을 때까지의 과정 중 의미가 있는 행위를 선정하여 의례를 치루는 일은 어느 사회에서나 볼 수 있으며, 특히 전통사회에서는 그러한 행위를 매우 소중하게 여겼다. 조선시대에서도 일생의 통과의례는 중요하게 여겼다. 즉, 아기가 태어난 후 100일, 1년이 되는 돌, 혼인 전의 성인의식인 관례와 혼례, 회갑, 칠순, 회혼례, 그리고 상례 등이

경북 월성 손동만가의 상청 표시

중요한 행사였다. 이 중에서도 주거생활에서 큰 비중을 차지하고 공간 사용과 중요한 관련을 지닌 것은 상례였다.

상례 기간에는 손님도 가장 많이 맞이하고 낮뿐만이 아니라 밤까지도 불을 밝히고 낮과 같이 지내야만 하였다. 상례 후에도 사당방에 빈소를 만들어 3년간이나 고인을 추모하는 공간을 지켜야만 하였다. 반가의 상례는 모든 일상행위를 금하고 여기에만 몰두할 정도로 그 행위를 중요하게 여겼다.

반가 주거의 사례

반가 주거로서의 상류가옥 평면구성은 주로 생활양식과 가족구성의 변화, 양반층의 계층분화 및 성격변모, 그리고 시대에 따라 후대로 갈수록 지역적 특성이 달리 나타난다. 이는 양반층이 후대로 갈수록 지역에 안주한 토착지주로 되어감으로써 그 지역 서민주거의 영향을 받게 되고 이에 따라 지역적 특성을 갖게 되는데 주로 안채에 잘 반영되고 있다.[14] 안채와 사랑채의 전체적인 배치와 평면 유형은 오랜 세월 속에서 각 채의 시기가 다르고 공간의 증축이나 개조가 다르게 발생하여 통시적인 사례 설명이 어려운 점이 있다. 그러므로 여기서는 각 채별로 설명한다.

14 최일, 1990, 130쪽.

안채의 평면 특성

경기 · 충청권의 안채는 툇간형의 간구성과 꺾임형의 실구성을 지닌 ㄱ자형의 주거가 많음을 알 수 있다. 회덕의 제월고택이나 동춘고택이 모두 이에 속한다. 사랑채는 툇간형의 간구성과 단순형의 실구성 그리고 별동형을 지닌 유형이 가장 많이 있었다.

경기도나 충청도의 보편적 평면은 ㄱ자집인데 중류가옥은 ㄷ자집, 상류가옥이 되면 튼ㅁ자나 ㅁ자집이 주류를 이룬다. 따라서 ㅡ자, ㄱ자, ㄷ자, ㅁ자형의 평면이 모두 나타나고 있고 산간과 도서지방에는 겹집도 나타나고 있다.

화성군 서신면의 정용채씨 집(1887년 건립)과 화성군 봉담면의 나윤석씨 집(1893년 건립)이 전형적인 ㅁ자형으로 되어 있으며, 예산 이광임고택과 회덕의 제월고택은 안채와 사랑채, 고방채가 튼ㅁ자로, 이남규고택 역시 안채와 사랑채, 행랑채가 튼ㅁ자로 구성되어 있다.

전라도 지역의 안채는 겹집 일렬형의 一자형이 많았고 무엇보다도 대청이 여닫이문으로 폐쇄되어 몇 개의 공간으로 나뉘고, 대청의 기능보다는 수장공간과 생활공간으로 기능분화가 이루어졌다. 부엌의 경우 극히 기능적이며 다양한 수장공간이 정지방과 함께 접속되어 나타나고 있다. 전라도의 기본 민가형은 일자형으로 구성되는 것이 많으며 정지(부엌)의 한쪽에 정지방(크기나 용도에 따라 골방, 모방 등 여러 가지로 명칭이 차이가 있기도 함)이 붙어 있는 것이 하나의 특색이다. 안채에 다양한 수장공간이 존재함에 따라 영남권에 비하여 평면구성이 복잡하며 각 실의 연결을 위한 툇마루가 과도하게 발달하였다. 대청에 판장벽을 치거나 분합문을 달아 그 이용도를 높이는 것은 충분한 수장공간의 확보와 함께 공간의 다양화를 꾀한 것으로 생각된다.

경상도 지역은 북부지역과 남부지역이 상당한 차이를 보인다. 영남의 남부권은 一자형의 주거형태를 띠는 경우가 많은 반면 안동을 중심으로 한 북부권은 ㅁ자

전남 해남 윤선도고택 ㅁ자형 안채

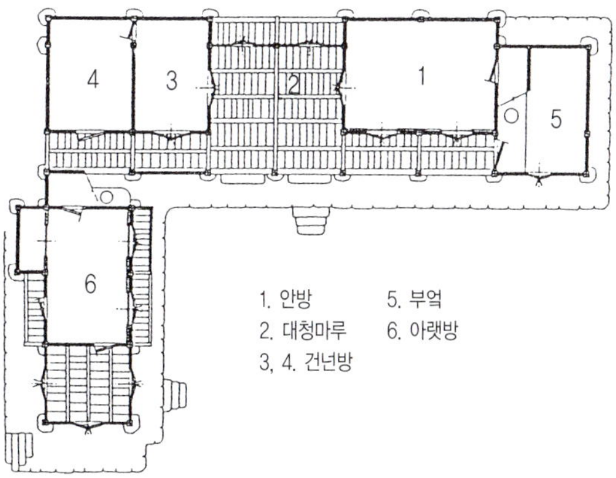

경북 성주 한개마을 교리댁 안채평면
자료 : 연세대학교 건축공학과 건축역사 · 이론연구실, 1991.

형의 주거가 많다. 따라서 경북지역과 경남지역을 구분하여 고찰할 필요가 있다.

경북지역은 안채의 경우 툇간집의 꺾임형의 ㅁ자형 평면이 우세한 것에 비하여 경남지역은 겹집의 복합형으로 된 一자형이 많다.

경북의 ㅁ자형 주택에 대하여 그 발생이나 발달이유가 명확하지는 않으나 우선 추정되는 이유는 첫째, 택지의 지형적인 면을 들 수 있다. 안동을 비롯한 경북지방이 산간지대인 만큼 복거(卜居)의 판국이 평야지대와 달리 협소하고 경사진 곳이 많아 이러한 지형에는 ㅁ자형으로 집약 배치하는 주택이 가장 적합하였다. 둘째로, 경제적인 이유로 주택을 ㅁ자형으로 집약시킨 점이다. 특히 안동의 경우 사대부나 양반들의 낙향지요, 은퇴처(隱退處)로서 안빈낙도(安貧樂道)와 후세교육을 중심으로 생활을 영위하였고 권력이나 금력과는 무관하였다. 따라서 최소한의 경비로 최대한의 효율적인 주택은 ㅁ자형이었던 것이다. 셋째로, 처음 발생한 ㅁ자형의 주택은 전통문화로 계속 풍속화되고 관습화되었다는 점이다. 즉, 동족부락의 대종택(大宗宅)이 ㅁ자형이면 소종택 또한 ㅁ자형 주택이고, 또 그 후손이 이에 따라 ㅁ자형 주택을 건축하여 전해 왔던 것이다.[15]

15 영남대학교박물관, 1982, 102-107쪽.

경남지역은 툇간집에서 겹집으로 발전되어 안방의 경우 田자형의 구성을 하게 되고, 부엌부분도 겹집화되어 면적이 늘어나 난방부분과 취사부분이 기능적으로 분리되어 있으며 정지방이 호남지방에서와 같이 보편적으로 존재한다. 안대청이나 사랑대청이 호남권에 비해 개방되어 있고 월성, 울산, 울주지역의 동해안 중상류 주거에만 대청이 폐쇄되어 나타난다.

조선 중기의 홑집에서 후기에 겹집으로 변하는 현상은 생활공간이나 수장공간의 기능 분화 현상으로 일반 민가나 도시의 한옥에서도 보편적인 발달과정을 보인다. 그러므로 구조형식은 평면변화에 따라 삼량(三樑)구조에서 오량(五梁), 칠량(七樑)구조로 확대되고 지붕도 자연히 맞배지붕에서 팔작지붕으로 바뀌게 되어 오량구조는 전퇴(前退)의 발달을 용이하게 한다.

이러한 것은 결국 시대의 근대화와 함께 현실적인 생활의 수용을 주거공간에 반영함으로써 나타난 적극적 주거관으로도 해석할 수 있다.

✿ 사랑채의 평면 특성

경기 · 충청지역의 사랑채는 경제력에 따라 그 규모가 다양하게 나타나며, 부속채가 접속되는 복합형으로 규모가 커지는 경우가 일반적이다. 충청북도의 경우 소백산맥 연변의 산간지대에서 북부형 겹집이 산견된다(김광언, 1990). 공간구성의 특성은 툇간에서 겹집으로 발전하며, 안대청은 개방되어 있는 경우가 많다. 부엌은 남부지방에 비하여 단순하게 처리되고 수장공간은 비교적 독립된 실과 안방에 툇간형태로 나타나고 있다.

전라도 지역의 사랑채는 툇간집 복합형의 별동형이 가장 많았다. 간 분화형식은 안채나 사랑채가 모두 툇간집도 많이 나타났다. 특히 사랑채는 전부 안채와 분리된 별동형이었다는 점도 특기할 만하다. 전라도의 사랑채는 대청이 폐쇄되어 마루방으로 구획되면서 툇마루가 발달하고 방으로의 출입은 툇마루를 통하여 직접 이루어지고 있다. 이에 따라 툇간집에서 겹집으로의 변화를 보여 준다.

경상지역 사랑채의 경우는 안채에 비하여 남북간에 큰 지역적 차이가 나지 않는다. 경북이나 경남지역 모두 별동형의 동구성과 툇간형의 간구성 그리고 단순형이라는 실구성의 우세율은 같게 나타나고 있다. 단지 경남은 홑집이 매우 적은데 비하여 경북은 비교적 많이 나타나고 있고, 경북에 비하여 경남에서 누마루를 지닌 사랑채의 비율이 많음을 알 수 있다.

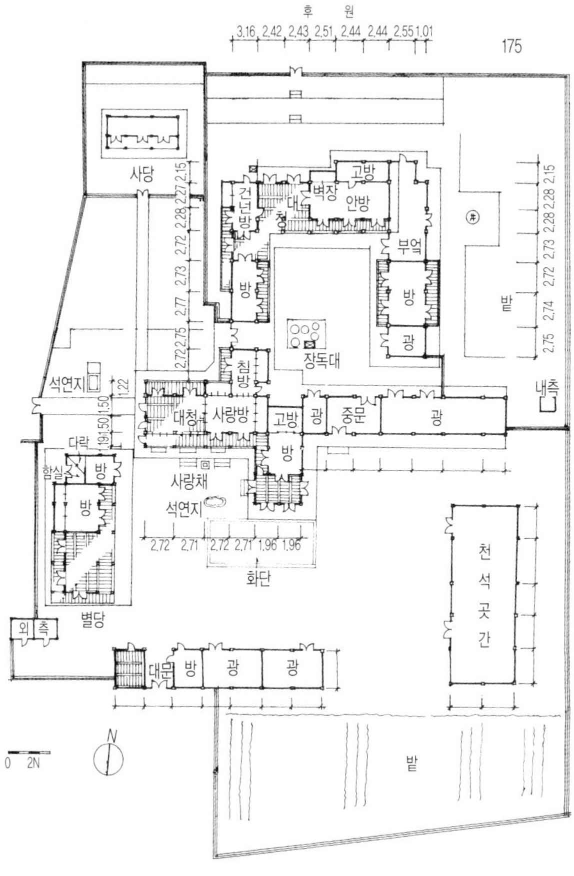

경주 최준씨가 안채와 사랑채(1700년대 가옥)
자료 : 주남철, 1980, 175쪽 재인용.

경북지역은 홑집에서 겹집으로 발전되며 대청이 대부분 개방되었다. 정지방이 간혹 나타나는 경우도 있으나 대부분은 없으며 수장공간은 별도로 분리되어 나타난다.

그 외 강원도는 대부분이 산간지대로 이루어진 만큼 가옥도 산간지대 특유의 여러 가지 특성을 지니고 있으며 평면 유형 중 뚜렷한 것은 실구성상에서 겹집의 田자형이다(변시민 외, 1984). 강원도에 남아 있는 상류가옥은 그리 많지 않다. 1800년대 이후의 가옥도 소수일 뿐이다. 1825년에 중수했다는 강릉의 임경당과 선교장(1815), 그리고 평창의 지동봉씨 가옥(1860) 등이 있다. 임경당은 ㅁ자형의 동구성으로 안방부분이 겹집으로 형성되었다. 선교장의 안채는 일렬형의 툇간집으로, 사랑채는 일렬형의 겹집으로 구성되었다. 지동봉가는 안채가 툇간형 ㄱ자집으로 되어 있어 민가와의 유형적 관계가 적다. 1700년대의 가옥인 강릉 권씨가와 최씨가들은 ㅁ자와 튼ㅁ자형으로 각각 구성되어 있어 지역적인 특색보다는 보편적인 상류가옥의 모습을 보여 주고 있다.

경북 의성김씨 대종가 사랑채

4. 민가와 주생활

민가는 피지배자 계층의 서민주거를 말한다. 서민주거라 하더라도 토속적 원형을 지닌 가옥에서부터 경제적 상승에 따라 상류가옥에 가까운 가옥까지 그 범위가 다양하므로 민가의 범주를 딱히 한정하기는 어려운 일이지만 여기서는 그 지역이 오래도록 지녀온 보편적이고 관습적인 공간의 특성을 지니는 주거를 '민가'라고 규정한다.

조선시대의 서민들은 농업이나 수공업, 어업 등 직접적인 생산활동을 담당하며 살았기 때문에 주거생활도 반가의 격식적이고 의례적인 생활보다는 일상 농작업을 위한 기능적인 측면이 중요하였다. 그러므로 대다수가 농민이었던 민가의 주생활은 반가에서 나타나는 남녀의 격식 생활이나 가옥에서 나타난 위계적 공간 분리도 엄격하지 않았고 지역의 자연 및 경제조건에 맞는 실제적인 생활을 충실히 영위하기 위한 삶 그대로였다. 경제적 제약에 따라서 가옥은 그 지역에서 손쉽게 구할 수 있는 가장 저렴한 재료와 구조를 택하였으며, 더욱이 상류가옥에서처럼 채와 채의 분리는 있을 수 없었고 한 울타리 안에 안채 하나 혹은 사랑방이 있는 곳간채나 문간채 정도가 일반적인 구성이었다. 집안에 개별 우물은 설치하기 어려웠지만 마당이나 남새밭, 축사와 장독대 등은 반드시 설치하였다.

민가형성의 배경

민가를 구성하는 건축재료는 목재, 흙, 돌, 볏짚, 새 등을 사용하였다. 한반도의 지반은 고생대 이전에 생성된 화강편마암과 중생대 말에 관입한 담홍색 화강암으로 이루어져 있다. 이러한 화강암은 건축재나 판상(板狀)으로 박리되어 구들장으로, 또한 화강편마암이 풍화되어 형성된 점토는 벽돌과 질그릇 제조에 이

전남 안좌도 마을
자료 : 김광언, 1982, 12~13쪽 재인용.

용되었다. 그러나 민가에서 화강암을 사용하기가 쉬운 것이 아니었기 때문에 구입하기가 용이하고 가공비가 들지 않는 자연 그대로의 재료를 많이 활용하였다.

다행히 조선 후기가 되면서 농업기술의 발달과 아울러 전체적인 농민계층의 경제력이 높아지고 자기의 토지를 소유하는 자영농 계층이 많아짐에 따라 주거에서도 질적 향상을 가져올 수 있었던 것으로 보인다. 다시 말해서 경제력의 상승은 주변의 자연환경이나 그동안 지속된 지역적 공간문화의 특성을 갖고 있는 기존의 주거를 한층 발전시킬 수 있는 기폭제가 되어 다양한 민가의 형성이 가능하게 한 것이다.

조선시대 민가의 공간구성이나 주거형태에 영향을 준 것은 기후와 입지 등의 자연환경적 조건, 생업, 주택재료의 구입여부, 식생활, 가족제도 및 형태 등을 들 수 있다. 이러한 요인은 시대적 변화를 거치면서 지역별로 특색있는 평면형태 및 공간구성을 띠게 되었다. 지역적으로 민가의 평면배치에 따른 유형은 우선 지역적으로 농촌형과 도시형으로 이분되고 농촌형은 집중형 주거(겹집 · 뜰집 · 홑집), 절충형 주거(튼ㅁ자집 · 반겹집 · 섬집), 분산형 주거(一자홑집 · ㄱ자집)로 도시형은 전래한옥과 개량한옥으로 나누어 볼 수 있다.

마을의 형성(순천 낙안읍성마을)

박두순씨의 초가 4칸집 | 흙벽 초가집은 우리 나라 민가의 기본 원형이자 전국에 널리 분포된 농가유형이다.
자료 : 김일진, 1996, 158쪽 재인용.

마을의 발달과 민가

촌 · 동 · 리로 불리는 마을 단위의 구성과 조직은 전통적인 공동체적 생활방식을 지니면서 존재하였다. 조선 전기의 자연 촌락들은 집촌의 경우 50~60호 이상의 규모를 갖춘 경우도 있지만 산곡에 입지했던 대부분의 촌락들의 경우에는 10호 미만의 아주 작은 규모로서 매우 분산적으로 존재하고 있었다. 성종 때의 기록에 "외방은 산천으로 서로 격리되어 인가들이 요원하므로 5가로 작통하기가 어려울 듯 싶다."는 것은 그러한 사정을 잘 말해 준다.

그러한 촌락 구성의 변화에 영향을 준 것은 조선 후기 친족체계의 변화였다. 즉, 조선 전기의 가족 및 친족체계는 17세기 중엽을 커다란 분기점으로 하여 점차 우리가 보통 전통적인 유교 의례라고 지적하는 적장자 중심의 부계친족(父系親族)체계로 정착되어 갔다. 이러한 가족 및 친족 의식의 변화는 18세기 중엽 이후 향촌 단위의 사회구조상에도 반영되어 족계나 문중조직이 발달하게 되고 이와 아울러 문중서원과 동족마을이 형성, 발달하게 되었다. 동족마을은 동족부락, 혹은 씨족부락으로 불리기도 하는데, 대체로 하나의 지배적인 동성동족집단이 특정마을의 주도권을 가지고 집단적으로 거주해 온 마을이다. 1930년의 조사

경기도 광주 김용학가의 사랑채
자료 : 경기문화재단, 2003, 92쪽 재인용.

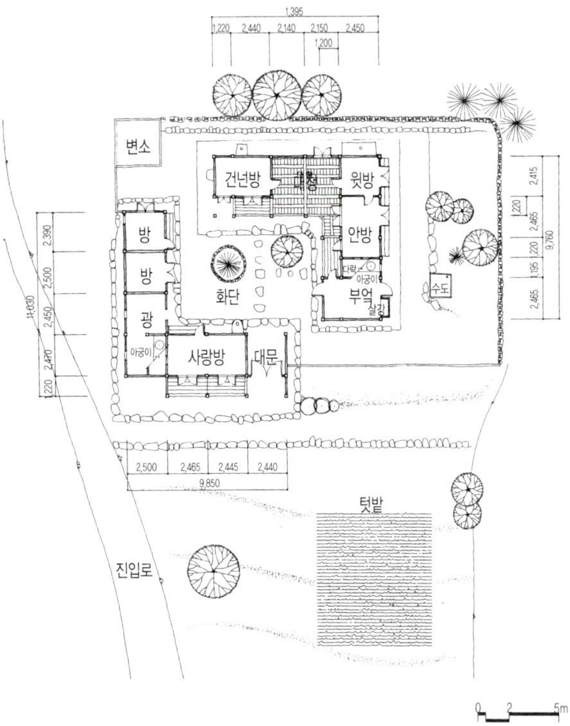

김용학가 평면
자료 : 경기문화재단, 2003, 93쪽.

결과를 보더라도 1만5천 개의 동족마을이 있는 것으로 보고되었고, 이것은 전체 부락의 약 1/3 정도를 점유하는 것이었다. 지금도 이어지는 하회마을, 아산 외암리 민속마을 등이 그 대표적 예이다.

민가의 사례들

경기도

경기도는 조선시대 서울인 한양을 둘러싼 인접 지역으로 서울과의 긴밀한 관계가 형성되었음은 두말할 나위가 없다. 민속자료로 지정된 민가들을 살펴보면 튼ㅁ자나 ㅁ자형 평면을 지닌 것이 많이 나타나며 ㄱ자형도 많다. 이러한 집들은 규모면에서 중류 이상의 크기가 많다. 튼ㅁ자형의 경우 안채는 대부분 ㄱ자형으로 구성되고 전형적인 중부지방의 기본형을 띠고 있다.

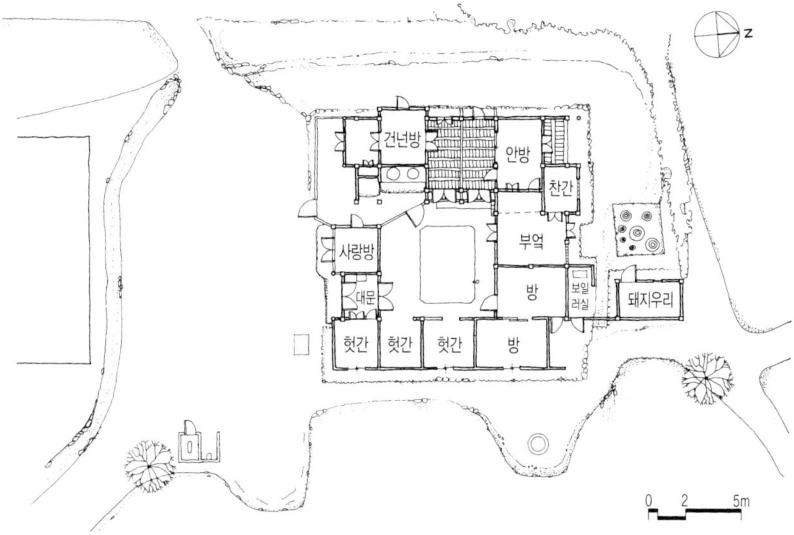

경기도 화성 김학진가
자료 : 경기문화재단, 2003, 170쪽.

✿ 강원도

강원도 민가는 대부분이 田자형의 겹집 평면을 지니고 있으나 영동과 영서, 그리고 삼척을 중심으로 한 북부지역과 남부지역에 조금씩 차이가 있다.

강원도의 산간 민가로서 대표적인 집은 너와집과 굴피집, 그리고 귀틀집이다. 이들 산간 민가는 주변에서 습득이 가능한 재료를 사용하여 건축하였다. 지붕 재료로는 너와(소나무를 얇게 쪼갠 것), 겨릅(껍질을 벗긴 삼대), 굴피(참나무 껍질) 등을 사용하거나 벽체를 나무로 횡으로 쌓아 만든 귀틀집(강원도에서는 투방집이라고 함) 형식을 갖춘 것이다. 또한 이들 집들은 대개 겹집의 집중형 구조로 되어 있는 것도 특색이다. 한편 평창군에서는 이 지역에 흔한 점판암을 두께 1cm, 폭이 4~50cm 되게 잘라서 지붕 재료로 사용한 천연 돌기와집인 '돌능애집' 도 있는데 열을 잘 보존하고 내구성도 좋지만 거의 사라져 가는 추세이다. 산곡간은 밤 기온이 차고 마당을 넓게 확보하기 어려우며 맹수로부터 가축을 보호하지 않으면 안 되는 곳이다. 그러므로 강원도의 산간 민가는 대체로 겹집 평면

너와집
자료 : 김일진, 1996, 27쪽.

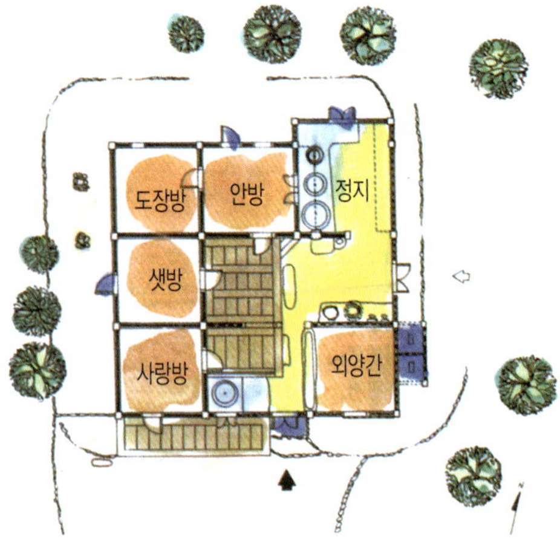

너와집 평면
자료 : 김일진, 1996, 28쪽.

이 많고 수장공간이나 외양간 등이 내부에 연결되어 있다. 즉, 집약적 공간 구성을 통하여 자연 환경적 조건에 잘 대응한 것이다.

충청도

충청남도는 서울 경기지역과 인접한 영향으로 안채의 평면이 ㄱ자 모양으로 형성되어 타 지역의 민가보다 규모가 크게 형성된 집이 많다. 부엌과 안방이 연결되고 대청이 있으며 건넌방이 위치한다. 그러나 경제적으로 어려운 서민계층의 민가는 一자형도 많이 나타난다. 사랑채나 광채 등 각 채는 분산 배치되는 경향을 보인다.

전라도

전라북도의 민가는 일반적으로 一자형이 많으며 대청 공간이 없는 것이 특색이다. 그 외는 ㄱ자형, ㄷ자형, 田자형의 순으로 나타나고 있다. 부엌이 주로 왼쪽에 위치하며 전면에 툇마루를 가진 온돌방들이 두 개나 서너 개씩 연이어 있

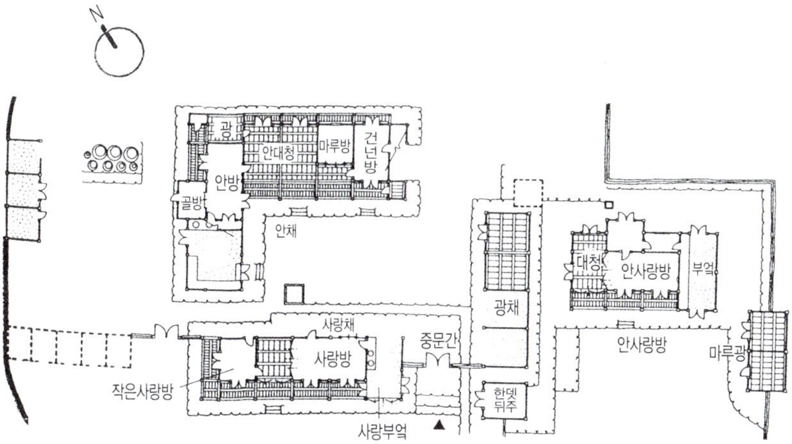

충남 아산 민가의 평면
자료 : 주남철, 1999, 274쪽.

는 단순한 평면을 보여주고 있다.

전남의 민가 기본형도 대부분 一자형이다. 그러나 가옥에 따라 몸채가 겹집의 구조를 지니기도 하며 대청에 문을 달아 폐쇄적인 공간으로 활용하는 경우도 종종 나타난다. 다른 지역에 비하여 식품 수장이나 갈무리를 위한 공간에 대한 배

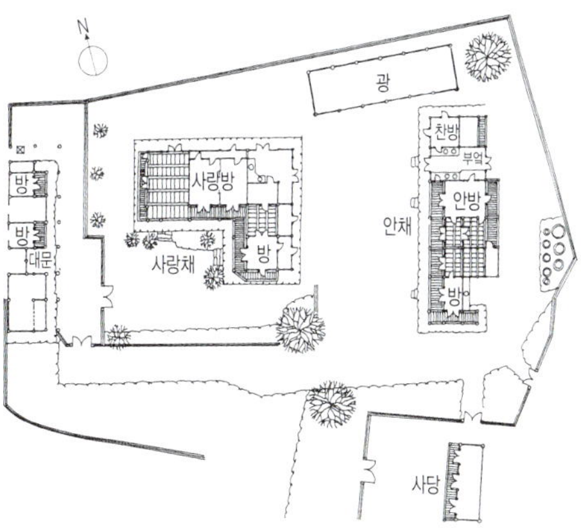

완주 민가
자료 : 주남철, 1999, 455쪽.

전남 신안의 민가 가옥 전경
자료 : 윤원태, 1998, 111쪽.

려를 많이 볼 수 있다. 신안군의 지도(智島)나 흑산도와 같은 섬도 민가의 안채가 대부분 一자형으로 나타났다.

✿ 경상도

경상북도는 특히 안동문화권을 중심으로 ㅁ자형 주거 평면이 발달하였다. ㅁ자형 평면은 전국적으로 분포하고 있으나 90% 이상이 경상북도에 치중하여 있으며 대개는 중류 이상의 민가에서 볼 수 있다. 이곳에서는 ㅁ자형 평면의 집들이 '뜰집' 으로 통용되고 있다. 뜰집은 마당을 중심으로 각 실이 연결된 몸채가 둘러싸고 있는 구조로, 뜰의 크기는 조금씩 차이가 있으나 마당이라고 부르기에 적합하지 않을 정도로 뜰의 크기가 작고 아늑한 경우도 나타난다. 이러한 뜰집의 발달에 대하여 김화봉(1999)은 "기본적으로 풍토적 환경이 요구하는 물리적 배경에 의하여 추운 겨울과 여름의 혹서를 동시에 해결하고, 좁은 경사지에 입지할 수 있고, 외부의 침입에 대하여 방호적인 주거유형이 요구된 것" 으로 지적

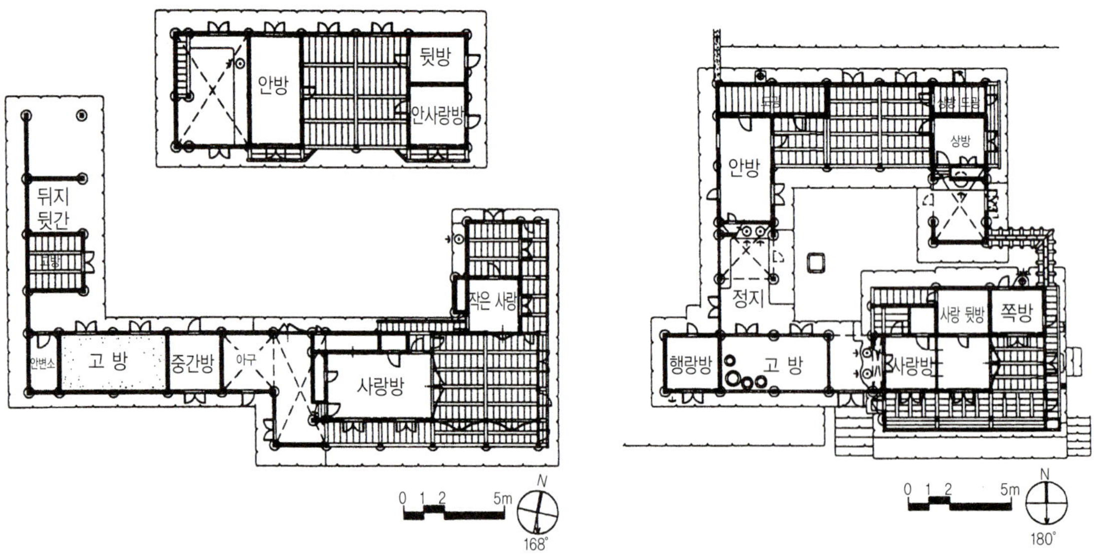

경북 봉화마을의 ㅁ자형 뜰집의 예
자료 : 김화봉, 1999, 227쪽 재인용.

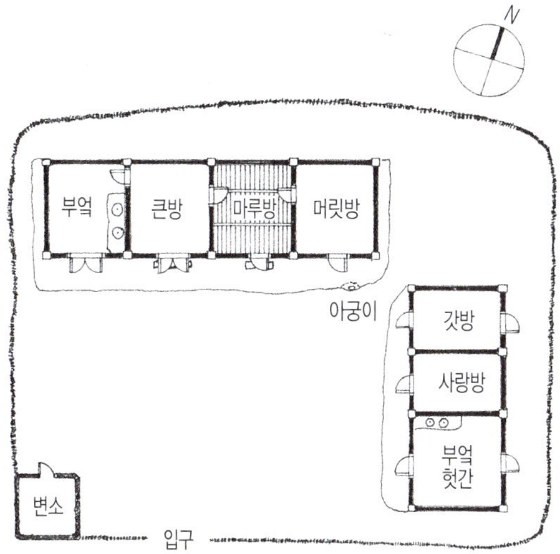

경북 양동마을 민가와 평면
자료 : 윤원태, 1998, 92~93쪽 재인용.

뜰집 안마당과 지붕

안동의 한 민가

울릉도 우데기집
자료 : 윤원태, 1998, 107쪽 재인용.

까치구멍집
자료 : 김일진, 1996, 22쪽.

하고 있다.

이러한 뜰집의 형태이면서 초가지붕을 가진 또 하나의 특색있는 민가로 까치구멍집을 들 수 있다. 까치구멍집도 경상북도 북부지방에서 많이 나타난 민가인데 안동, 영주 및 강원도 남단부에까지 널리 분포되어 있다. 까치구멍집이란 정지 공간의 지붕 용마루 양쪽 끝에 구멍을 만들어 배연과 통풍, 환기가 잘 되도록 고려한 지붕 형태를 지닌 집을 의미한다. 까치구멍집은 겹집 평면형태이고, 흙바닥으로 된 봉당이 있어 출입은 물론 각 실에 대한 동선의 기능을 한다. 정지(부엌)에는 외양간까지 인접해 있어 내부 생활공간의 집약화가 이루어져 효율적인 가사작업이 가능하고 외부적으로는 도적이나 짐승의 침입을 막을 수 있는 폐쇄적인 외관으로 되어 있다.

이에 비하여 울산, 울주 지역은 3칸 홑집형이 일반적이면서 남쪽지방에서 전래된 중앙부엌형과 북쪽지방에서 전래된 겹집형도 나타나고 있어서 지형적 지리적 영향으로 인한 다양한 공간문화 형태를 보이고 있다.

경상남도의 민가는 개방적 대청을 지닌 一자형의 평면이 보편적이다.

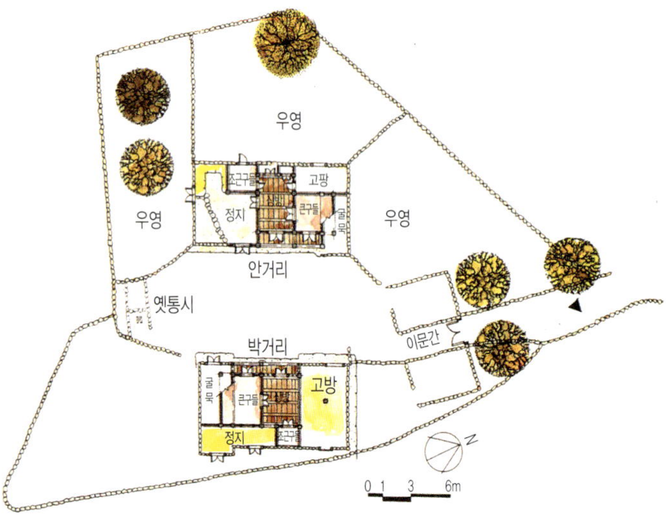

두거리집 평면
자료 : 김일진, 1996, 42쪽 재인용.

제주도

제주도 민가는 모두 돌로 벽을 쌓고 억새로 지붕을 덮은 것이 특색이다. 육지 민가에 남향 배치가 많은 것에 비하여 제주도는 중심에 놓인 한라산의 영향으로 남・북의 민가 배치에 차이가 있다. 남제주는 남향과 모로 앉은 형이 많고 북제주는 바람의 영향을 받아 동향, 서향, 마주 앉은 형이 많다. 건물의 평면구성은 대부분 一자형이며 채는 안커리, 바커리로 불

세거리집 실내

종가집(제주민속촌)

리운다. 며느리를 보게 되면 아들 내외에게 안커리를 물려주고 부모는 바커리로 나가 따로 사는 것이 제주도의 거주 풍습이다. 또한 주공간 호칭 용어도 내륙과 달리 정지, 상방(대청), 구들(온돌방), 고팡(고방), 굴묵(아궁이) 등으로 불리고 있다. 지붕은 강하고 잦은 바람에 대비하여 띠로 단단히 엮었으며 정지는 취사를 중심으로, 굴묵은 필요할 때만 난방을 할 수 있도록 분리한 아궁이 시설 공간이다.

✿ 함경도

함경도 민가는 '정주간'이 있는 겹집 평면의 특색을 갖고 있다. 이 지방에서는 겹집을 '양통집'이라고도 부르는데 정주간이 있는 경우와 없는 경우가 나타난다. 함경북도 지역은 정주간이 있는 겹집이 많다.

'정주간'이란 일반적인 집 부엌의 부뚜막, 즉 솥을 걸어 취사를 하는 설비를 포함한 바닥 공간을 넓게 확장하고 실내와 바로 동선 연결이 가능한 부분을 말한다. 이 정주간은 온돌바닥으로 되어 온 가족이 식사도 하고 잠도 자며 손님을 맞이하기도 한다. 추운 지역이기 때문에 부엌의 열기를 실내에 도입하면서 가사 작업의 효용성을 꾀하기 위한 공간적 지혜였던 것이다. 그러나 함경도 남부지역

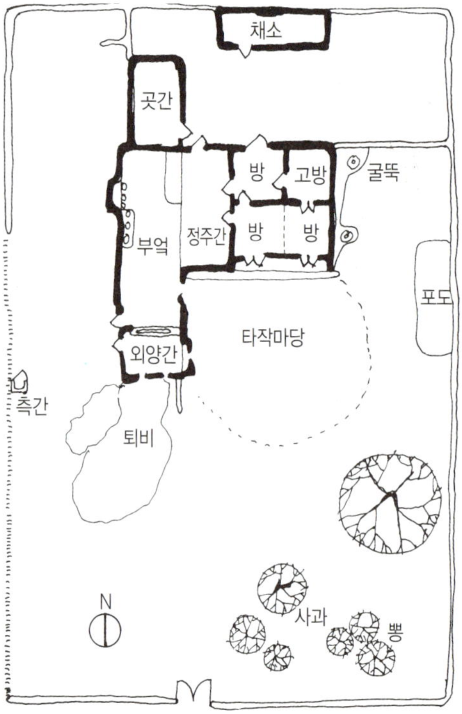

함경도 민가
자료 : 주남철, 1980, 77쪽.

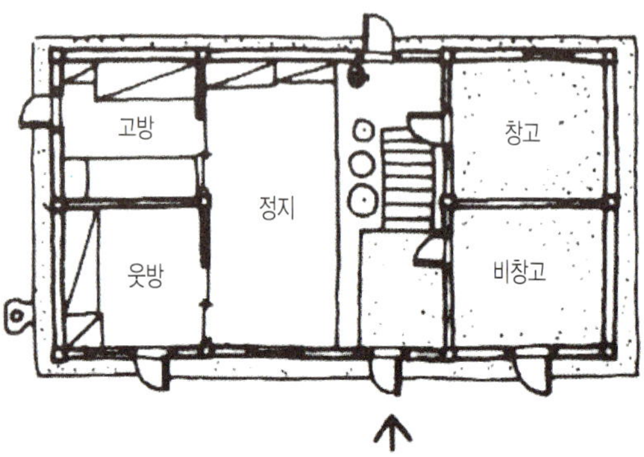

연변 함경도식 민가
자료 : 김준봉, 미간행 개인자료.

조선족 민가(북경 민속촌)

방 높이로 개조된 정주간의 모습(북경 민속촌)

은 정주간을 실내와 연결하지 않은 구조, 즉 정주간이 없는 겹집이 많은 것으로 보고되고 있다.

✿ 평안도

평안도 지역의 민가는 주로 一자형 평면이 보편적이다. 평안도 민가는 안채가 단순한 一형으로 구성되어 있고 외양간과 곳간을 지닌 대문간채도 一자형으로 되어 서로 마주보고 있는 쌍채집의 모습을 띠고 있다. 즉, 두 채 사이에 작게 구성되는 마당의 형태나 채의 주변을 높은 담으로 둘러싼 전체적 모습은 집중적 주거생활을 위한 것으로 해석[16]하기도 한다. 이러한 독특한 배치가 기후 조건 때문인지 아니면 다른 사회적 관습에 연유한 것인지는 분명하지 않다.

16 강영환, 1994, 127쪽

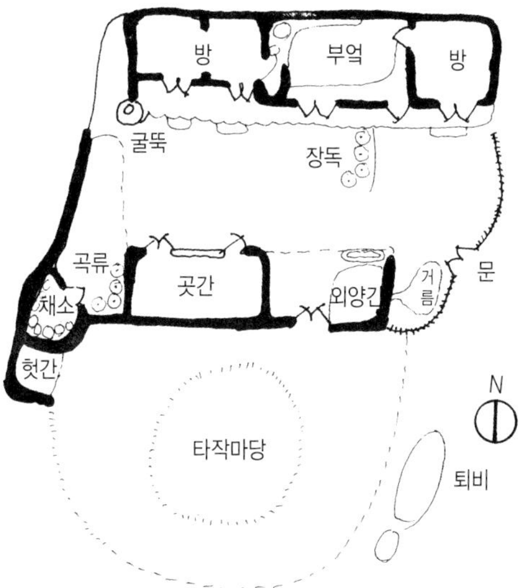

평안도 민가 평면
자료 : 주남철, 1980, 79쪽.

참고문헌

강영환(1994). 한국주거문화의 역사. 기문당.

경기문화재단(2003). 경기도 건축문화유산 – 제4권 중요 전통민가편.

고대민족문화연구소(1982). 한국민속대관 1, 2권.

국립민속박물관(1994). 강원도 산간지역의 가옥과 생활 – 삼척군 · 평창군 · 정선군.

국사편찬위원회(1998). 한국사 27권 168.

김광언(1984). 한국의 옛집. 마당.

김광언(1988). 한국의 주거민속지. 민음사.

김동욱(2003). 한국 건축의 역사. 기문당.

김미령 · 조성기(1998). 제주도의 기후적 환경이 민가형성에 미친 영향에 관한 연구. 대한건축학회논문집, 14권 1호, 221-232

김봉렬(1982). 조선후기 한옥변천에 관한 연구. 서울대학교 석사논문.

김봉렬(1999). 앎과 삶의 공간. 이상건축.

김연옥(1985). 한국의 기후와 문화. 이화여대출판부.

김일진(1977). 까치구멍집에 관한 고찰. 건축학회지, 21권 78호.

김일진(1988). 전통건조물보존지구조사보고서 – 영풍무섬마을.

김일진(1996). 옛집에 담긴 생각. (주)청구.

김화봉(1999). 조선시대 안동문화권의 '뜰집' 에 관한 연구. 부산대학교 박사학위논문.

김준봉(2006). 온돌 그 찬란한 구들문화. 청홍.

김지민(1986). 무안지방의 전통건축 – 무안군의 문화유적. 국립목포대학박물관 외.

김지민(1987). 지도의 전통건축. 도서문화, 5. 목포대학 도서문화연구소.

김홍식(1978). 경기도한옥조사보고서. 경기도.

김홍식(1988). 전통건조물보존지구조사보고서. 고성왕곡마을.

손정목(1994). 조선시대도시사회연구. 일지사.

낙안읍성민속마을(1995). 낙안읍성.

남해경(1990). 전북지방의 민가의 유형화에 관하여. 전라문화연구, 4권. 전북향토문화연구회.

리화선(1989). 조선건축사 1, 2. 평양: 과학백과사전종합출판사.

문화재관리국(1969). 한국민속종합조사보고서 – 전라남도 편.

문화재관리국(1974). 한국민속종합조사보고서 – 제주도 편.

문화재관리국(1977). 한국민속종합조사보고서 – 강원도 편.

문화재관리국(1984). 한국민속종합조사보고서 – 주생활 편.

민족문화추진회(1997). 다산시문집, 5, 141-145.

변시민 외(1984). 한국사회의 규범문화. 한국정신문화연구원.

박선희(1990). 조선시대 가옥규제 및 풍속. 한국주거학회지, 12호. 한국주거학회.

박선희(1992). 조선시대 반가의 주생활과 공간사용에 대한 연구. 연세대학교 박사학위논문.

박희영 · 이희봉(2003). 상류 전통주거 거창 동계 정온 종택의 공간과 생활의 복원을 통한 해석.

건축역사연구, 35. 사단법인 한국건축역사학회.
서문당간(1987). 사진으로 보는 朝鮮時代 생활과 풍속(속).
손정목(1994). 조선시대 도시사회 연구. 일지사.
신영훈(1983). 한국의 살림집 상, 하. 열화당.
안경온(1988). 전북 완주군의 민가특성과 주생활에 대한 연구. 전북대학교 석사학위논문.
연세대학교 건축공학과 동양건축연구실(1987). 괴산 김기응 가옥. 연세대학교출판부.
연세대학교 건축공학과 건축역사 · 이론연구실(1991). 성주 한개마을. 연세대학교출판부.
영남대학교박물관(1982). 안동댐수몰지구 고가 이전 복원보고.
유영희(1994). 도시한옥 주거양식의 변화과정. 연세대학교 박사학위논문.
윤원태(1998). 한국의 전통초가. 재원.
윤일이(1999). 조선후기 상류주택 사랑채의 공간적 특성에 관한 연구. 부산대학교 박사학위논문.
이기서(1985). 강릉 선교장. 열화당.
이상억(1997). 서울의 한옥. 홍문섯골 이벽동댁. 한림출판사.
이유미(1989). 조선전기 상류주택의 안채구성에 관한 연구. 연세대학교 석사학위논문.
이해준(1996). 조선시기 촌락사회사. 민족문화사.
이호열(1991). 조선전기 주택사연구. 영남대학교 박사학위논문.
임상규(1997). 영동지방 민가의 변화과정에 관한 연구. 대한건축학회논문집, 13권 3호 .
장보웅(1981). 한국의 민가연구. 보진재.
전라남도 외(1989). 남서해 도서지역의 전통가옥 · 마을.
전봉희(1996). 조선후기 주거사에 있어서 겹집화 현상에 관한 연구. 대한건축학회논문집, 10월호.
정명섭외(1994). 강원도 산간지역의 가옥과 생활. 국립민속박물관.
주남철(1980). 한국주택건축. 일지사.
주남철(1999). 한국의 전통민가. 아르케.
전북향토문화연구회(1989). 순창군 문화유적지표조사보고서.
정재국(1997). 즈므마을 전통민가에 관한 조사연구. 건축역사학회발표자료집.
정정남(2003). 16~17세기 사대부주택의 공간구성과 활용. 경기대학교 박사논문.
천병옥(1988). 조선조시대주택의 장식적 의장. 보진재.
최일(1990). 조선 중기 이후 남부지방 중상류주거에 관한 연구. 서울대학교 박사학위논문.
충북대학교박물관(1980). 충주댐 수몰지구 문화유적발굴조사 종합보고서.
하종환(1985). 조선조 'ㅁ' 자형 주택의 수장공간에 관한 연구−경상북도를 중심으로. 영남대학교 석사학위논문.
한필원(2005). 한국의 전통마을을 가다 1, 2. 북로드 .
홍승재(1992). 조선시대 상류주택의 예제적 체계에 관한 연구. 홍익대 박사논문.
홍형옥(1986). 한국인의 주거조정 및 적응에 관한 연구-조선시대부터 현대까지. 고려대학교 박사논문.
野村孝文(1981). 朝鮮の民家. 學藝出版社.

II

근대주거와 삶

개항 이후 우리나라의 사회와 제도는 외국의 문화와 문물이 도입되면서 점진적으로 변하였고 특히 근대도시의 발달과 함께 주택에도 커다란 변화가 일어났다.

우리나라의 주거사에 있어서 근대화는 기본적으로 전통에 대치한다기보다는 전통과 조화 및 균형을 이루는 상황 속에서 점진적으로 변화하는 과정으로 볼 수 있다. 따라서 우리나라 주거형태의 근대화는 단순히 한옥에서 양옥으로의 교체가 아니라 한옥 내에서의 근대화와 또 한옥에서 양옥으로의 점진적인 변화로 특징을 나타낸다.

이러한 관점에서 우리의 근대주거를 개항 이후부터 1920년 이전까지 외국주택의 모방에 의한 절충식 주거와 자발적인 주거의식의 영향으로 우리의 전통과 생활에 기반을 둔 새로운 모습의 문화주택, 그리고 1930년대 이후 전형적인 도시주거의 유형으로 서울을 중심으로 도심에 집단적으로 지어진 도시형 한옥들을 중심으로 살펴보고자 한다.

1. 근대화와 외래주택

개항과 도시 · 주택

근대화와 사회변화

근대의 개념은 서구에서 16세기의 르네상스와 종교개혁, 19세기의 시민혁명과 산업혁명에서 비롯되었다. 서구사의 근대화는 시민계급이 성립되고 이 시민계급들이 중심이 되어 사회의 합리화, 민주화, 자본주의적 산업력, 과학화 등을 실행함으로써 근대 자본주의 사회로의 이행과정을 의미한다. 이러한 서구의 근대화 개념이 비서구사회로 도입된 것은 개항 이후 서구문화의 유입 이후로 생각할 수 있다. 따라서 근대화는 곧 서구화를 의미하는 것으로 인식되었다. 이러한 배경에서 볼 때, 우리나라 근대사의 시대구분은 19세기 중엽의 개항[1] 전후(1876년의 개항의 시점을 개화의 출발점으로 인정)로부터 1945년까지로 보는 것이 일반적인 견해이다. 따라서 개항의 시점인 1876~1910년은 우리나라 개화기의 주요한 시기[2]로서 이 시대의 사회적 상황과 개화, 그리고 신기술의 도입은 근대주거의 바탕이 되었다.

우리나라는 개항 이후 외형적으로는 근대화의 모습을 띠는 듯 했으나, 일본의 식민지가 되어 1910년대 한국사회는 농민층의 몰락, 노동계층의 증대, 자본가층의 성장억제 등 계급구조에 변동이 일어났다. 그러나 19세기 말에 전통적 생산양식이 해체되고 일본의 제국주의적 상품시장으로 재편성되면서 우리의 건축에도 영향을 미쳤다. 즉, 새로운 건축 재료인 벽돌, 유리, 시멘트, 철 등이 다량 공

1 일본과의 강화도조약(한 · 일수호조약)으로 부산항(1876. 10)과 원산항(1880. 5)이 차례로 개항되었다.

2 우리나라는 1876년 일본과 체결한 강화도조약을 시작으로 1882년 미국과 조미수호조약이 이루어지고, 1883년에는 영국, 독일과 수호통상조약을 체결하였다. 그리고 1904년도에 한일의정서가 교환되고, 1906년 일본에 의해 식민지 지배체계가 강화되었으며 1910년에 한일합방이 되었다. 이렇게 수호통상조약 및 협정에 따라 개항장 내의 일정한 지역을 구획하여 외국인들의 거주지구로 정하고 외국인의 거주 · 통상 및 토지취득이 가능하게 되었다.

급되어 건축외형이 변화할 수 있는 기초가 되었다.

또 19세기 말 이후의 서민주택(민가)도 서서히 변하고 있었다. 지방의 권력을 쥔 권문세가들이 건축제한을 어기고 집을 짓는 현상이 나타났다. 그리고 당시 경제 잉여의 축적이 가능했던 중농들도 공간을 여러 가지로 확대하는 시도를 하였으며, 그 결과 퇴의 발달, 겹집의 발생 등이 촉진되었다. 이러한 가운데 19세기 말에 부산 등지에는 일본식 주택이 들어서고 인천에는 서양 사람들에 의해 양옥이 세워져 우리의 민가에 큰 자극이 되었다.

한편, 개항 이전에는 중국과 일본을 왕래하는 공적인 행사 이외에는 외국과의 접촉이 거의 없었기 때문에 항구의 발달을 저해하였고, 이로 인해 도로의 발달도 어려웠다. 그러나 1876년 개항이 되면서 항구도시를 포함한 내륙의 일부 도시들이 변하기 시작하여 인구 5천 명 미만의 어촌들이 개항과 더불어 근대도시로 변모하기 시작하였다. 특히 부산, 원산, 인천 및 마산항 지역에는 일본 거류

사회구조의 변화와 생활상 구분

구 분	사회상		생활상
	전통성	근대성	
지적 측면	보수적 (성리학)	합리적, 기능적 (실학, 개화사상)	주거의식의 합리화 주택개량사상
정치적 측면	봉건성 (봉건정치체제)	자주성, 민주성 (민중세력 성장)	경제적 중산층 성장
경제적 측면	농노제에 의한 원시적 농업경영	농업생산성 향상 산업화(공업화 촉진) 부의 축적방법 다양화	기술재료의 근대화 주택공급의 전문성, 분업화 직주분리현상
사회적 측면	농촌중심 대가족중심	도시화 촉진 직계가족중심	집단군거 분가 핵가족화
심리적 측면	고착적 폐쇄적 정태적	유동적 개방적 동태적	경제적 우열에 따른 새로운 계층의식 발생

자료 : 최일, 1990, 138쪽.

지가 별도로 지정되어 일본식 도시계획방법을 도입하였으며, 거류지 내의 기지, 도로, 구역 등은 일본정부에 의해 유지, 관리되었다.

근대화 과정에서 나타난 사회변화

- 봉건적 토지소유관계의 청산으로 인한 계급제도의 타파 및 평등의식의 확산
- 산업에서의 기계화와 공장제 생산
- 현대식 교육의 보급
- 신문과 같은 대중매체의 광범위한 보급
- 시민적 자유의 확립과 대중의 정치참여 활성화
- 도시화 현상
- 각종 기능집단의 분출과 사회조직의 복잡화
- 개인주의의 성숙

가옥건축가규칙(家屋建築假規則) : 1889. 6. 9

① 허가를 받아 가옥을 신축 또는 개축하고자 하는 자는 미리 계획된 도로선에 따라야 한다.

② 가옥이 도로에 면하는 자는 물론 도로계획에 준할 것이나 만일 도로에 접하지 않던가, 택지 내에 여유가 있는 자는 모두 담장을 쌓고 도로를 향하여 출입문을 설치해야 한다.

③ 가옥은 모두 기와나 아연판 지붕을 사용하고 짚이나 송판 등의 연소물을 사용하지 말아야 한다.

④ 변소의 구조는 가장 청결을 요하는 것이므로 오물통은 가급적 견고한 것을 쓰며, 분뇨가 새지 않게 해야 한다.

⑤ 택지 내의 하수통도 변소와 같이 튼튼한 것을 사용해서 폐수가 고여 있거나 스며 나오지 않도록 주의해야 한다.

⑥ 축가옥(蓄家屋)일 때는 규칙 발행 후 6개월 이내에 모두 제②항, 제④항, 제⑤항의 규정에 따르고 12개월 이내에 제③항의 규정을 따라야 한다.

⑦ 위의 규칙을 위반한 자는 그때의 형편에 따라 택지의 반납이 요구될 수도 있다.

우리나라 개항기의 사회기반시설

구 분	연 도	사회기반시설
	1888	마포-인천 간 기선이 취항함
	1895. 9	원치호에 의해 자전거를 미국에서 들여옴
	1894	일본인이 인력거 10대를 수입하여 영업을 개시함
	1894	청일전쟁 시 군수물 운반용으로 사용되던 하마차가 러일전쟁 때 널리 보급되었음. 우리나라에서는 우차(牛車)가 대체되어 도시(1930년까지)와 농촌(1940년까지)에서 일반적으로 사용되었음
교통수단	1897. 3	경인철도 기공식
	1899. 5	서대문-청량리 간 전차 궤도가 완성됨
	1899. 9	인천-노량진 간 철도가 개통됨
	1900. 11	경인선이 개통됨
	1903	황제용 자동차를 미국에서 구입함
	1905	러일전쟁 후 마차가 등장함
	1905. 6	경부선이 개통됨
	1880	석유램프가 도입됨
	1884. 3	우정총국이 개설. 최초로 우편물 배달. 최초로 궁중에 전등이 사용됨
	1885. 9	한성전보총국 개설, 경인전신 가설됨
	1888. 6	조선전보(電報) 개설됨
전기 · 전화	1893	최초로 전화기 도입됨
	1897. 1	서울시가에 최초의 가로등(석유 등)이 등장함
	1898. 1	한성 전기회사가 설립됨
	1900. 4	종로 네거리에 가로등이 설치됨
	1900. 5	민간에서 가정에 등이 사용됨(서울 진고개의 일본상인)
전기 · 전화	1902. 3	서울-인천 간 전화가 개통됨
	1907	서울에 상수도 공사가 시작됨
	1909	일한가스주식회사가 완공되어 가스등, 가스연료가 사용됨
	1903. 12	상수도시설 경영에 관한 특허 받음
상수도	1909. 8	상수도시설 준공 및 급수가 시작됨
	1910	서울, 인천, 목포, 부산, 평양 등 5개 도시에 수도시설이 갖추어짐
	1912	한국상수도회사가 설립됨

근대도시의 발달 과정

- 1876년 - 항구도시와 일부 내륙도시의 변화(근대도시의 효시)
  - 일본 거류지 지정(일본식 도시계획방법의 도입)
- 1896년 - 서울(한성부)의 시구(市區) 개정
  - 하수도 개량공사 착수
- 1901년 - 정동 궁궐 근처에 고층 건물의 신축 금지
- 1904년 - 마포에 정부가 직할하는 벽돌공장 건설
- 1906년 - 도지부(度支部)에 수도국 신설
  - 대규모 도시개발
- 1907년 - 한성부의 상수도 공사 착수
- 1908년 - 근대도시 건설에 장애가 된다고 판단하여 민족의 문화유산인 성벽철거 시작 (동대문의 좌우부터 남대문의 좌우 구간 철거)
  한성부의 하천 위에 있는 주택들 철거
- 1910년 - 10개년 계획으로 진행된 진해의 군항건설과 시가지 개발

인천 해관의 러시아인 토목기사들에 의해 축조된 개항초기의 선착장
자료 : http://www.kptii.or.kr

1890년대의 서울 종로거리
자료 : 윤일주, 1974, (6), 15쪽.

1906년 개항장(開港場)과는 별도로 대규모의 도시개발이 이루어져 정부는 진해항과 영흥만을 군항 예정지로 결정하였다. 진해군항은 1910년에 10개년 계획으로 도시계획을 수립하여 1922년 3월에 완료된 것으로 일본식 도시건설의 효시이다.

개항 이후 근대화과정에서 나타난 우리나라 사회의 변화양상을 보면, 근대도시들의 출현과 함께 도시로의 인구집중현상, 생산양식과 가족제도의 변화, 기독교사상이 보급되면서 나타난 여성의 역할과 지위의 변화, 그리고 새로운 기술문명의 보급, 생활개선 의식 등을 들 수 있으며, 이러한 사회적 특징들이 근대주거에도 많은 영향을 미쳤다.

도시로의 인구집중 현상

개항 이후 상공업이 발달함에 따라 많은 근대도시들이 성장하게 되었고, 이러한 근대도시들의 성장으로 인구의 도시집중화 현상이 나타났다. 이러한 현상은 도시의 주택난을 심각하게 야기시켰으며 이로 인해 주택의 대량 건설이 촉진되었다. 따라서 자본을 가진 주택공급업자들이 출현하게 되는 원인이 되었으며 이들에 의해 개량한옥들이 대량으로 공급되었다. 개량한옥의 대량공급체계는 다시 한옥들의 지역적 표준화 및 한옥건축의 분업화를 이루게 하는 원인이 되었다. 이와 같은 인구의 도시집중화는 결과적으로 주택의 대량공급체계를 형성시켰고, 이것은 다시 한옥의 공급 양식에도 많은 변화들을 가져왔다고 할 수 있다.

생산양식의 변화

근대화 이전에는 농업생산이 주였으나 상공업이 발달함에 따라 점차 광공업, 서비스업과 같은 2·3차 산업으로 생산양식이 변하였다. 따라서 도시근로자의 직업도 변하였으며 또한 가족제도에도 변화를 초래하였다. 일반적으로 농업에 종사하는 사람들은 그 일의 특성상 대가족제도를 기반으로 하는데 반해, 상공업에 종사하는 사람들은 그와 같은 대가족제도가 더 이상 필요하지 않게 됨으로써 소가족제도 또는 핵가족제도로 이행하게 되는 원인이 되었다. 이러한 가족제도의 변화는 주거문화와 생활양식에 직접적인 변화를 초래하였기 때문에, 생산양식(직업)의 변화는 결과적으로 주거문화의 변화에도 커다란 영향을 미쳤다고 할 수 있다.

도시 근대화 작업들의 진행

근대적 도시계획이나 도로포장, 토지구획정리사업, 주거관련법규의 제정 등과 같은 일련의 도시근대화 작업들은 근대적 도시의 출현뿐 아니라 주거문화와 주거생활에도 많은 영향을 주었다. 토지구획정리사업이나 도시계획 등은 계획에 따른 주택공급을 가능하게 하였고, 이로 말미암아 한옥들의 집단화 및 한옥의 표준화가 이루어지게 되었다.

가족제도의 변화

산업구조의 변화, 기독교의 평등사상 보급, 그리고 지식층 중심의 서구적 의식의 확산 등은 우리 전통가족제도에 많은 변화를 가져왔다. 가족제도는 대가족제도에서 점차 부부중심, 자녀중심의 소가족제도 내지는 핵가족으로 변화되었고, 가족관계에 있어서도 유교적 윤리를 바탕으로 한 가부장적 생활방식에서 개인주의와 자유평등사상을 중심으로 한 새로운 가족관계로 점차 변모하게 되었다.

기독교 사상의 보급

기독교 사상의 보급은 우리의 삶의 양식 전반에 많은 영향을 주었다. 우선 우리나라의 전통적인 관혼상제의 관습에 많은 변화를 가져와 제사의식이 소멸되는가 하면 장례의식, 혼례식 등이 간소화되었다. 그뿐 아니라 축첩제도가 폐지되면서 일부일처제가 정착되었고 평등사상이 고취되면서 반상(班常)제도가 없어지게 되었으며, 또한 상속관념이나 가족관념 또는 도덕관념에도 큰 변화를 초래하였다. 이러한 것들은 가족제도뿐 아니라 가족생활, 주생활양식에 있어서도 큰 변화를 초래하였다.

여성의 역할과 지위변화

기독교사상이나 근대적 의식의 확산으로 인해 남녀평등사상이 고취되었으며, 상공업과 서비스업의 발달로 여성노동력의 수요가 급증하여 여성의 사회진출이 증가하게 되었다. 그 결과로 여성의 역할과 지위에도 많은 변화들이 일어났으며, 이러한 여성의 사회진출과 지위향상은 다시 가족생활에도 영향을 주어 가사 운영방식이 여성중심으로부터 다른 가족으로 분담되는 결과를 초래하기도 하였다. 가사의 운영이 시어머니에서 며느리로 계승되어 오던 전통적인 운영방식이 이처럼 모든 가족구성원들이 분담하는 방식으로 변화된 것은 주거공간 활용을 편리성 위주로 변모시키는 한 원인이 되었다.

생활개선 및 주택개량 논의

1920년부터는 생활개선 논의가 활발하게 진행되어 의생활, 식생활, 주생활에 대한 생활양식의 개선이 촉구되었다. 이러한 일련의 생활개선에 대한 논의들은 주택 내에서의 생활양식 변화에 직접적인 원인이 되었다.

그리고 생활개선 논의와 함께 제기된 주택개량 논의 역시 주거문화의 변화에 많은 영향을 주었다. 이러한 논의들 가운데서도 특히 부엌과 변소의 개량에 대한 논의와 행랑채를 없애고 대신 현관을 도입하고자 하는 주장, 그리고 굴뚝과 구들, 아궁이의 개량에 대한 논의, 식당방을 설치하고 의자식을 도입하려는 주장 등은 전통적인 주생활양식을 변화시키는 직접적인 요인이 되었다.

새로운 기술문명의 보급

상하수도 설비, 전기시설, 가스시설 등과 전기 및 전화기의 보급은 주거생활에 직접적인 변화들을 가져왔다. 이와 같은 기술과 문명의 발달은 그들을 활용하기 위한 주거공간 및 생활양식에도 많은 변화를 가져왔다. 특히 이러한 시설 설비의 발달은 상대적으로 낙후되어 있던 주택 내의 부엌, 욕실, 변소의 개량을 가능하게 하였으며, 시멘트와 콘크리트, 벽돌, 유리 등과 같은 새로운 건축재료들의 등장으로 새로운 주거유형의 출현을 가능하게 해 주었다. 한편, 가정용 난방연료가 장작에서 석탄이나 연탄 등으로 바뀌면서 난방방식도 재래식 아궁이에서 연탄아궁이 또는 연탄을 사용하는 보일러시설로 바뀌게 되었다. 이처럼 난방연료와 난방방식의 변화는 부엌의 구조와 위치를 변화시켰으며 이로 인해 주택 내 생활방식도 점차적으로 변모되었다.

외래 주택의 유입

서양식 주택

1876년에 개항한 이래, 부산, 원산, 인천 등의 개항장을 중심으로 구미 각국의 거류지가 형성되면서 외국공관, 외국인 산업계통의 건물과 주택, 종교계통의 시설 등의 서구건축이 유입되기 시작하였다. 이들 건축물들은 대부분 외국인에 의해 설계 및 시공되었으며 외국산 재료로 지어졌다. 그러나 모든 서구양식의 건축은 한일합방 이후에는 일본을 거쳐 여과되어 유입되었다.

한·양 절충형 주택 | 초기에 소개된 서양식 주택은 서양식 주택과 한옥의 특성을 결합한 한·양 절충형의 민겸호의 집이다. 이 집은 한옥의 형태를 유지하면서 내부공간을 서양식으로 개조하였으나 공간의 구성형식 자체는 크게 변하지 않았다.

1882년에 개조된 민겸호의 집은 양식으로 개조된 최초의 주택으로, 실내에는 카펫과 커튼, 그리고 서양가구를 사용하였으며 문턱을 낮추고 들창은 열창으로 고쳤다. 또 행랑채에는 사무실과 서재를 양식으로 개축하였고 앞마당에는 정원과 정구장을 만들었다고 한다. 그 후 한국 최초의 서양식 주택으로 기록되고 있는 세창양행의 사택은 1883~1884년에 인천에 건립되었으며, 또한 1890년을 전후해서 외국인들의 주택과 별장 등이 건축되었다. 그러나 1905년 통감부 설치 이후부터 서양식 주택은 사라지기 시작했으나, 이러한 주거양식은 한국의 상류층에 영향을 미쳐 1910년을 전후하여 서울에서 서양식 주택이 나타나게 되었다.

외래주택의 유입과정

- 외국 공관의 건축: 한옥가옥 개량(1880년대 말), 양옥건물의 영사 · 공사관(1890년)
- 종교계통의 건축: 학교, 목사관, 성당 건축(1883년), 인천선교사합숙소(1884년)
- 외국인 산업계통의 건축: 세창양행의 회사사택(1883~1884), 홈 · 링거 양행사택(1898년), 알렌박사 별장(1893년), 제임스 존스턴 별장
- 일본인 계통의 건축: 공공건물, 은행, 1906년 탁지부건축소 창설 이후 일본에 유행하던 서구건축이 유입
- 정부 및 민간단체에 의한 건축: 독립문(1897년), 덕수궁 내의 일부 양옥

인천의 일본영사관-1883년 건립되었으나 1933년 철거됨
자료 : 윤일주, 1973, (3), 39쪽.

서울-이준씨 저택(1911)

영국공사관
자료 : 윤일주, 1973, (3), 11쪽.

선교사합숙소(1884)

개항 이후 서양식 건축물들의 외관

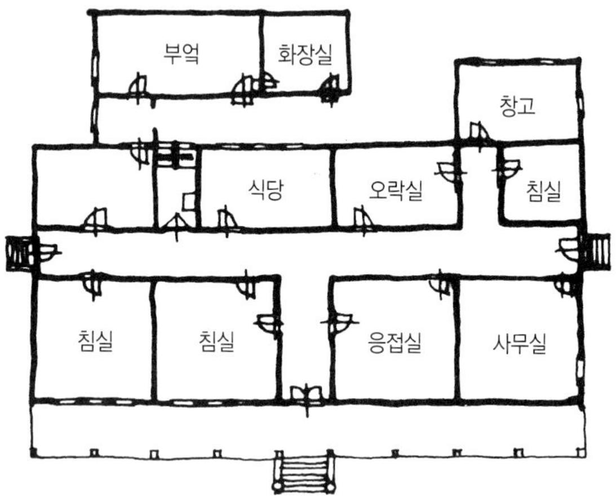

인천의 세창양행 사택 외관과 평면도

- 세창양행을 설립하기 위하여 독일에서 파견된 세 명의 청년의 숙소로 건축된 이 사택은 1833년 후반에서 1884년 전반기에 건축된 것으로 추정된다.
- 벽돌조 2층(면적: 173.15평)으로 중국인 목수에 의해 건축되었으며, 외관 특성은 이탈리안 빌라(Italian villa) 스타일로 붉은 기와지붕에 하얀 벽의 사각주(四角柱)의 아케이드(arcade)로 구성되어 있다.
- 정면은 대칭이나 전체적으로는 비대칭적 구성형태이다. 전면에는 사무실 · 응접실 · 침실이 배치되어 있고 후면에는 오락실 · 식당 등이 복도로 연결되어 있으며 집의 제일 뒤쪽으로 부엌과 화장실, 작은 창고가 배치되었다.

자료 : 최성연, 1959.

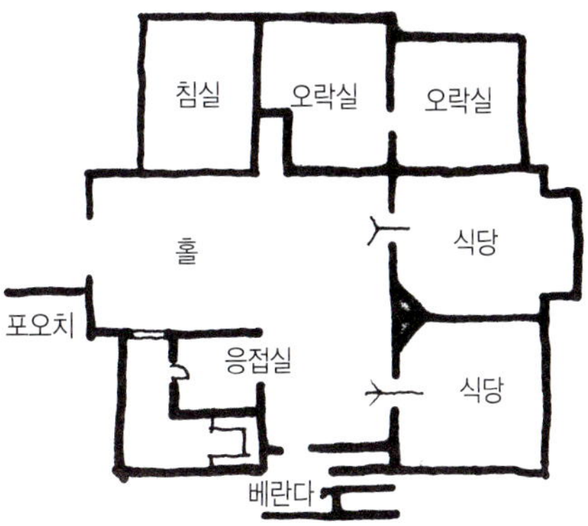

1층

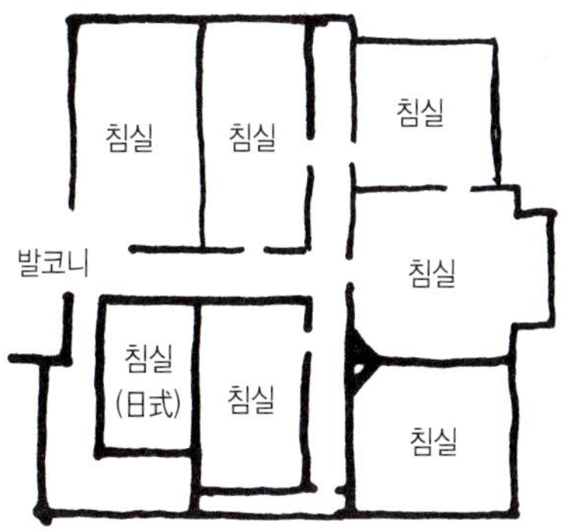

2층

제임스 존스턴의 별장(1903~1905년)과 평면도 | 독일인과 중국인이 각각 설계와 시공한 석조기와 이음의 4층 건물로 기와, 가구, 집기, 설비 등을 모두 외국에서 들여와 사용한 순수한 유럽식 저택이다.

자료 : http://www.kptii.or.kr ; 김태영, 1990, 64쪽.

일본식 주택

1877년 일본과 체결한 부산항 조계조약(租界租約)에 의거, 조약상의 외국인 거류지가 우리나라에 최초로 설정되었으며, 그 위치는 부산의 초량, 광복동, 중앙동 일대이다. 개항장의 거류지에는 순수한 주택은 드물고, 무역·잡화 상점이 딸린 공공건물의 성격을 띤 주택형식이 많았다. 일본식 주택들은 개항 이후 부산, 원산, 인천 등 3곳의 개항장을 중심으로 거류지가 형성되어 유입되기 시작하였으며 한일합방 이후 이주민이 급증함으로써 더욱 가속화되었다. 최초의 일본식 주택은 90여 명의 거류민들이 자치기구를 설치하여 현 명동성당 뒷문 앞에 건축한 12채이며, 그 후 통감부 설치에 따라 순수 서양식의 관사를 짓기 시작하였다.

명동성당 남쪽의 일본인 거류지

자료 : www.dongailbo.co.kr/docs/guhanmal

1916년 서울 용산에 일본식의 난방방식을 채용한 대규모 관사를 짓기 시작한 이래 1920년대에 들어오면서 일본식

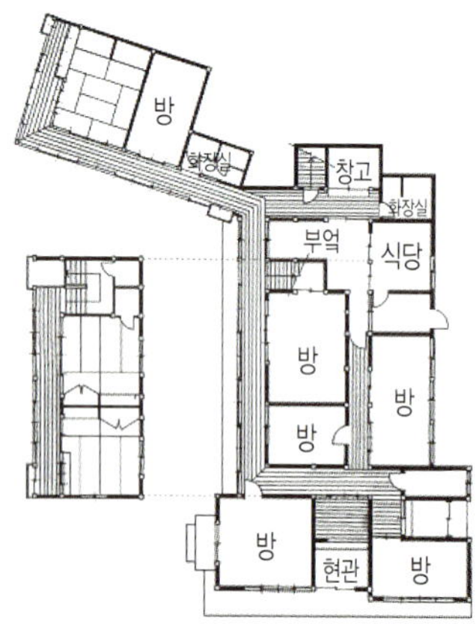

전북 군산의 일본식 단독주택 외관과 평면도 | 일본식 주택의 형태를 취하면서 일본의 전통적인 바닥 마감재인 다다미가 설치된 방이 있고, 방 하나는 온돌로 되어 있다. 이와 같이 일본식 주택의 경우에도 한국적 상황에 정착해 나가는 과정을 거치고 있음을 알 수 있다. 중복도를 중심으로 북쪽으로는 일본 주택의 전통적인 접객양식의 쯔즈끼마 자시끼(續き間座敷: 손님접대, 연회 등 다목적 접객공간)가 있으며, 복도 남쪽에는 가족들의 식사 및 단란의 장인 차노마(茶の間)를 두었다.

자료 : www.khan.co.kr

과 서양식의 절충식 주택을 건축하였다. 일본식 주택양식은 풍토적 적응, 정치·사회적인 이유로 서양식 주택과 일본식 주택, 그리고 절충식 주택의 특성이 상호융합되었으며, 절충식 주택은 1941년 영단주택에까지 그 영향이 지속되었다. 또 일본식 주택의 유입과정에서 간과할 수 없는 것은 관사, 사택, 연립, 아파트, 기숙사라는 공동주택, 기숙사 형식 등이 동시에 유입되었다는 것이다.

우리나라에 지어진 일본식 주택은 평면상으로는 일본자국과 같은 경향의 마찌야(町屋) 계통의 상가병용주택, 나가야(長屋) 계통의 연립주택과 일·양절충식과 중복도형식의 단독주택 등이 건축되었다.

주호의 배치 및 접근방식, 실구성, 구조 및 설비, 그 밖에 세부 장식 면에서 일본의 주거양식을 그대로 이식시킨 채 우리나라의 기후와 풍토를 전혀 고려하지 않은 것들이 많았다.

일본의 중류주택

일본의 봉건적 사회제도는 메이지유신(1867) 이후 자본주의적 사회제도로 변혁되었고 도시 인구의 증대에 따라 새로운 사회적 계층인 중산계급이 발생하였다. 따라서 일본의 도시전용 주택은 상류계층의 대저택과 중산계층의 중류주택, 그리고 규모가 작은 연립주택 형식의 나가야(長屋)로 대별할 수 있다.

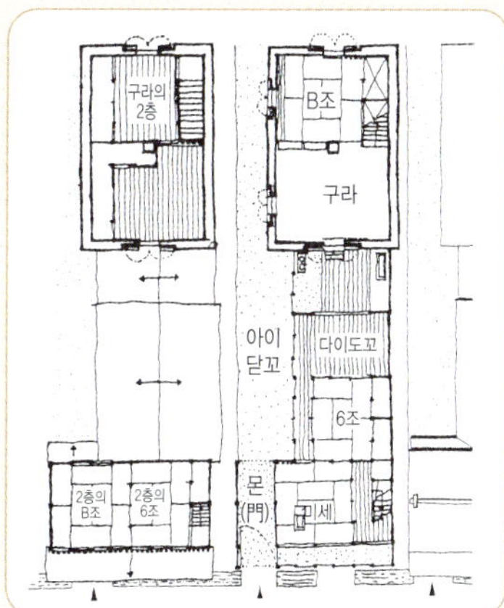

마찌야의 외관과 평면도

자료 : 스즈끼 시게부미, 1999, 56, 58쪽.

일본의 전통적인 도시주택 마찌야(町屋)는 도로에 면해 지은 상가병용의 주택이다. 주거는 점포부분과 주거부분으로 뒷정원, 그리고 창고 등의 부속건물의 순으로 배치된다.

점포부분(미세)에서 생업을 운영하며, 점포와 주거부분 사이에 차노마(茶の間)가 위치한다. 차노마는 가족의 단란, 식사, 접객의 장이 된다.

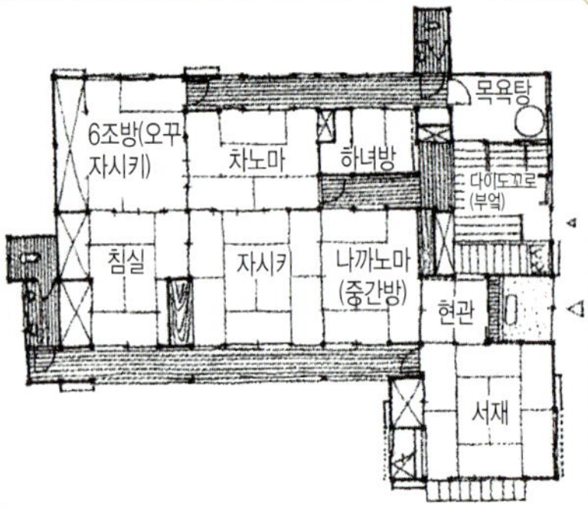

중복도형 주택의 평면도

중복도형 주택은 명치 말기(1868~1912)부터 다이쇼(1912~1925)에 걸쳐서 형성된 새로운 도시 봉급자들의 주택으로, 2차 세계대전 전에 일본 주택의 전형 중 하나였다.
중복도형 주택은 전통적인 접객 위주의 주거양식인 쯔즈끼마자시키(續き間座敷)가 그대로 있으면서, 중복도와 차노마(茶の間: 가족의 식사 및 단란의 장소)를 새롭게 형성시켰다.

자료 : 스즈끼 시게부미, 1999, 78쪽.

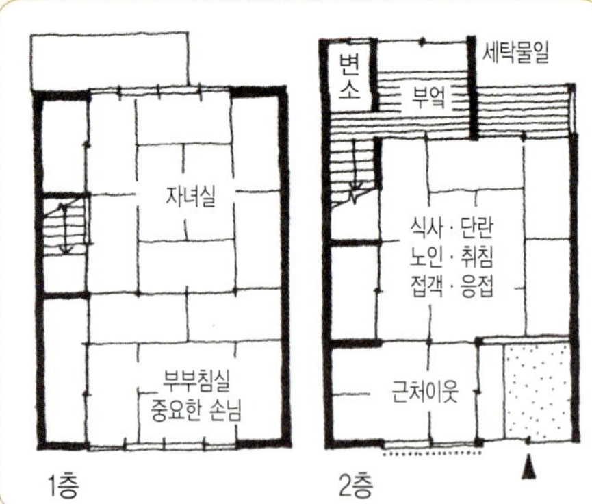

나가야의 외관과 평면도 | 도시의 서민주택인 나가야(長屋)는 직공들과 노무자를 위한 임대주택으로 좁은 로지에 밀집된 형태를 이룬다. 주호가 로지에 면해 개방적이어서 이웃들과의 접촉이 쉽게 이루어지는 곳이며 각 주호의 개성이 표출되는 곳이다. 나가야의 실 배치는 접객과 가족 단란의 장소가 확연히 구분되어 있다. 가족이 함께 지내는 차노마는 안쪽에 있으며 이웃의 방문은 현관에서 이루어지거나 현관 옆의 방에서 접대한다.

자료 : 스즈끼 시게부미, 1999, 68 · 73쪽.

2. 신생활 운동과 주택 개선

재래주택의 개선운동

재래주택에 대한 개선운동은 18세기 실학자들의 건축사상에서 비롯되었다. 도시와 주택에 관한 이들의 개혁적 사상은 두 가지로 대별될 수 있다. 하나는 민본사상에 입각한 도시환경개선론으로 도시화 과정에서 무질서하게 팽창한 시가지의 형태적인 문제를 들어 규격화할 것을 주장하였다. 또 하나는 주택개량사상과 주택생산론에 관한 것으로 내구성, 구조성, 규격성, 시공성 면에서 재래주택보다 우수한 벽돌구조를 들고 주택의 형태, 재료의 규격화, 그리고 주택생산을 분업화함으로써 대량생산이 필요함을 주장하였다.

이와 같이 실학자들의 건축사상은 주로 형태적 관점에 치중하여 구조와 재료 등에 국한되었다. 그러나 이러한 사상은 개화파 지식인들의 민족 자각의식과 생활개선운동으로 이어져서 생활에 더욱 근접하여 주택의 개선을 논하게 되었다. 따라서 주택의 개선은 위생적인 측면에 관심을 갖고 변소를 개조한다든지, 또는 일조와 통풍을 중요시하여 높은 처마를 설치하거나 남향에 방을 배치할 것을 강조하였다. 그러나 개화파 지식인은 건축교육을 받은 전문인이 아니기 때문에 근대적인 기술이 부족하고 경제적인 성장의 뒷받침이 부재하여 실재적인 힘이 결여되었다.

처음으로 나타난 주택의 변화는 개항 이후에 제도적으로 근대화가 이루어지면서 신분계급에 의해 규제를 받아오던 중인계급을 중심으로 개선되기 시작하였다. 근대화 이후 상류계급에만 허용되었던 가사규모의 제약이 없어지게 됨으로써 중인계급의 주택들은 신축이나 확장을 하였다. 그리고 솟을대문을 만들고 사당을 목욕탕으로 개조하는 등 주택의 규모와 장식의 변화가 나타나고 또 새로운 공간이 과도기적으로 나타나게 되었다.

그러나 중류주택에서 나타난 과도기적 변화는 일부에 국한되었고 재래의 건축양식에 외래양식이 가미된 2층 한옥상가가 조선시대 상업중심지였던 종로 네거리를 중심으로 많이 볼 수 있게 되었다. 1920년대 후반부터 집장사들에 의해 지어진 것으로 보이는 이 2층 한옥상가는 재래의 목구조에 벽돌벽을 쌓고 서양식 창문을 달아 우리 고유의 건축양식에 외래양식이 채택된 최초의 예로서 19세기 말부터 1950년대까지 볼 수 있었다.

1920년대 서울 종로의 한옥상가들 | 1900년대 한성부 종로거리에 세워진 한옥상가는 청국인(淸國人)의 점포주택이나 일본인의 점포병용주택의 영향을 받았으며 한옥형태의 2층 상가이다. 한성부에 최초로 세워졌다고 알려진 한옥 2층상가는 일본식 목조가옥과 달리 기둥간격의 반 이하되는 양판 덧문창의 크기와 중앙에 나있는 출입구의 대칭적 표현 등은 중국인의 중층건물에서 볼 수 있는 수법과 동일하다.

자료 : 윤일주, 1974, (6), 16 · 17 · 22 · 25쪽.

2층 한옥은 목조 2층이거나 벽돌을 사용하고 지붕은 한식기와를 얹는 방식이 주류이다. 전통적으로 건물의 층수를 높이는 것을 삼갔던 전통주거에서 보면 한옥에 대한 공간상의 상당한 변화이다.

한편, 1910년대에 나타나는 각국의 공관과 상업용 건축 등 서양식 건축은 우리나라의 주택에 직간접으로 영향을 미치게 된다. 따라서 서양식 주택과 한옥의 특성을 결합한 절충형의 형태로 지어지게 되는데, 이는 한옥의 구조에 주로 내부시설과 설비에 변화를 주었다. 또한 일본강점기에 지어진 일본식 주택에 한국의 풍토적 고려를 함으로써 한옥의 요소를 도입하기도 하였다. 이러한 움직임은 1920년 이후에 일어나는 일반인의 생활개선에 대한 자각과 건축전문가들에 의한 주택개량운동과 더불어 더욱 구체화되었다.

또한 1920년대 이후에 주생활개선을 통한 주거환경의 개선 논의가 일어나기 시작하였는데, 이러한 논의는 대중의 근대적 자각으로 인해 사회적으로 일어나기 시작한 신문화 운동과 더불어 나타나게 되었다. 초기에는 사회의 기풍개선과 신생활의 개척에 초점을 두었으나 점차 주생활에 있어서 비합리성과 기존 주택의 결점 등을 지적하고 그 대안을 제시하면서 재래주택의 개선으로 구체화되었다.

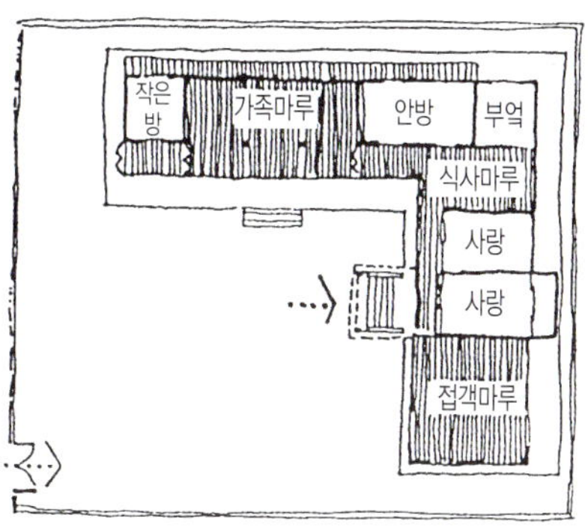

한·양 절충식주택(서울 사직동 도정궁) | 현관 포오치가 있으며 마당에 면하는 부분이 유리로 된 회랑식 복도로 내부가 연결되며, 식사용 마루, 접객용의 응접실과 가족용 마루가 분리되어 있다.

자료 : 김선재, 1987, 24쪽.

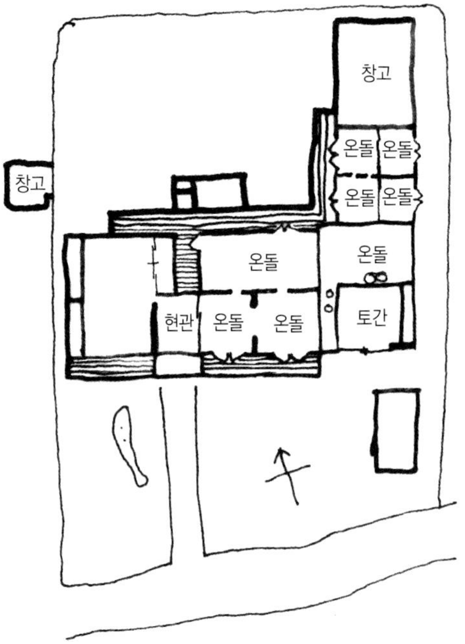

한 · 일 절충식주택(한락용의 가옥) | 함흥지역의 상류주택으로 한옥에 현관, 객실 등 일본식 요소가 가미되었고 외관도 일본식으로 되어 있다. 내부는 북부지방의 田자형 온돌방으로 되어 있고 온돌방 앞과 뒤로 긴 복도가 설치되었다.

자료 : 김정아, 1991, 46쪽.

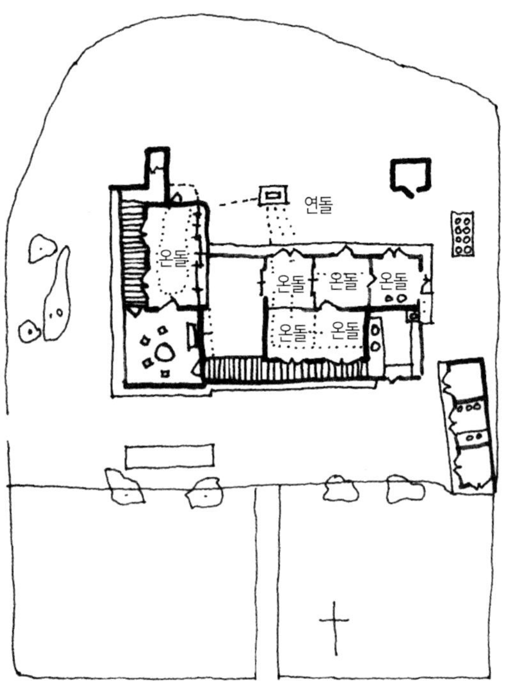

한 · 일 · 양 절충식 주택(신석정의 가옥) | 왼편에는 온돌방의 서재와 서양식 응접실의 접객부분을 두었으며 서재 위에 일본식 변소를 설치하였다. 오른편의 주거 부분은 일본식 방 1개와 온돌방 4개가 겹집형태로 되어 있다.

자료 : 김정아, 1991, 44쪽.

1922년 생활개선을 위한 사회교화회가 발족되고 1923년부터 신생활 운동이 시작되면서 재래식 생활과 신생활의 이중생활에 대한 불편함을 없애고 또한 재래주택의 여러 불합리한 점을 개량하게 되었다. 재래주택의 개량은 주로 위생을 위한 채광과 환기, 가사노동 동선의 편리성을 도모하기 위한 부엌의 개량, 그리고 식당설치에서부터 서양식의 의자식 생활의 도입 등 여러 가지로 나타났다.

1920년대부터 계속된 재래주택에 대한 개선 논의는 1930년대에도 계속되었고, 일반인들의 관심은 주택의 질적인 문제에서 주택의 양적인 문제로 바뀌어갔다. 즉, 도시에 극심한 주택난을 해결하기 위한 합리적으로 규격화된 소주택의 대량공급 방안 등이 주된 관심사로 등장하게 되었다. 이러한 문제들은 전문적인 교육을 받은 소수의 한국인 건축가들에 의해 집중적으로 다루어지게 되었다.

건축가에 의한 주택개량 운동

건축전문가에 의한 최초의 주택개량에 대한 논의는 1923년에 발표된 이일우의 논문에서 언급하였는데, 여기에서는 재래식 주거건축방식에 대한 불합리함을 지적하고 이상적인 주택안으로 설계와 구조, 모양의 아름다움이 알맞아야 한다고 논하였다.

한편 김유방은 논문 「문화생활과 주택」(1923)에서 재래생활의 단점을 제거하고 서구생활의 장점을 수용하여 새로운 생활환경을 조성해야 함을 주장하면서

재래식 주택개선에 대하여(박길룡)

택지면적과 건축면적	집중식 평면 채택, 건폐율 4할
각 실의 배정	L자형(型) 평면 채택
각 실의 방향	주거부분과 종속부분의 분리
칸 단위의 통일	동남향(주거부분)
대문과 현관	북서향 또는 그 외의 방향(종속부분)
행랑의 폐지	1간(間)을 8척(尺) 평방으로 규정
반침 설치, 단락 폐지	일본식 현관
장독대	최소화, 부엌 가까이에 배치
변소	대소변소를 분리, 실내화
주방	취사난방의 분리, 찬마루 설치
기초와 장대	장대의 폐지, 콘크리트 기초 사용
문지방	미닫이 폐지, 여닫이(1寸 정도)문 사용

자료 : 최원우, 1998, 72쪽 내용 재정리함.

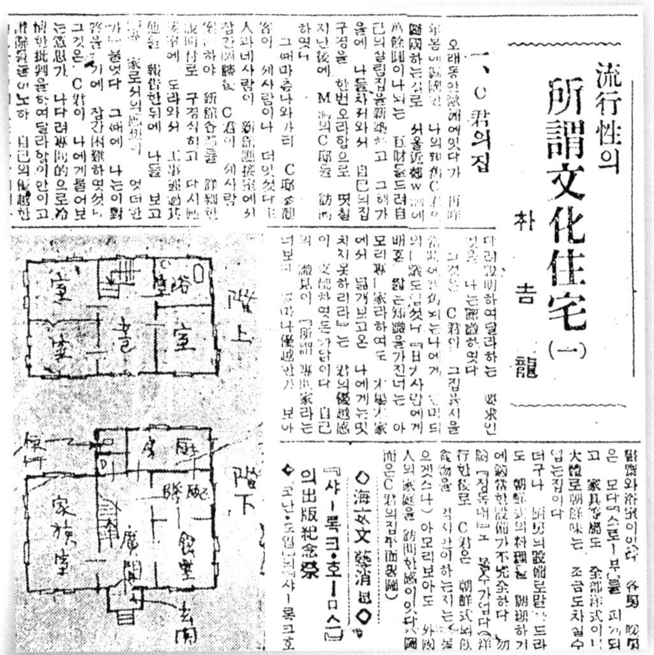

流行性의 所謂文化住宅 (一)

朴吉龍

一、C君의집

유행성의 소위문화주택
자료 : 박길룡, 1930. 9. 19., 조선일보.

2가지의 주택모델을 제안하였다. 또 박길룡은 「유행성의 소위 문화주택(1930)」을 통하여 신문화주택을 우리의 오랜 생활이 낳은 재래형식을 토대로 하여 과학적인 양식의 구축법을 구성수단으로 하고 우리의 취미로 장식하여 현대생활의 용기가 될 기구로 표현하였다.

이와 같이 전통주택에 대한 건축가들의 개선 논의는 구체화되지 못하고 계획안 제시 등으로 소극적이었다. 그러나 1920년대 후반기에 들어오면서 건축가들의 작품활동이 시작되고 또 주택개선에 대한 논의는 새로운 문제에 직면하게 된다. 그 당시 급변하는 사회적 변화로 인해 전통에 대한 개선 논의는 도시화로 인해 발생된 주택난을 해결하기 위한 관심사가 새롭게 등장하게 되어 더 이상 발전하지 못하였다.

1930년대의 주택에 대한 논의

1920년대부터 시작된 주택개량 논의는 1930년대 이후에 전문교육을 받은 한인건축가들이 등장하면서 보다 적극적으로 논의되기 시작하였다. 건축가들에 의해 논의된 주택개량 내용은 주택지의 선정, 각실의 배치구성, 대지계획, 건폐율, 위생시설, 난방시설의 개선, 동선계획, 부엌의 개량 등 다양하였으며, 이전에 비해 구체적인 개량안을 제시하였다.

1930년대의 주택에 대한 논의

- 주택에 대한 인식 확대
- 도시적 차원에서 생활과 관련시켜 주택지 설정
- 합리적이고 기능적인 근대주택 계획

주택계획 시 근본방침

- 거주자가 가족관계를 고려하여 합리적으로 생활하며 살 수 있는 양식을 선택
- 위생적이고 경제적이며 유쾌할 것

주택지 선정 시 고려요건

- 직업적 관계
- 교통관계
- 기타 근린시설과의 관계
- 땅값과 교통비의 관계
- 주택지 입지조건
- 대지의 규모

평면배치

- 중복도에 의한 겹집화
- 중복도를 이용한 합리적인 동선계획
- 집중식 평면에 의한 거주공간과 종속공간의 분리
- 응접실, 서재, 주인실의 등장
- 식사실의 등장
- 각실의 개실화, 여닫이문 사용
- 수납공간의 확보
- 식모실 배치
- 대문간 폐지

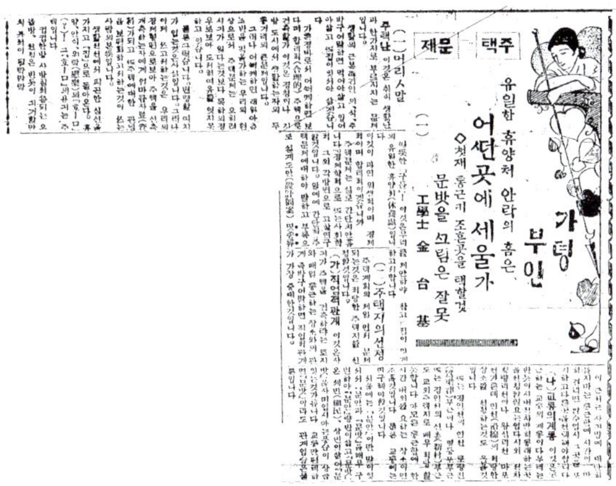

주택문제를 다룬 신문기사

자료 : 김태기, 1930. 9. 27., 동아일보 .

근대화 시기의 건축사상

1790~1880년 실학파의 건축사상

실학파의 건축사상은 다산의 민본사상에 입각한 도시환경개선론으로 이러한 생각은 읍성(邑城)의 계획에 큰 영향을 미쳤다. 즉, 방어를 목적으로 한 산성이 고을과 분리되어 있음을 비난하고, 백성을 보호하는 것이 바로 성을 보전하는 것이라 주장하였다. 그러한 건축사상에서 축조된 것이 화성(수원성)이다(민본사상).

생산력을 높이기 위해서는 모든 건축 재료가 규격화되어야 하며, 운반수단인 수레를 개발하고 길을 내는 것이 절대적이라고 주장하였다(생산력확대사상).

그뿐만 아니라 재료의 내구성, 구조성, 시공성을 향상시키기 위하여 벽돌을 사용하고, 경제성과 방화상 우수한 기와 사용을 주장하였다(생산기술의 사상).

1881~1905년 개화파의 건축사상

이 시기는 개항으로 외래문물의 유입이 시작되면서 외국을 통해 새로운 것을 배우려는 생각이 크던 때이므로 실학파에 의해 계속 주장된 길을 닦자는 주장은 더욱 세밀하게 치도약칙(治道略則)을 제정하여 시행하고자 했다. 도로를 닦는 것이 곧 나라의 부와 같다는 실학파의 생각을 이어받아 구체적인 실천방법을 모색하기로 했다(치도론: 治道論).

또한 주택의 설비를 근대화하려는 의도에서 상·하수설비, 뒷간·목욕시설, 난방시설 등을 개량할 것을 주장하였다. 그리고 채광과 환기의 중요성을 인식하여 위생국을 설치하고 전염병에 관한 법규를 공포하였다(설비·위생론).

전시대 지배자의 통치이념이기도 했던 민간인의 높은 건물 혹은 다층건물에 대한 규제는 경제적인 측면에서 다층건물의 필요성을 언급하였다. 이러한 다층건물은 상민들의 요구였으며 갑오경장 이후에 높은 건물에 대한 규제로 약화되었다.

또 이 시기에는 우리나라 최초의 '상공학교'가 설립되어(1899년) 근대적인 기술교육의 효시가 된다. 이 상공학교는 1904년 '농상공학교'로 확장 개편되었다가 1906년에 농과와 상과가 분리되고 공과반이 '공업전습소'로 개칭 독립되어 간단한 공업기술을 교육하게 된다.

1906~1930년 근대 식민교육에 의한 건축사상

이 시기는 일본인들에 의해 새로운 근대식 선진 교육을 받은 기술자가 양성되면서 이들이 건축에 대한 주도권을 갖게 된다. 개화파 이래로 꾸준히 추구된 위생론은 주로 설립자의 위생문제에 관심을 두고 보다 구체적인 실천요강과 일조, 환기, 습도 등 비교적 광범위한 내용을 주장하였다. 일조에 있어서는 인동간격의 유지와 높고 짧은 처마를 주장하며, 실내에 햇빛을 다량 유입시키기 위하여 또 채광을 좋게 하기 위하여 일상적으로 사용하는 실들은 남향에 배치할 것을 주장하였다(위생론).

위생론과 관련하여 주택개조론이 주장되었는데, 즉 집은 높게 지을 것, 길이를 길게 하여 집 한 채에 방을 여럿 낼 것, 간살을 넓게 하고 문을 크게 낼 것, 기와로 지붕을 이을 것, 부엌위치를 잘 선정하여 위생상·기능상

지장이 없을 것, 아궁이를 개량하고 굴뚝을 높이 할 것, 집안에 우물을 팔 것, 남향으로 지을 것 등이다(주택개조론).

또한 지식인들의 꿈이기도 했던 이상촌이 계획되기도 하였다. 이상촌은 독립운동을 위한 해외거점도시 확보, 해외동포들이 본국의 문화와 단절되는 것을 방지하기 위해 해외에 정신적·문화적 중심지 건설 등의 생각과 국내에 모범농촌도시를 건설하자는 계획이었으나 구체적으로 실현되지는 못하였다. 이 시기의 건축교육은 1907년에 개교한 공업전습소에 이어 1910년에 실업학교를 설립하였으며, 1916년에는 서울에 경성공업전문학교가 개교, 건축·토목·염직·요업·응용화학과를 두어 기술인을 양성하였다. 한국 최초의 건축가로 알려지고 있는 박길룡, 이기인 등을 비롯하여 1920년대에 활동하게 되는 한국건축가들이 경성공업전문학교를 통해 배출되었다.

1920년대부터 시작된 주택개량 논의는 1930년대 이후에 전문교육을 받은 한인건축가들이 등장하면서 보다 적극적으로 논의되기 시작하였다. 건축가들에 의해 논의된 주택개량 내용은 주택지의 선정, 각 실의 배치구성, 대지계획, 건폐율, 위생시설, 난방시설의 개선, 동선계획, 부엌의 개량 등 다양하였으며, 이전에 비해 구체적인 개량안을 제시하였다.

문화주택

문화주택은 문화적인 생활을 영위할 수 있는 주택으로, 서양식이나 일식이 가미된 1920년대의 주택유형을 일컫는다. 1920년대부터 일어나기 시작한 신생활의 요구에 부응하는 주택개선 논의는 1920년대 후반에 들어서면서 한국인 건축가들의 작품 활동으로 이어지게 되는데, 건축가들의 작품에서 문화주택의 양상이 나타난다.

서울 후암동의 문화주택 전경
자료 : 이태준, 1937, 경성의 개발붐과 문화주택.

문화주택은 재래식 주택에 서양식이나 일식을 가미한 형태이거나 또는 서양식이나 일식을 모방하는 형태로 대별할 수 있다. 이러한 문화주택의 평면은 근대적 생활요구로 인해 식당, 욕실, 변소 등이 내부에 갖추어진 집중식 형태로 나타난다. 또 문화주택의 생활중심공간은 대청마루에서 거실로 바뀌고 각 공간들은 더 세분화되는 특징을 갖으며 의자식 생활이 도입되었다. 구조와 재료에 있어서도 철근 콘크리트, 벽돌, 시멘트 몰타르, 유리 등을 이용한 새로운 공법이 실현되며 형태적인 면도 절충주의적인 특성과 근대적 기능주의 특성을 함께 볼 수 있다. 그러나 이러한 문화주택은 상류계층에서만 확산되고 규모와 시설면에서 경제력이 뒷받침되지 못한 이유로 서민들에게는 광범위하게 전파되지 못하였다.

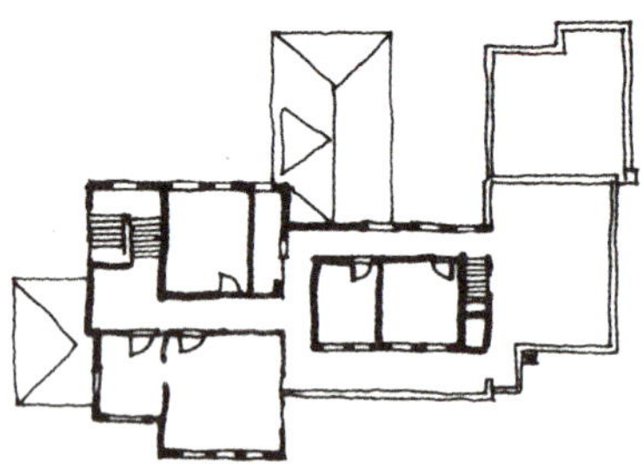

2층 평면

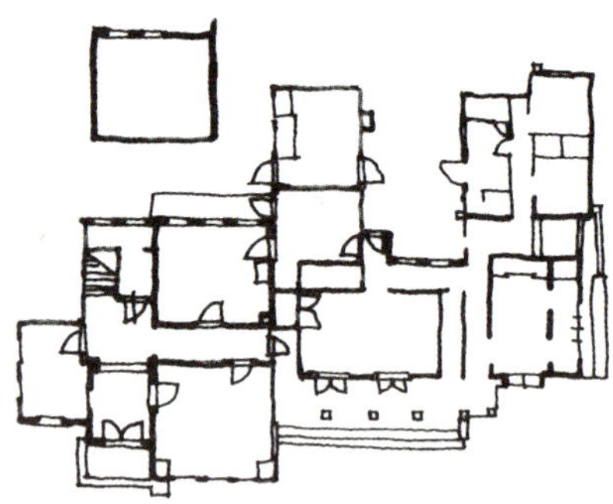

1층 평면

최초의 문화주택 | 박길룡이 설계한 성북동 김연수씨 주택(1929)

- 철근 콘크리트조의 2층주택으로 콘크리트 기초에 지상구조부는 벽돌조와 부분적으로 목조를 사용하고 있다. 외관은 변색 벽돌과 채색벽 그리고 스크래치 타일로 이루어진 고급주택이다.
- 실내의 평면형태는 일본의 전통적인 중복도형의 형식으로 주현관과 부현관이 분리되어 있다.
- 1층에는 공적생활공간인 현관과 주방, 식당, 욕실, 하녀실, 객실 등이 있고, 2층에는 침실, 서재, 예비실 등 사적생활공간을 두었다. 손님방과 서재는 입식으로 되어 있으며 일본식 반침을 사용하고 있다.

자료 : 최원우, 1998, 88~89쪽.

건축가에 의한 문화주택의 사례

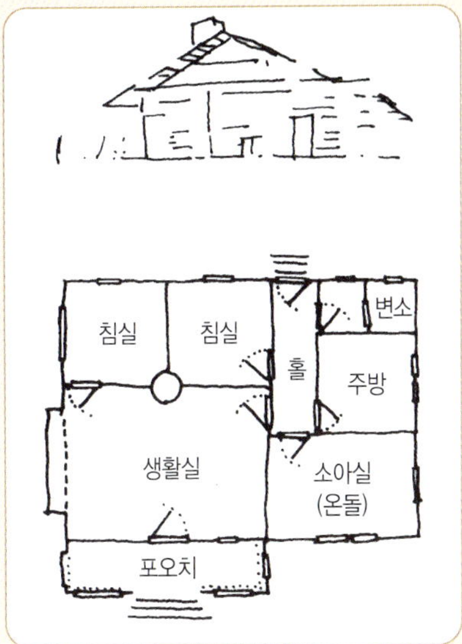

(A안) 27평형

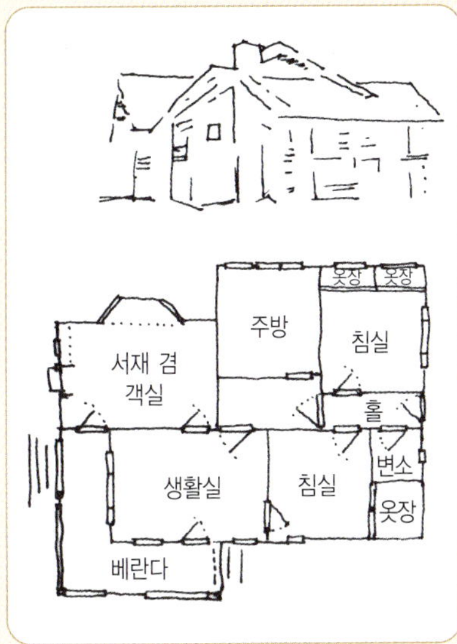

(B안) 24평형

평면이나 방갈로식 외관이 서양식 주택에 가까운 김유방의 주택모델(1923)
자료 : 최원우, 1998, 75쪽.

A안

입식의 주거양식이 도입되었으며 취침분리원칙에 의거하여 아동실(소아실)을 둔 것이 눈에 띈다. 대청마루 대신에 입식의자가 배치된 거실(생활실)을 두어 안방중심의 생활기능이 입식거실로 이동됨을 볼 수 있다. 각 실의 출입은 홀을 통함으로써 각실의 독립성을 유지하고 있다. 북쪽에 주 출입구와 부엌, 화장실을 배치하고 거실 뒷면에 북쪽에 면한 2개의 침실이 있다. 생활의 중심인 거실을 남향배치하고 포오치를 두었으며 아동실을 실내환경 조건이 좋은 남쪽에 배치하였다.

B안

거실이 생활실과 서재 겸 객실로 분리되고 베란다로 연결되어 있다. 침실에는 수장 공간인 반침(옷장)이 설치되어 있으며 짧은 복도를 통하여 각 실이 연결된다.

이 두 모델은 공간의 기능에 따라 분화된 집약적 평면구성으로서 각 실의 독립성에 주안점을 두었다.

건축가에 의한 문화주택의 사례

사례 1

- 거주자가 합리적으로 생활할 수 있는 양식을 선택하는 것이 가장 기본적이며 또한 위생적이고 경제적이어야 한다는 근본방침하에 제시된 건강주택안은 전통주택의 공간구성개념(안채, 사랑채)과 전통적 요소의 툇마루를 근대생활에 맞게 적용한 예이다.
- 일식의 영향으로 현관이 내부에 도입되고 북쪽 현관에 복도가 수직으로 놓여 있다.
- 안주인 공간인 내실과 주방, 바깥주인 공간인 주인실과 객실이 중앙복도로 분리되었으며, 주인실은 객실과 통하게 되어 있고, 주인실과 내실은 남쪽의 툇마루와 연결되어 있다.
- 내실과 재래식 주방 사이에 미서기문이 있어 주방에서 내실로 배식이 편리하도록 되어 있으며, 식침분리원칙에 따라 전용 식사실이 주방과 인접해 있다.

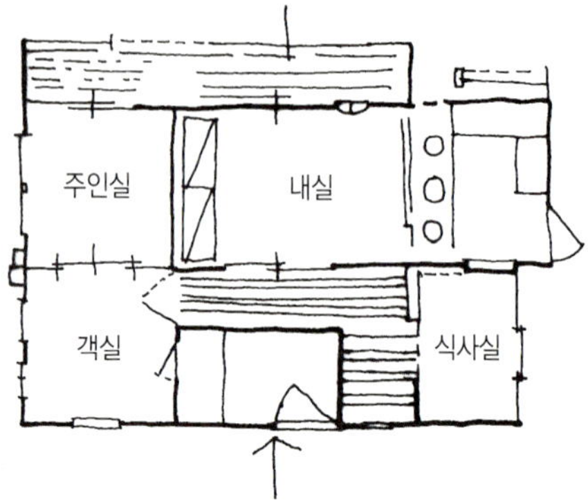

김윤기의 건강주택안(1안)의 평면 (1930)
자료 : 최원우, 1998, 76쪽.

사례 2

- 중정형 평면이 집중식 평면화되는 중간적 단계의 평면으로 전체적으로 전통적인 한옥의 공간구성을 이루고 있다.
- 현관이 남쪽에 위치함으로써 대문에서 직접 연결되도록 하였다.
- 안방과 건넌방 사이의 넓은 마루와 남쪽 복도로 인해 개방적인 공간이 조성되었다.
- 안방 상부에는 다락이 설치되었다.

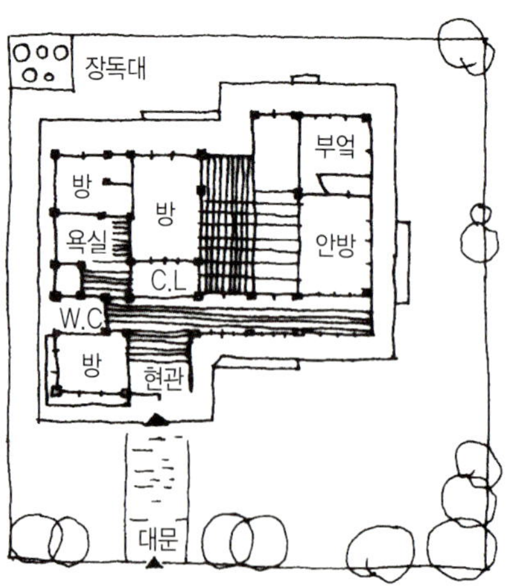

오영섭의 조선풍 1등 당선안(1937)
자료 : 최원우, 1998, 82쪽.

● 사례 3

＊ A안 : 시공상 · 구조상 경제적이며 편리하도록 8자를 한 칸으로 하여 공간의 크기를 자유롭게 조정할 수 있도록 계획하였다.

- 중앙복도에 의해 안방, 아동실, 사랑의 거주부분을 남쪽에 배치하고, 주방, 욕실, 변소의 종속부분을 북쪽에 분리 · 배치하였다.
- 현관 가까이에 사랑을 두어 전통주택의 안채와 사랑채의 공간개념을 적용하였다.
- 안채(안주인 공간)와 사랑채(바깥주인 공간) 사이에 아동실을 두었다.
- 안방, 아동실, 사랑은 남쪽의 마루로 연결되며 각 방에는 수장공간인 받침이 계획되었다.

＊ B안 : A안과 유사한 구성을 이루고 있으나 모듈의 전반적인 적용이 나타나지 않았다.

- 탈의실, 변소, 욕실의 면적이 확대되고 식모방의 배치가 주방과 떨어져 있다.
- 주부실과 아동실을 연결하는 마루 앞에 발코니가 설치되고, 아동실에는 이중창을, 응접실에는 삼각형의 돌출된 창이 설치되었다.
- 거주공간과 부속공간을 복도에 의해 분리한 중복도형 평면이다.

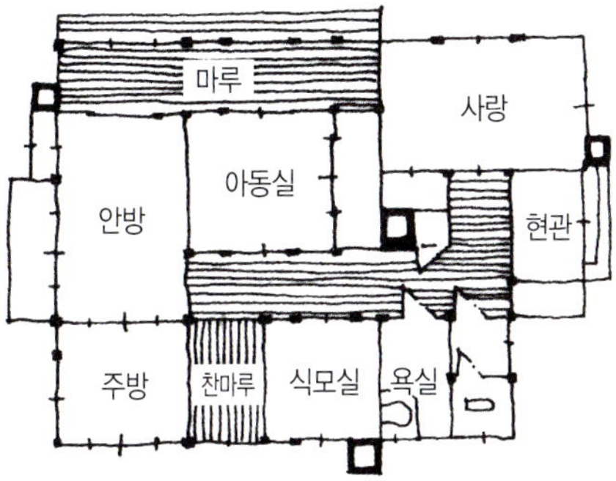

A안

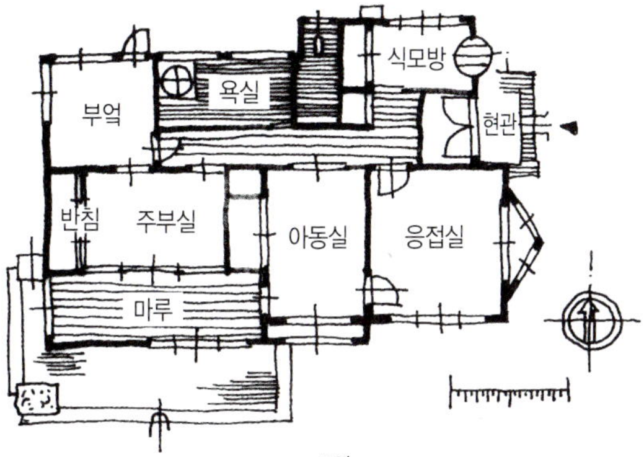

B안

재래식주택의 불합리한 점을 구체적으로 지적하면서 제시된 박길룡의 개량주택안(1936)
자료 : 최원우, 1998, 78쪽, 80쪽

● **사례 4**

- 부족한 서민주택을 정부의 지원으로 보급하기 위한 건설사업을 배경으로 1940년 전후에 계획된 시안이다. 이는 일식주택의 양식에 우리의 생활양식으로부터 도출해 낸 수법을 도입한 2호 1동의 연립주택이다.
- 목가구에 방형형(方形型) 지붕, 벽체는 일식을 가미한 절충식이다.
- 평면구성은 중앙에 복도가 있으며, 부엌에 찬마루가 연결되어 식당으로 이용할 수 있게 되어 있다.
- 현관은 동서로 향하여 도로와 연결되고 찬마루 하부는 지하실로 연결된다.
- 재래식 구조에 일본식의 지붕과 기와로 되어 있으며 외관은 절충식이다.

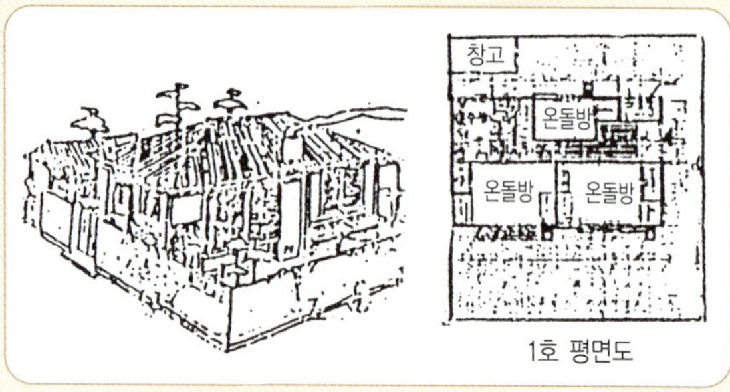

박길룡의 노무자주택시안과 평면도
자료 : 최원우, 1998, 84쪽.

● **사례 5**

- 한국주택이 근대화된 하나의 예로 안채(안방, 대청, 건너방, 부엌 등)와 사랑채(응접실, 객실, 사랑방, 현관) 사이에 문을 설치하여 채의 분리와 공간의 통합을 시도하였다.
- 현관 옆에는 2층으로 연결하여 온실을 두었으며, 공간의 기능분화가 최대로 이루어졌다.
- 노인실과 아동실을 남쪽에 배치하였으며, 특히 노인전용의 현관과 화장실을 별도로 배치하여 노인생활이 독립적으로 이루어지게 배려하였다.
- 남자와 여자공간을 분리하고 노인공간, 아동공간을 별도로 둠으로써 성에 의한 공간분리와 세대간 분리를 시도한 것이 눈에 띈다.

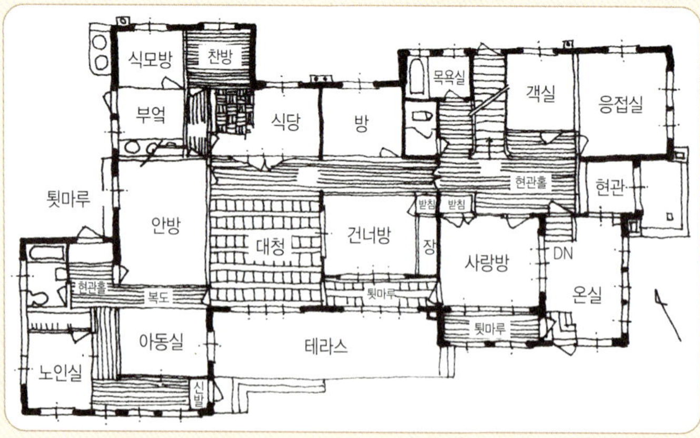

장기인(張起仁)의 1940년도 시안
자료 : 장기인, 1981, 24쪽.

중류계층의 주택들

개량한옥

우리나라에서 주택을 지어 팔게 된 것은 1920년대 전후로 개량한옥[3]을 지은 것이 최초로 알려지고 있다. 우리나라의 한옥은 주로 수요자의 주문에 따라 생산자가 공급하게 되는 1대 1의 공급방식이었다. 그러던 것이 1919년경부터는 민간업자들이 대량의 한옥을 건설하여 공급하는 방식으로 전환하게 되었다. 이와 같이 주택공급업자들이 출현하게 된 배경은 1919년을 전후하여 농촌의 계층분화가 이루어지고, 또 학구열의 향상으로 지방으로부터 유학 오는 지방이주자가 급증하면서 도시가 팽창하기 시작하였다. 따라서 새로운 주택지와 주택의 신축이 증가하면서 1920년대 전후에 초가를 한두 채 헐고 개량한옥을 지어 팔게 되었다.

1920년대 주택공급업자들에 의해 공급된 주택들은 대개 기와지붕의 전통한옥으로, 규모는 건평 12~13평, 대지 30~40평 정도의 ㄱ, ㄷ형태의 주택이었다. 이와 같이 민간주택공급업자에 의해 지어진 개량한옥은 서울지방의 민가를 개량한 주택유형이라 볼 수 있다. 개량한옥은 평면에 있어서는 ㄷ자형과 중정형태의 재래민가의 형식을 취하지만 장식적인 외관과 구조는 상류주택을 모방한 도시주택 유형이다. 개량한옥은 작은 규모의 주택들이 도로와 면하여 서로 연결된 형태로 지어졌기 때문에 마당이 좁아지고 외부와의 관계는 폐쇄적이다.

건축가들에 의한 생활개선의 결과 만들어진 문화주택이 일부상류계층에게 받아들여져 도시의 서민과는 유리되었으나, 개량한옥은 1930년대에 널리 보급되면서 중류계층의 대표적인 도시주택유형으로 확산되어갔다. 이러한 개량한옥들은 1934년 토지구획정리사업 후에는 신주택지를 중심으로 매우 활성화되었다.

3 개량한옥이라는 용어는 1920년대에 대두되기 시작하여 1930년대에 활발하게 논의된 주택개량운동이라는 용어로부터 비롯된 것으로 추측된다. 즉 개량한옥은 전통적인 한옥에 기초하고 있는 주거로서 새로운 기능적 요구에 의해서 또는 주생활의식의 변화에 의해서든 변화되었다는 이유에서 명명된 것이다. 개량한옥은 이른바 집중식평면 또는 중당식(中堂式) 한옥으로, 현관과 복도를 중심으로 구성된 겹집형식이다. 따라서 마당을 중심으로 ㄷ자형으로 구성되는 도시형 한옥과는 반대로 필지의 중심에 건물이 놓여지고 주변에 마당이 구성되는 형식이다(송인호, 1990, 20쪽).

밀집된 개량한옥들 | 소규모의 개량한옥들은 밀집된 형태를 이루며 서로 연결된 형태로 지어져 마당이 좁아지고 외부와의 관계는 폐쇄적이다.

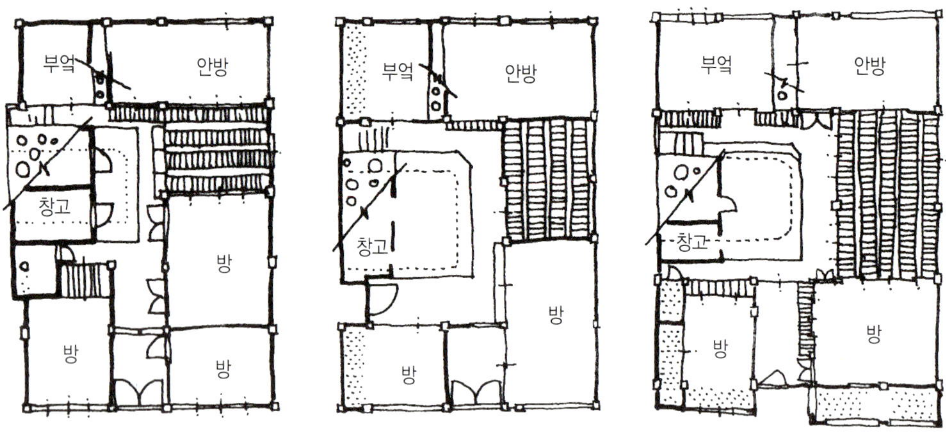

개량한옥의 평면 사례

- 개량한옥은 진입공간인 대문의 좌 · 우로 대문간 형식의 임차공간이 위치한다. 이 임차공간을 제외한 안채의 공간들은 ㄱ자 형태로 구성되어 있다.
- 평면구성은 기능의 확대에 따라 안채(안방- 마루-건넌방)에 수직되게 부엌과 건넌방 그리고 대문간과 건넌방이 확장되고 그 다음단계로는 건넌방-창고, 건넌방-변소로 확장하게 된다.
- 마루에는 유리미닫이문이 설치되어 실내화되고 마당과 마루방사이에 공간구획이 확실해짐으로써 대문→마당→마루→방의 유기적인 연결관계가 없어진다.
- 안채와 문간채가 ㄷ자형으로 배치되며, 마당은 통로의 역할이 강화되어 재래주택의 마당기능이 많이 약화된다.
- 문간채는 세를 놓기 위한 공간이 되며 중간문이 설치되기도 한다.

자료 : 김선재, 1987, 70~71쪽.

개량한옥의 주거양식은 이후에 나타나는 도시형 한옥보다는 전통주거에 가깝게 나타나지만, 전통주거가 채로 분리되는 배치원리를 따르고 수장공간을 많이 두었던 것과 달리, 공간의 부족으로 안채와 문간채가 서로 붙어서 구성되고 이 때문에 자연히 마당의 크기가 이전에 비해 축소되게 된다. 마당 면적의 축소와 함께 과거 생활공간으로 사용되었던 마당의 기능이 약화되기 시작하고 오히려 통로로서의 기능이 강해진다. 그리고 과거에는 사적인 영역과 공적인 영역이 담이나 울타리 등으로 나누어졌으나, 개량한옥에 와서는 대문을 나서면 바로 도로와 면하게 되어 있어 공적 영역과 사적 영역의 경계가 건물 자체의 외벽이 된다. 또한 폐쇄적이고 내향적인 구성을 갖게 되며, 좁은 규모 때문에 아직은 공간이 완전히 분화되지 못하고 미분화 상태에 있게 된다. 따라서 각 실의 명칭이 다기능을 함축하고 있는 의미의 '방' 으로 쓰이고 있으며, 배치도 채로 나뉘었던 부분이 서로 붙었을 뿐 전통민가의 평면을 띄고 있다.

마루에 유리 미닫이문을 설치하여 실내화하였다.

대문과 문간채는 바로 도로와 면해 있어 공적영역과 사적영역의 경계가 된다.

개량한옥

영단주택

1920년대부터 시작된 주택난에 대한 대응책으로 영단주택이 보급되었다. 조선총독부에 의해 1941년 7월 1일에 조선주택영단이 설립되며 동시에 주택건설 4개년 계획을 세웠다. 이 계획에 따라 조선주택영단은 1941~1945년 모두 2만 호의 주택건설계획을 수립하였으며, 건설예정지는 경성, 부산, 대구, 인천 등 모두 19개 도시였다. 이 주택단지 안에 대량의 주택을 건설하기 위하여 여러 가

서울 도림단지 조경

경성의 도림(현 문래동), 번대방(番大方, 현 대방동), 상도의 3개단지 사업은 조선주택영단의 첫 번째 사업이며 동시에 조선시가지계획령이 공포된 이후의 최초의 택지조성 공사였다. 영단이 조성한 도림단지는 바둑판 모양의 넓은 도로가 있으며, 각 블록마다 녹지 등이 마련되었다. 또한 병원, 이발소, 상점 등의 후생시설과 공공시설이 계획되었다.

자료 : 대한주택공사, 1979, 178쪽.

서울 상도동의 영단주택

상도단지는 3개의 원형로타리를 만들고 이를 중심으로 방사선 도로를 만들었으며 구릉의 수목들을 그대로 살린 자연스러운 조경설계를 하였다. 이 단지는 가장 잘된 단지의 하나로 평가받았다. 다른 지역의 영단주택단지보다 규모와 질적인 면에서 우수한 갑형과 을형이 대부분으로, 신분이 높은 사람들이 많이 거주하였다.

자료 : 대한주택공사, 1979, 178쪽.

지 형의 표준설계도를 만들었으며, 그 설계는 계층을 대상으로 하였다. 근대적 생활을 유도하기 위하여 제정된 표준설계도는 甲, 乙, 丙, 丁, 戊 등 5종류이며, 甲의 건평은 20평, 乙은 15평, 丙은 10평, 丁은 8평, 戊는 6평으로 하며, 대지는 건평의 3배 이상으로 하고, 丙, 丁, 戊는 연립주택으로도 건설할 수 있게 하였다.

영단주택은 계층에 따라 중류상층주택은 분양주택으로 공급하고 중류중층주택은 분양 또는 임대로, 그리고 중류하층주택과 하류·서민주택, 노무자주택은

답십리 영단주택

영단주택건설 사업은 2차년도까지는 주로 일반 중산서민층의 갑·을·병형 주택들을 건설하였으나 3차년도 사업(1943. 7~1944. 6)에서는 병·정·무형의 소형 연립주택들이 많이 건설되었다. 특히 군수공장지대와 광산지역에 전시형 주택이 많이 건설되었다. 이들 전시형 소형주택들은 4~6평의 4호연립 또는 6호연립주택이었다. 이러한 주택들은 대부분이 일본식의 미닫이식 출입문이었고, 내부는 현관 좌우에 부엌과 변소가 있으며 그 중에는 공동변소로 되어 있는 것도 있었다.

자료 : 대한주택공사, 1979, 188쪽.

부평 산곡동 영단주택

주택건설 4개년계획의 목표인 2만 호를 건설하기 위해서는 4차년도 사업(1944. 7~1945. 8)에서 6,349호를 새로 건설하여야 하나 자재구입난으로 1,349호가 부족한 채 총 18,651호를 건설하게 되었다. 부평 산곡동 단지에는 901호의 소형 연립주택이 건설되었다.

자료 : 대한주택공사, 1979, 180쪽.

영단주택 표준설계도

형별	도면	평수 및 칸수, 계층 분류
갑	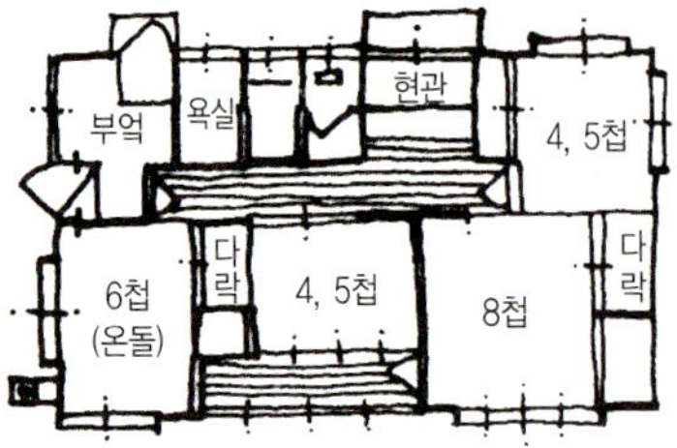	• 건평: 20평 • 중류상층 대상의 분양 주택 • 단독주택 형태 • 복도형 마루 설치 • 목욕탕 배치 • 일본인 관리나 사원들에게 주로 분양 • 남쪽에 주거부분, 북쪽에 종속부분 배치
을	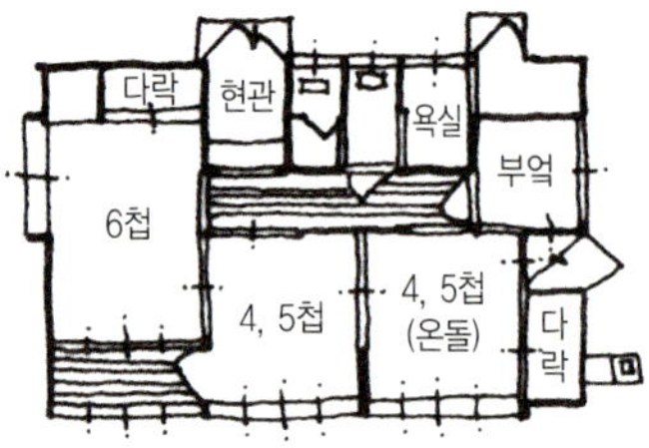	• 건평: 15평 • 중류중층 대상의 분양/임대 주택 • 단독주택 형태 • 복도형 마루 설치 • 목욕탕 배치 • 일본인/한국인 반반에게 분양 또는 임대 • 남쪽에 주거부분, 북쪽에 종속부분 배치
병	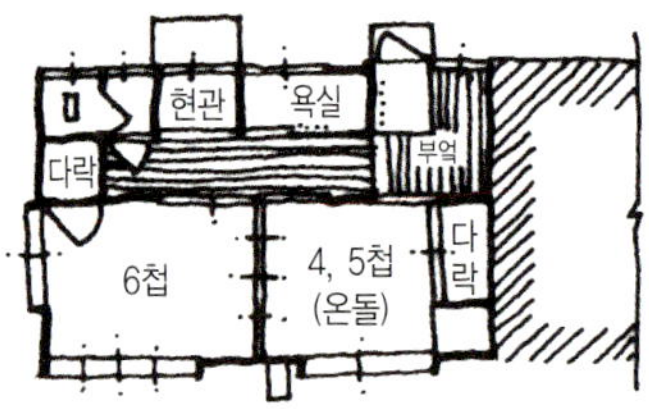	• 건평: 10평 • 중류하층 대상의 임대 주택 • 연립주택 형태 • 목욕탕 배치 • 남쪽에 주거부분, 북쪽에 종속부분 배치
정	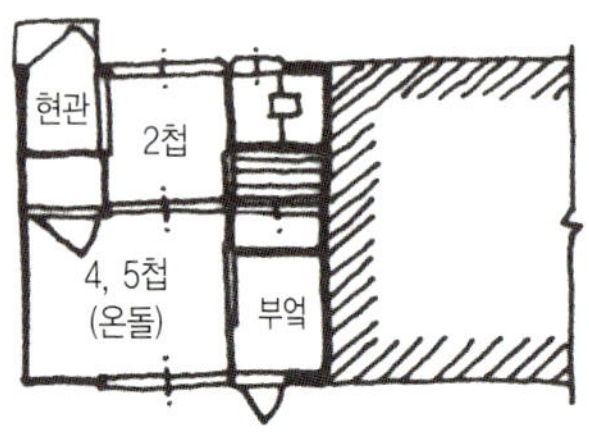	• 건평: 10평 • 중류하층 대상의 임대 주택 • 연립주택 형태 • 공중목욕탕 사용 • 주거부분과 종속부분을 동서로 구분
무	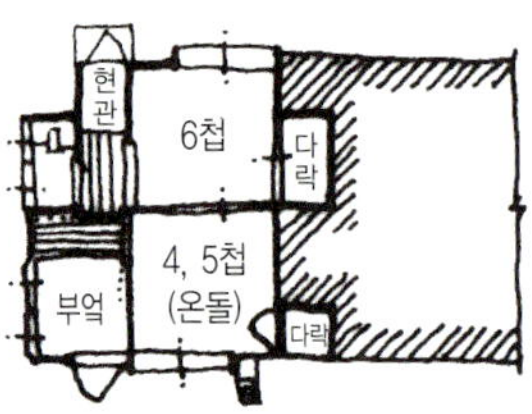	• 건평: 6평 • 노무자 주택 • 연립주택 형태 • 공중목욕탕 사용 • 주거부분과 종속부분을 동서로 구분

자료 : 대한주택공사, 1979, 자료 재정리.

임대주택의 형식으로 공급하였다.

영단주택은 한국인 거주자의 생활양식과는 무관하게 채택된 주거양식으로 일부 한국인 산업 노동자들에게만 국한된 특수주택이며, 전국을 걸쳐 대도시 주변을 중심으로 지어졌다.

영단주택의 주거양식은 일본식 주거의 중복도형과 유사하여 모든 생활공간을 실내에 집중배치하였다. 거주공간인 침실은 온돌방 하나를 제외하고는 모두 다다미방으로 되어 있으며 미닫이문을 설치하였다. 그리고 현관 옆에 욕실과 변소를 별실로 두었으며 중복도를 사이로 두고 침실인 다다미방과 구획되어 있다.

이러한 표준설계도의 작성지침에 대하여 조선주택영단에서는 몇 가지 방침을 결정하였다.

① 아무리 양(量) 공급이 급하더라도 절대로 질(質)을 희생시키지 않는다.
② 넓은 마당을 마련한다.
③ 어떠한 집이라도 하루 4시간 이상 햇볕이 들어오도록 한다.
④ 원칙으로 온돌방을 하나 이상 넣도록 하되 경성 이남지역에는 온돌방이 있는 집과 없는 집을 반반으로 한다.
⑤ 갑, 을, 병형에는 목욕탕을 설치하고 목욕탕이 없는 집들은 50호 단위로 공동 목욕탕을 설치한다.

3. 주택난과 도시주거

도시형 한옥의 형성

1920년대에 자생적으로 일어나기 시작한 주택개량운동은 주생활의 근대화과정에서 전통한옥의 개선을 논의하게 되었다. 이후 건축전문가들에 의해 문화적인 생활을 영위할 수 있는 주택으로 서양식과 일본식이 가미된 형태 또는 서양식이나 일본식 주택을 모방한 문화주택들의 계획안이 제시되었다. 그러나 문화주택은 일부상류층에서만 받아들여지고, 1920년대 전후에 야기된 도시집중화현상과 함께 1920년 말에 차가(借家)문제가 사회문제로 대두되면서 도시 중산층의 주택으로 개량한옥이 등장하게 된다. 개량 한옥은 서울지방의 민가를 개량하여 집을 지어 파는 이른바 '집장사집' 으로 민간주택업자들에 의해 대량으로 공급되었다. 그러나 당시에 주택수요가 급증함에 따라 민간주택업자들이 우후죽순으로 생겨나고 소주택들이 밀집되는 현상이 나타나게 되어 불량주택을 방

도시형 한옥의 모습

지하기 위하여 1934년 6월 조선시가지계획령이 제정되었다. 그리고 1937년에 돈암동, 영등포, 용두동, 대방동 등지에 토지구획정리사업이 시행되면서 새로운 도로망이 생기고 신주택지구가 형성되기 시작하였다. 도시형 한옥은 1930년부터 전통주거유형인 한옥이 새로운 구조로 서울의 도심부와 도심주변부에 집단적으로 건설되었으며, 1960년대까지 지어졌다.

주택건축업자의 등장

도시의 급격한 인구증가로 인하여 주택수요가 급증하고 도시기반시설의 확충이 시급한 문제로 떠오르면서 이제까지의 주택의 생산과 공급방식에 큰 변화를 가져오게 된다. 주택건축업자가 등장하기 시작한 것은 1920년대부터이다. 조선회사령이 철폐되고 1차 세계대전 이후 일본 국내의 호황을 타고 일본인 건축업자가 한반도로 유입되었고, 1934년 조선시가지계획령이 시행되고 1937년 토지구획정리사업에 의해 대규모의 주택지구가 조성되면서 조선인 건축업자도 급속도로 성장하였다. 조선인 건축업자는 전래의 장인조직을 바탕으로 상공업에서 부의 축적을 이룬 도시 중류계층을 대상으로 상품화된 주택을 공급하였다.

조선시가지계획령(1934)

조선시가지계획령은 일본뿐만 아니라 한반도 전역에도 적용된 공통법안으로서 최초의 규칙이었다. 이 계획령에 의해 적용되는 시가지 이외의 지역은 기존의 건축법규를 따르도록 하였고 경성의 '시가지건축취제규칙'은 폐지되었다. 조선시가지계획령의 내용은 일본의 '도시계획법'과 '시가지건축물법'을 축소하여 정비한 것이다. 그러나 일본의 도시계획법이 기성도시의 개량 및 정비를 목적으로 하는데 비하여 조선시가지 계획령은 기성시가지의 개량 외에도 기성시가지의 확장과 신시가지의 계획에 중점을 두고 있어 계획목표에서 차이를 보이고 있다.

이 계획령은 건축선과 부지, 건폐율, 도로와의 관계, 주거의 위생 및 보안, 방화 등 주택에 관련된 사항을 '조선시가지계획령 시행규칙'으로 정하고 있다. 건축법규에서 주거지에 관한 규정은 도로에 관한 규정, 필지에 관한 규정, 도로와 필지에 관한 규정으로 구분하여 살펴볼 수 있다.

시가지건축취체규칙(市街地建築取締規則) 및 조선시가지계획령(朝鮮市街地計劃令)의 주거관련법규

구 분	시가지건축취체규칙(1913)	조선시가지계획령 및 시행규칙(1934)
허가관청	〈1조〉경찰서(경찰서장의 허가)	〈122조〉도청(도지사의 허가)
대지의 규모, 안전 및 위생	〈3조 6항〉공공도로에 면한 부지는 도로면 이상의 높이로 할 것 〈3조 7항〉부지 내에 적당한 배수설비를 할 것	〈50조〉부지는 그 접하는 도로경계에 있어 노면보다 높여야 하고, 〈52조〉부지 내에 우수 및 오수를 배세 또는 처리할 적당한 설비를 할 것
도로		〈*37조〉도로란 폭원 4m 이상의 것
도로와의 관계	〈3조 4항〉공공도로에 면한 부지는 도로에 통하기 위하여 적어도 폭 4尺(1.2m) 이상의 도로를 설치할 것	〈49조〉건축물은 그 부지를 길이 2m 이상 도로부지에 접하게 하여야 한다.
건축선	〈3조 2항〉건물의 기초는 공공도로와의 경계선에서 1척 5촌 이상의 거리를 둘 것 〈3조 3항〉건물 및 문호 담벽의 처마 끝이나 차일 등 공공도로상에 돌출 금지	〈*27조〉건축선은 도로폭의 경계선으로 함. 특별한 사유가 있을 때 별도 지정가능 〈*28조〉건축물의 건축선 돌출 금지 〈79조〉건축물의 출입구 및 창문 개폐 시 건축선 돌출금지(3m 이상의 것 제외)
건폐율	〈3조 1항〉8/10 이하(건물의 면적/부지면적)	〈102조〉주거지역내의 경우 6/10 이하
주택의 구성	〈3조 5항〉주거의 바닥높이는 지반에서 1척 5촌(약 45cm) 이상 〈3조 9항〉측간은 각주호마다 설치할 것. 연립주택은 공동측간도 가능 〈4조 6항〉측간은 공공도로에 면하여 설치할 수 없음. 단 담장 등으로 둘러쌀 때는 제외 〈3조 10항〉측간의 부속장치-방수재료 사용 〈3조 8항〉우물의 위치-측간 하수구로부터 3間 이상의 거리유지. 우물의 측벽-2척 5촌 이상 〈3조 12항〉굴뚝은 옥상 위로 3척 이상 돌출 〈4조 5항〉공공도로에 연한 건물의 처마 끝에는 물받침을 설치하고 빗물은 홈통에 의하여 배수할 것	〈75조〉거실의 구조(천정고, 바닥높이, 개구부 비율 등을 규정) 〈53조〉거주용 건물, 부지 내에 변소 설치할 것 〈54조〉측간의 부속장치-내수재료 사용. 수거구는 밀폐할 수 있는 장치를 하고 지반면에서 0.1m 이상 높여야 하며 또한 이를 직접 도로에 면하지 않게 할 것 〈57조〉우물과 제거식변소와의 거리 5m 이상 〈60조〉욕실취사장 등 항시 물을 사용하는 장소는 지반 또는 바닥을 내수재료로 축조 또는 피복할 것 〈59조〉공공도로에 면한 부분의 처마통 및 홈통 설치규정

자료 : 최원우, 1998, 18쪽.

도시형 한옥 주거지의 구조

가로체계는 주거지 구조를 결정하는 중요한 요소로 가로의 구분은 접근로와 진입로로 대별된다. 접근로는 주거단지 가구(街區)의 구성에 사용되는 주도로로서 자동차에 의한 접근이 가능한 형태(폭 4m 이상)이며, 진입로는 접근로로부터 각 주호에 이르는 세가로(細街路)를 말한다.

- 격자형 : 도시차원에서의 가로의 구획방법으로 기하학적인 구조의 도시가로 체계로서 근대적인 도시 이전에도 격자형은 도시구조의 하나의 원형으로 존재하였으며, 대부분 기하학적인 질서를 토대로 정형의 형태를 갖는다.
- 가지형 : 자연발생적으로 형성된 전통마을의 주거지의 가로체계로 마을의 진입로부터 점점 작은 가지로 분화되어 하나의 나뭇가지 형태를 이루는 주거지구조이다.

일차적으로 골이나 물의 흐름 등 지형에 따라 기본적인 형태가 결정되고, 그 다음에 필지의 분할이나 주거 단위가 정해진 후에 그것들을 연결함으로써 길이 구성된다.

보문동의 주거지구조(격자형)
자료 : 송인호, 1990, 78쪽.

가회동의 주거지구조(가지형)
자료 : 송인호, 1990, 68쪽.

도시형 한옥의 주거양식

도시형 한옥은 1920년대부터 활발하게 진행된 생활개선 논의를 통한 주택개량운동과 함께 그 당시의 사회적인 여러 현상의 변화들이 복합적으로 작용하여 도시 중산층의 전형적인 주거양식으로 정착되었다.

도시형 한옥은 전통주택과는 다른 독특한 특성을 갖는다. 즉, 건물이 도로에 직접 면하여 별도의 담장이 없기 때문에 개인영역인 한옥의 외벽이 공공영역인 도로에 면하게 된다. 또한, 전통한옥은 크게 안채, 사랑채, 행랑채로 구성되고 마당이 분화되어 각 공간의 기능이 분명한데 비해, 도시형 한옥은 현관과 복도를 중심으로 구성된 겹집형식을 띄고 있다.

도시형 한옥의 평면구성은 전통한옥의 안채에 문간채(행랑채)를 복합시켜 놓은 형태로 그 형태는 ㄷ자형과 튼ㅁ자형을 이룬다. 내부의 실구성은 마당을 향한 배치로 되어 있으며 좁아진 마당은 폐쇄적이 되고 마당은 대문에서 각 실로 연결되는 통로역할로 종래의 생활기능이 약화된다.

도시형 한옥의 문간채는 행랑채와 사랑채를 복합시킨 형태로 사적영역인 안채와 공적영역인 길의 중간에 위치한다. 그리고 사랑채로 사용되기보다는 세를 놓게 되어 문간방의 아궁이 주변은 부엌으로 사용된다. 또한, 문간채에 다른 세대가 거주하므로 안채와의 영역구분을 위해 중간문을 두기도 한다.

도시형 한옥의 가장 큰 변화는 과거의 안채와 사랑채로 남녀의 생활공간이 분리되었던 것이 안방으로 합쳐져서 안방에서 부부중심 생활을 하고, 사랑방이 있던 공간에 대신 자녀방을 두거나 세를 주는 등 세대별로 공간이 구분되었다는 것이다. 또한 과거에 사랑방을 따로 두었을 때에는 손님 접대의 기능을 중시하였던 것과 달리 도시형 한옥의 경우는 안방이나 마루의 가족생활중심으로 그 주거 양식이 변화하게 된다. 안방의 크기가 후기로 갈수록 커지는 것으로 안방이 부부생활의 공간이자 가족생활의 중심공간으로 기능이 강화되고 있는 것을 알 수 있다.

문화주택에서의 일부 상류계층에서는 식사와 취침이 구분되는 모습을 보이지만 이는 그 시기의 일반대중에게서 나타나는 보편적인 현상이 아니었으며, 도시형 한옥의 경우에는 아직 식사를 안방과 마루에서 주로 하던 생활이 지속되어서 식 · 침 분리가 이루어지지 않았다. 그러나 과거와는 달리 가사작업의 효율성을 위하여 부엌 내에 시설을 집중시켜서 합리적인 동선을 추구하는 등 근대주거의 특성을 보였다.

마당은 안마당, 사랑마당, 옆마당, 뒷마당 등으로 서로 분화되어서 배치되었다가 후기로 가면서 안마당으로 통합된다. 따라서 각 마당에서 분화되어 가사작업이 행해지던 기능들이 안마당 한 곳으로 집중되며, 안마당은 전통민가에서의 가사작업 공간의 기능뿐 아니라 각 실의 통로공간, 정원 등의 다양한 기능을 갖게 된다. 마당은 전통한옥에서 개량한옥으로, 그리고 도시형 한옥으로 가면서 그 규모와 본래의 기능이 점점 축소되게 된다.

마루는 유리문이 설치되면서 점차 내실화되어 안방과 함께 가족생활의 중심 공간이 되고 후기로 갈수록 거실로서의 기능을 갖게 된다.

이와 같이 도시형 한옥은 공간구성의 변화에 따라 공간의 기능이 분화되거나 축소되는 등 여러 유형의 주거양식을 갖는다.

도시형 한옥의 내부 모습들
자료 : 서울시, 2004, 19 · 88 · 143쪽.

I 유형의 평면은 안채, 사랑채, 문간채로 이루어지며, 안채와 사랑채의 진입동선을 구분하여 여성과 남성의 공간인 내 · 외의 공간이 확실히 구분되어 있다. 안채는 생활의 기능분화에 따라 분화되어 안방에 별도의 기능을 갖는 공간이 부속되고(골방), 가사작업을 위한 동선의 단축을 위해 부엌 가까이에 수도, 장독대를 두어 집중화를 꾀하고 있다. 그러나 여전히 가사작업은 부엌, 뒷마당, 장독대, 옆마당으로 확장되어 작업동선이 긴 특징을 보이고 있다. 변소는 내 · 외를 구분하여 2개를 별도로 두고 있

다. 주거공간구성 특성상으로 보아 주생활특성은 남녀의 생활영역이 안채와 사랑채로 구분되어 안채는 여성의 전용공간으로서 자녀양육, 가족단란, 가사작업이 주로 이루어지고, 사랑채는 남성의 전용공간으로서 주로 손님접대, 공부, 휴식, 사색 등의 생활이 이루어지며, 가사작업은 부엌, 옆마당, 안마당, 뒷마당, 안방, 마루에서 이루어지는 전통적인 생활양식임을 알 수 있다. 또한, 마당은 안마당, 뒷마당, 사랑마당으로 분화되어 있어 각기 독립된 생활공간의 기능을 갖는다.

앞의 도시형 한옥에 비해 II유형은 마당이 축소되고 또한 사랑마당은 정원으로 기능이 바뀌며, 변소는 남 · 여 구분없이 한 개를 두고 있다.

그러나 아직 사랑채가 구별되어 있고 사랑대청이 있어서 남성전용의 생활공간이면서 동시에 손님접대의 생활기능을 갖고 있다. 또 진입방식에 있어서도 안채와 사랑채를 구분하고 있어 남성과 여성 영역을 구분하려는 의도가 뚜렷하다. 이전에는 가사작업이 주로 뒷마당과 옆마당에서 이루어졌으나, 장독대, 수도를 안마당에 두어 가사작업을 안마당에서 하도록 하였다. 이 유형의 공간구성과 기능상 남성과 여성의 생활영역이 구분된 전통적인 생활양식이라 할 수 있으나, 사랑채의 기능이 축소되고 변소가 하나로 통합되고 가사작업이 부엌과 안마당으로 집중되는 등 점차 그 비중이 줄어드는 과도기적인 특성을 보이고 있음을 알 수 있다.

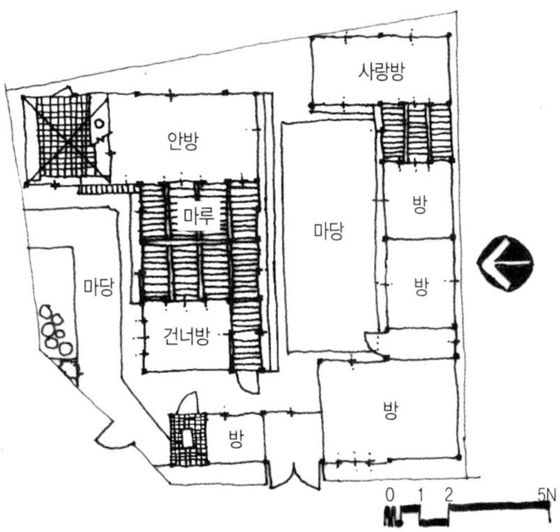

안채와 사랑채로 분리된 공간구성으로 남성과 여성의 생활영역이 구분되고 실내와 마당의 기능, 그리고 실내의 공간기능이 전통적인 주거양식의 유형(I형)
자료 : 유영희, 1994, 40쪽.

III의 유형은 기독교 사상의 보급으로 인해 여성의 지위가 향상되고 가족관계도 부부중심의 생활로 변화함에 따라 남성의 취침공간이 사랑방에서 안방으로 옮겨 가는 과도기적인 현상을 보이고 있는 경우로 보인다. 그러나 아직 사랑마당이 남아 있어 내 · 외 공간의 영역이 구분되어 있다. 변소는 내 · 외의 구분이 없이 문간채에 부속되어 1개가 있다. 안마당에 장독대, 수도를 두고 그 밑을 지하창고로 만들기도 하였다. 또한 이 유형에서는 부엌

뒤에 반드시 방이 하나 부속되어 있는데, 이것은 가정부가 사용하던 방으로 그 당시에 여성의 사회진출이 증가됨에 따라 가정부를 두고 있는 가정이 많았던 생활상이 주거공간에 반영된 것으로 볼 수 있다.

이때의 주생활 특성은 남자주인의 영역이 안방으로 통합되는 반면, 자녀들은 독립된 생활영역을 확보해 가는 과도기적인 특성을 보이고 있다.

Ⅳ의 유형은 사랑방, 사랑마당이 소멸되어 사랑방은 크기가 같은 2개의 문간방으로 변화되고, 마당은 안마당으로 통합된다. 따라서 안마당은 가사작업등의 생활기능과 각 실로 진입하는 동선의 기능을 갖으며, 문간채는 크기가 작은 여러 개의 방으로 분화되어 나타난다. 공간의 기능은 남녀로 구분된 공간으로서 내 · 외 공간의 개념은 사라지고, 문간방은 남자주인의 기거실이라기보다는 자녀실이거나 셋방의 기능을 갖는다. 이전에는 자녀들이 딸의 경우 안채에서 어머니나 할머니와 같은 방을 사용하고, 아들인 경우에는 사랑채의 사랑방에서 아버지나 할아버지와 같이 생활하는 것이 일반적이었다. 그러나 자녀교육의 중요성이 강조되면서 독립된 방이 필요하게 됨에 따라 큰 규모의 사랑방을 작은 규모

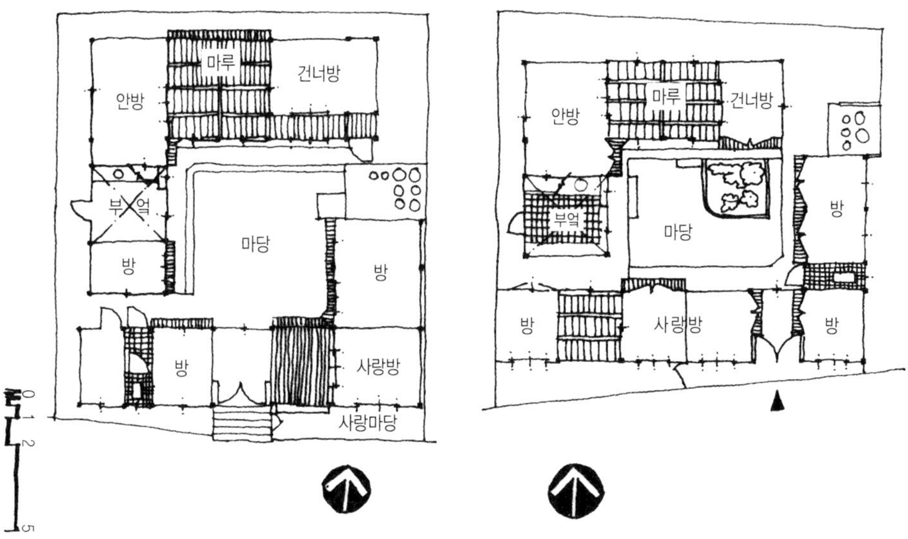

마당이 축소되고 기능이 약화되는 공간구성 형태이며 전통적인 생활양식에 변화가 나타나는 주거양식의 유형(II형)
자료 : 유영희, 1994, 41쪽.

의 문간방으로 방의 수를 증가시킨 것으로 보인다. 또한 도시의 주택난이 심화됨에 따라 세를 주어 경제적인 이윤을 얻고자 한 것도 그 중요한 원인이 되었다.

따라서 이 유형의 주생활 특성은 안방이 부부 중심의 생활공간이고, 자녀들의 생활공간이 확보되며, 세를 주기 위해 방의 수를 늘려 다세대가 거주하게 되는 도시적인 특성이 강화된 주생활 양식이라 하겠다. 또한 안마당으로 생활공간의 기능이 집중되고, 가사작업이 주로 부엌과 안마당에서 이루어지게 된다.

도시형 한옥의 마지막 단계(Ⅴ형)에서 나타나는 전형적인 주거양식 유형으로, 이 유형의 특징은 한옥의 단점인 생활의 기능적인 측면을 많이 개량했다는 점이다. 우선, 문간채에 중문을 두어 현관과 같은 기능이 발달하였으며 따라서 안마당이 내부공간화되었다. 이는 당시 한옥에 현관을 두자고 주장한 주생활개선 논의가 반영된 것으로 볼 수 있다. 문간채에 중문을 설치함으로써 안마당은 반내부공간화 되면서 생활공간으로서의 기능이 강조되어 정원, 가사작업공간, 각 실의 통로공간으로서의 성격을 갖는다.

또한 시설, 설비면에서 커다란 변화를 볼 수 있다. 목욕탕이 안방 뒤편으로 설치되어 내부화되었으며, 부엌 내에 장독대, 찬마루, 광, 개수대, 작업대를 집중적으로 설치하여 가사작업이 부엌 내에서 모두 이루어지도록 기능적인 측면을 고려하였다. 또 대청 뒤 툇마루에 4짝 미닫이 유리문을 달아 수납장식장을 만들어

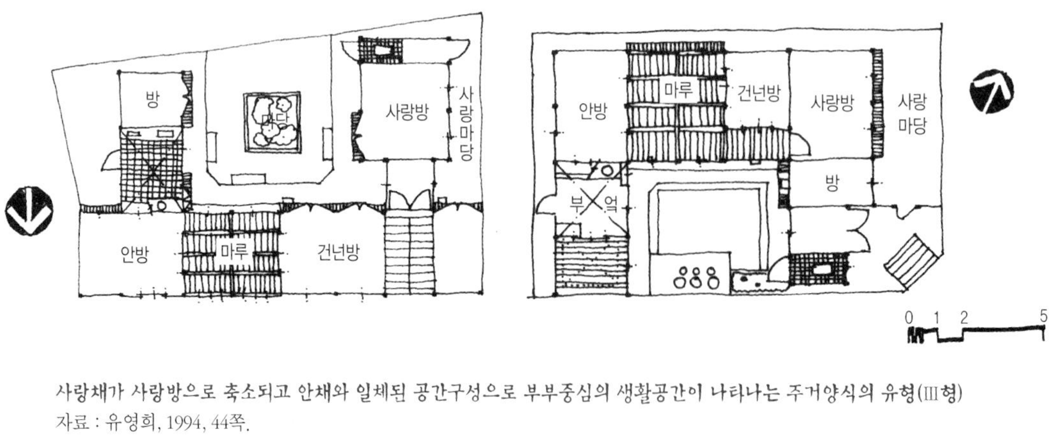

사랑채가 사랑방으로 축소되고 안채와 일체된 공간구성으로 부부중심의 생활공간이 나타나는 주거양식의 유형(Ⅲ형)
자료 : 유영희, 1994, 44쪽.

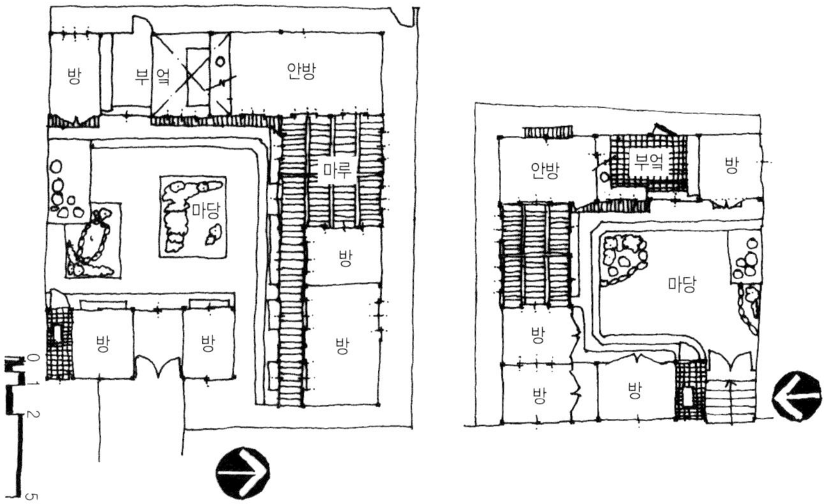

사랑방이 소멸되고 문간방으로 변화되며 안마당을 중심으로 각 방들이 배치된 유형으로 안채는 부부중심의 안방과 독립된 자녀실로 구성되며 문간채는 다른 가구가 살게 되는 주거양식의 유형(Ⅳ형)

마루를 내부공간화하여 거실로서의 기능을 갖도록 하였다. 이것은 위생적인 생활과 가사작업 동선의 합리화를 주장하던 당시의 생활상이 주택에 반영되어 나타난 것으로 볼 수 있다.

따라서 이 유형의 주생활 특성은 부부생활을 중심으로 한 가족단란 생활을 중시하며, 가사작업 동선의 합리화를 꾀하고 위생생활 중시, 자녀들을 위한 개별 방 확보, 셋방을 고려한 다세대 주거생활을 시도하고 있다.

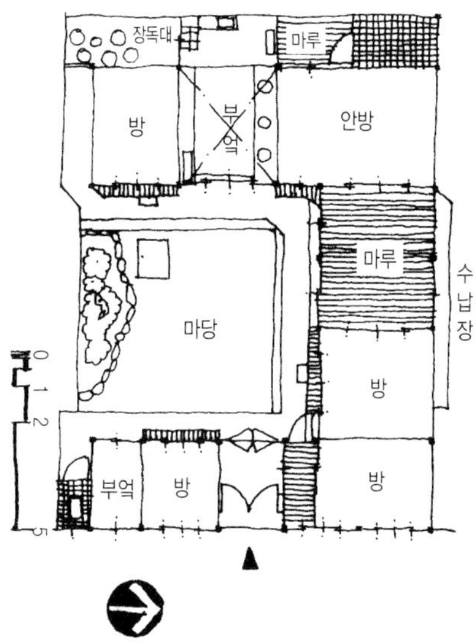

안채와 문간채가 일체화된 구조로 문간채에 세를 주고 안채는 핵가족의 생활에 맞게 이용되는 주거양식의 유형(Ⅴ형)

도시형 한옥의 주거양식의 변화요인

요인 분류	1920~1940년대	1960년대
문화접촉	• 다국적 문화 유입 • 일본문화의 강제적 이입	• 자율적인 타문화 유입 • 미국문화의 영향
사회구조	• 인구증가 현상 • 도시로의 인구집중으로 인한 도시주택 부족난 • 한국인의 경제적 열악상태 • 자본주의제도의 이입	• 자주국으로서의 기반형성 • 도시주택 부족난 심화 • 직업구조의 변화 • 자본주의 제도 정착 • 경제개발5개년계획 추진
정신구조	• 기독교 사상의 보급 • 개인주의와 자유-평등사상의 확산	• 민족의 주체성 증가 • 사회정화운동 • 전통관습에 대한 갈등
집락형태	• 토지구획 정리사업 추진 • 조선시가지계획령 발표 • 시가지건축취제규칙 발표	• 6.25직후 판자촌 형성 • 1925년대 말 판자촌 철거 및 새로운 집단 주거지 형성
기술체제	• 한옥의 대량공급체계에 따른 한옥 건축의 분업화	• 건축재료 · 기술 · 시설 · 설비의 발달
가족형태	• 가족의 생산방식 변화	• 핵가족화
생활양식	• 가족의 가사작업 분담 • 부부중심 생활 지향 • 자녀 교육의 중요성 강조 • 나무 및 연탄 연료사용 • 상 · 하수, 전기, 전화, 시설 설비의 발달 • 주택개량 논의 • 생활의 합리화, 기능성 추구	• 가족의 가사 분담 확산 • 자녀 교육의 중요성 중시 • 연탄, 석유, 가스연료 사용 • 여성의 사회진출로 인한 가정부 고용 • 의자식 도입 • 벽돌조의 양옥집 선호

자료 : 유영희, 1994, 34쪽 일부 수정.

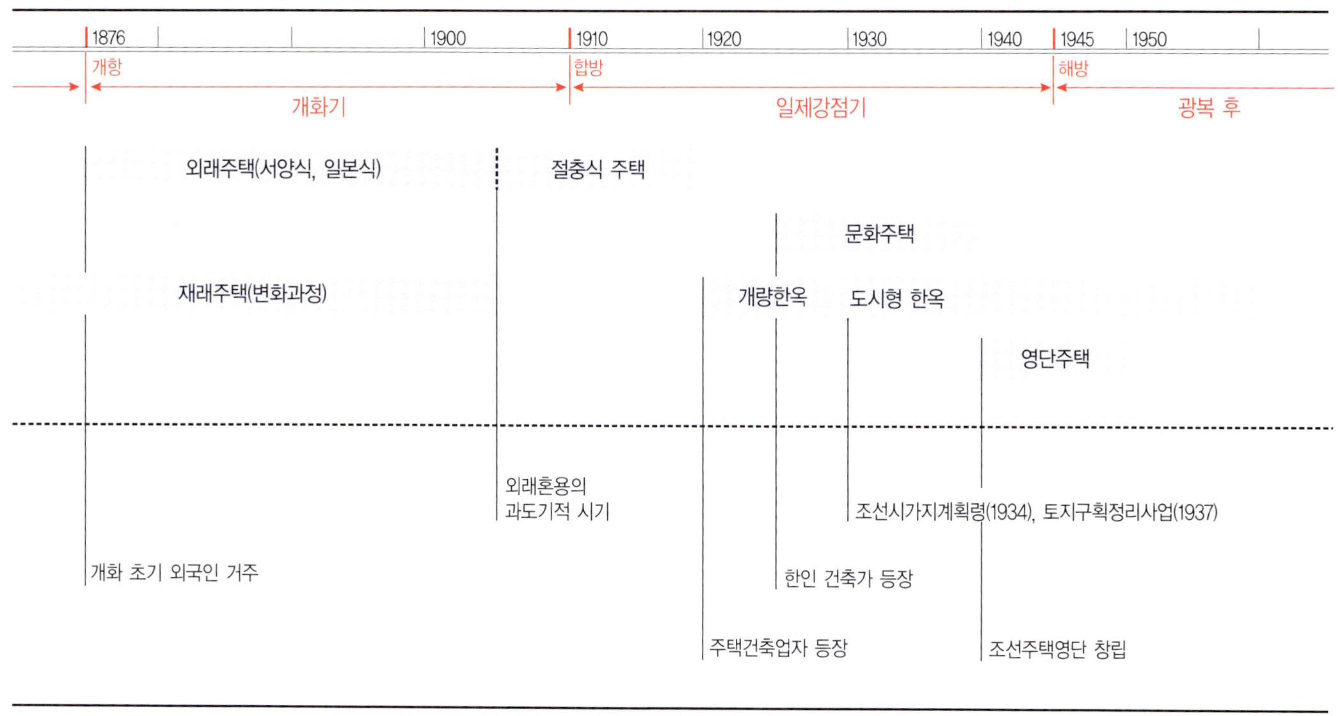

근대 주거유형의 시계열적 분석 | 아래의 분류는 각 유형이 절정을 이룬 시기를 중심으로 단속적으로 표현한 것임

참고문헌

곽용재(1990). 한국근대도시 주택의 변천에 관한연구. 성균관대학교 석사학위논문.

김경동 외(1982). 근대화 - 그 현실과 미래, 서울대 출판부.

김명선 · 심우갑(2002). 1920년대 초「개벽지」에 등장하는 주택개량론의 성격. 대한건축학회지 계획계, 18(10), 115-122.

김상희(1989). 한국주택의 주양식의 근대화에 관한 연구. 대판시립대학교 박사학위논문.

김상희(1995). 한국과 일본의 주택평면의 근대화과정에 관한 비교. 대한건축학회논문집, 11(12), 41-52.

김선재(1987). 한국 근대도시주택의 변천에 관한 연구. 서울대학교 석사학위논문.

김성중(1989). 한국인 건축가에 의한 근대 주택에 관한 연구. 성균관대학교 석사학위논문.

김순일(1982). 개화기의 주의식에 관한 연구. 대한건축학회지, 26(106), 27-31.

김의원(1989). 개화기에서 구한말까지의 도시발달과정속의 도시와 주택. 대한건축학회지, 33(2), 48-52.

김정동(1982). 한국근대건축의 생성과정에 관한 연구. 홍익대학교 석사학위논문.

김정아(1991). 일제시대 주택개량에 관한 연구. 연세대학교 석사학위논문.

김종인(1988). 韓國における住宅の近代化, 東アジアの住文化を考える. 東アジアの住文化フォ-ラム.

김태영(1990). 한국개항기 外人館의 건축적 특성에 관한 연구. 서울대학교 박사학위논문.

김태영(2003). 한국근대도시주택, 기문당.

김홍식(1987). 민족건축론, 한길사.

대한주택공사(1979). 대한주택공사 20년사.

대한주택공사(1990). 한 · 일 주거근대화 과정에 대한 비교고찰. 주택기술정보, 제 38호, 2-27.

문홍길(1982). 개화기 이후 한국전래주거건축의 변천에 관한 연구. 서울대학교 석사학위논문.

박경옥(1993). 日式住宅의 變容을 통해 본 住樣式의 韓日 比較硏究. 한국주거학회지, 4(1), 17-27.

박길룡(1930). 유행성의 소위문화주택. 조선일보.

박길룡(1937). 朝鮮式 住宅改善の問題. 朝鮮と建築, 24-26.

박윤정(1991). 도시단독주택의 주공간 구성과 주생활의 변화. 연세대학교 석사학위논문.

박춘식(1986). 50년대 이후 단독주택의 변천에 관한 연구. 홍익대학교 석사학위논문.

서울시(2004). 북촌, 새로 고친 아름다운 한옥.

송인호(1990). 도시형 한옥의 유형연구. 서울대학교 박사학위논문.

안영배(1966). 우리나라 주택건축 20년. 대한건축학회지, 10-21.

연제진 · 최경숙(1987). 서울시 한옥지구 내 건축물의 특성 및 보전방향에 관한 연구(Ⅰ). 대한건축학회논문집, 3(4), 77-85.

우창훈(1989). 한국개화기건축의 특성에 관한 연구. 서울대학교 박사학위논문.

유영희(1994). 도시한옥 주거양식의 변화과정. 연세대학교 박사학위논문.
윤상헌(1993). 한국도시단독주택의 공간구조 변화에 관한 연구. 중앙대 석사학위논문.
윤일주(1966). 韓國洋式建築 80年史 - 洋式건축 流入과 변천에 관한 연구, 冶庭文化社.
윤일주(1973~1974). 역사적 환경을 찾아서 - 한국양식건축의 발자취. 공간, vol 74-81.
이영호(1988). 개화기 이후 한국도시주택의 변천에 관한 연구. 대한건축학회논문집, 4(5), 59-70.
임창복(1988). 한국도시 단독주택의 변천에 관한 연구. 대한건축학회논문집, 4(2), 67-74.
임창복(1991). 도시형 한옥과 도시주거문화. 대한건축학회지, 35(2), 57-61.
임창복(1991). 일제시대 한국인 건축가에 의한 주거근대화에 관한 연구. 대한건축학회논문집, 7(5), 135-146.
장기인(1981). 한국주택과 주거생활. 건축사, (2), 24.
정모(1991). 증·개축을 통해 본 일식주거의 공간적 변화에 관한 연구. 한양대학교 석사학위논문.
정모 외 2인(1992). 생활실태조사를 통한 일식주거의 공간적 지속과 변화에 관한 연구(1). 대한건축학회논문집, 8(4). 43-52.
조용훈(1984). 한국도시주택의 변천에 관한 연구. 서울대학교 석사학위논문.
최성연(1959). 開港과 洋館歷程, 인천·경기문화사.
최원우(1998). 한국근대 주거건축의 근대화 과정에 나타난 한인건축가들의 역할과 의의에 관한 연구. 한양대학교 석사학위논문.
최일(1990). 전통주거 건축의 근대성에 관한 연구. 대한건축학회논문집, 6(4), 135-147.
스즈끼 시게부미. 이현희 역(1999). 현대일본주거읽기, 도서출판 국제.
富井正憲(1988). 朝鮮住宅營團の住宅に關する研究(1). 住宅總合研究財團研究年報 15. 125-134.
鈴木成文 外(1986). 日本と韓國の住居の近代化過程の比較考察 (財)住宅建築研究所報(8521). 349-362.

III

현대 도시단독주거와 삶

광복으로 혼란한 사회를 정비하기도 전에 한국전쟁이 발발하였고 폐허가 된 국토에는 구호주택의 공급이 우선시 되었다. 생활을 위한 최소 규모의 공영주택 건설은 1960년대 경제개발5개년계획으로 공업화와 근대화가 일어나면서부터 점차 규모도 증가하고 도시생활에 적합한 평면으로 변화하였다. 경제적으로 자본력이 생긴 민간업자들도 도시 생활자의 주요구에 맞추어 1980년대까지 단독주택을 활발히 건설하였다. 1980년대 후반부터는 도시의 주택부족을 해결하기 위하여 아파트가 대량으로 건설되면서 단독주택도 다가구 거주방식으로 건설되었다. 점차 단독주택은 신도시의 단독주택지에 건축가에 의한 작가주택으로 지어지거나, 아파트에 대한 대안으로 개인이나 동호인들이 소그룹으로 교외에 건축하였고 수적으로 감소하였다.

현대도시의 단독주택은 근대화를 거치면서 경제성장과 기술의 발달, 그에 따른 생활양식의 변화로 인해 규모, 평면구성, 외관 등에 급격한 변모를 가져왔다. 생활양식의 서구화 추세로 기능성 우선의 평면구성과 설비로 바뀌고, 경제적 가치와 교환적 가치를 우선시하여 과시적인 외관을 추구해 왔다.

이 장에서는 현대도시의 단독주택이 전통적 공간구성에 거실, 화장실, 욕실, 현관 등과 같은 서구적 공간을 받아들이면서 한국적인 특성을 가진 주거공간이 되어가는 과정을 대중주택과 건축가의 작품주택을 중심으로 살펴보기로 한다.

1. 광복과 주택 복구

광복 이후의 주택문제

미국과 소련의 대결구도하에서 2차 세계대전이 종전되어 우리나라는 1945년 8월 15일 광복을 맞이하였다. 38선을 경계로 남북한의 분단체제를 구축하면서 남한에 미군정이 실시되었다. 미군정은 일본과 일본인 소유의 건물을 미군정 소속으로 하여 1948년 12월 「귀속재산처리법」을 공포하였다. 도시지역에 속한 일반주택이 귀속가옥으로 일반인에게 불하될 수 있게 되었지만 1950년 6월 25일 한국전쟁이 발발하여 귀속업무의 처리는 일시 중단되었다가 종전 1953년 이후에 활발하게 이루어졌다.

광복 후 사회적 혼란이 극심하여 주택건설은 미미했으며 도시로 온 피난민들은 적산가옥('적성국가의 재산'을 줄인 말로 연합군 입장에서의 적국인 일본의 재산이라는 의미임)에서 여러 가구가 살거나 하천변이나 산 위에 가설 판잣집을 지어 살게 되었다. 판잣집은 미군정이 가져온 라왕, 미송 등의 나뭇조각과 깡통, 루핑 등을 이용하여 집을 지은 것이다. 판잣집은 옆집 소리가 들릴 정도로 허술한 벽체에 전깃불만 겨우 들어오고 상수도·하수도 시설도 없었으며 변소는 이웃이 함께 써야만 했다. 판잣집은 미관상 이유와 허술한 전기시설, 임시방편적인 난방으로 화재발생이 빈번하여 정부는 1954년 초 무허가건물 철거정리방침을 발표하였다.

미군정 보건후생부는 주택난을 완화하기 위한 임시방편으로 전재민 주택 2만여 호를 건설하였다. 1948년 8월 15일 미군정을 폐지하고 대한민국을 수립하였고, 정부는 외국의 원조에 의한 공사비 투자와 무상입주 등 구호주택을 공급하는 주택정책을 실시하였다. 사회가 안정되기도 전에 발발한 한국전쟁(1950~1953년)을 겪으면서 전 국토가 파괴되었고, 북한으로부터 수백만의 피난민이 이주하여 주택사정은 더욱 어려워졌다.

서울 청계천 주변의 1950년대의 판자집
자료 : 청계천복원추진본부

광복 후의 남한의 인구는 1,613만 명으로 추정되었다. 1949년까지 일본, 만주 및 이북으로부터의 귀환이동자는 약 250만 명에 달하였다. 귀환이동자, 피난민, 1949년 농지개혁법 시행으로 몰락한 지주층, 새로운 희망을 안고 이주한 농민들은 대부분이 생계와 교육을 위해 서울과 경기 및 강원지역의 도시에 정착하였고, 이들 도시는 급격한 인구성장과 더불어 극심한 주택문제를 겪게 되었다. 1950년대 후반에는 '베이비 붐' 현상으로 인구의 자연증가율이 높아지면서 가구당 가족수가 증가하게 되었고, 베이비 붐 세대는 1980년대에 주택수요를 증가시키는 요인이 되었다.

휴전 직전인 1953년 경복궁 일대의 서울 모습
자료 : 미디어 다음(http://media.daum.net)

한국전쟁 이후의 산업은 미국의 원조물자를 중심으로 내수시장을 대상으로 한 공업생산이 전개되었으나 공업생산 자체보다는 원료 등 원조물자 도입, 원조자금 배정, 은행융자 등에서 이익을 취하는 방식이었으며 생산능력과 기술능력은 미미한 수준이었다. 주택생산의 기술과 재료생산력도 낮아서 주로 1층 단독주택 건설에 국한되었다. 주택건설 부문에서는 주택내구성을 높이는 시멘트의 생산이 1957년 이후부터 본격화되었으며 시멘트를 외부마감이나 시멘트 블록으로 만들어 사용할 수 있게 되었다.

광복 직후부터 1950년대 후반까지는 구호주택위주의 소규모 주택이 지어진 시기라고 할 수 있다.

주택설계공모의 주택상

광복 직후 건축과 관련된 설계·시공·구조 분야의 건축기술자들이 〈조선건축기술단〉을 만들게 되었고, 건축관련 학술활동과 대중계몽을 위한 잡지인 『조선건축』을 발간하면서 활발한 활동을 전개하였다. 이 단체는 일제 식민지하에서 받아들인 서양식·일식의 절충주택과 구별되는 주택을 만들어보겠다는 의욕을 갖고 주택설계공모를 시도하였다. 1945년 11월 국민주택설계 공모를 하였고 15평형, 20평형, 25평형 등 다양한 평형의 당선작이 나오게 되었다.

천호철의 당선작 15평의 평면 특징은 전면을 방과 생활공간으로 사용하기 위하여 후면 현관을 설치하고 속복도 없이 전면에 안방과 건넌방을 배치하였으며 중앙에 마루나 대청을 두어 서양식의 거실이나 응접실을 설치한 것이었다. 후면 출입은 우리생활에 익숙하지 않은 진입방식이었으며, 평면 후면부에 근대화 시기부터 도입되었던 부엌, 욕실, 화장실 등이 배치되어 전면-생활공간, 후면-부속공간의 형식을 사용하였다. 그밖의 당선작의 공통점은 일부 일식의 속복도 형식이 남아 있지만 거실을 중앙에 둔 거실중심형 평면이었고, 주택의 위생, 채광, 통풍을 개선하려는 의도가 나타나 있었다.

한국전쟁 후에도 주택개선을 관장한 보건사회부에서 1958년 제1회 주택현상설계를 실시하였다. 설계기준은 원조자금으로 다량 건설하여 보급할 서민주택으로서 5인 가족이 사용할 건평 15평 미만의 값싼 주택이어야 하며 생활개선을 고려한 것이었다.

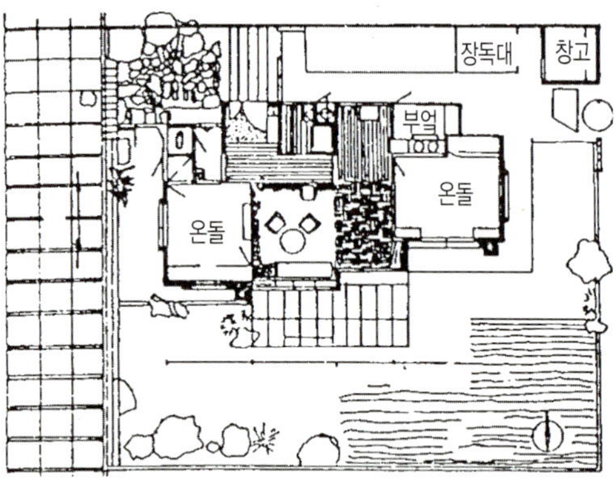

조선주택영단 주최 국민주택현상설계(1945) 당선작 1종 1등 15평 천호철의 안
자료 : 박정현, 1991, 69쪽.

단독주택 1등에 당선된 안영배·천병옥 안은 전면에 방 3개와 거실을 두고 후면에 부엌, 화장실, 욕실, 현관을 둔 평면으로 방의 호칭을 아동실, 부부실 등으로 하였고 안방보다 큰 아동실을 둔 것이 특징이다. 집중형 평면을 취하고 있으나 1940년대 조선영단주택에서 나타난 속복도의 형태를 일부 유지하고 있다. 2등에 당선된 김인석 · 김태수 안은 전면 현관에 온돌 거실을 두고 모든 실을 거실을 통해 출입하는 평면형식이었으며 이후 단독주택의 전형화된 평면인 거실홀형의 시초가 되는 평면이다.

이들 당선작에 대해 당시 『건축』지에 비평한 것을 보면 1등 당선작은 15평에 거실을 둔다는 것이 면적상 무리이며, 거실난방의 문제도 지적하고 있다. 2등에 대해서는 온돌 거실 중간에 신발 벗어 놓는 장소가 있는 것을 어색하게 보았다[1].

이어서 1959년에 제2회 주택설계현상 모집을 하게 되었고 더욱 경제적이고 저렴한 주택설계에 주력하였다. 이때는 도시주택뿐만 아니라 농촌주택도 공모하였다. 도시형 자조주택은 가족 5인에 맞는 건평 9평, 대지 40평의 조건을 제시하였다. 도시형 자조주택의 1등에 당선된 안영배의 안은 방 2개와 부엌 남쪽에 가사실을 둔 것이 특징이다. 당선작들이 방 2개와 부엌, 통로형식의 마루, 외부에서 출입하는 변소로 구성되어 있으며 마루방이 없어서 협소해 보인다.

도시형 국민주택은 가족 5명, 대지 60평, 건평 15평이 조건이었으며, 1등에 당선된 강의식 · 김동명 · 백광윤의 안은 부엌, 화장실, 욕실의 물을 쓰는 공간을 다른 실들과 분리하고 남면 거실과 후면 방의 구성이나 모든 벽을 가변형으로 하여 한 공간으로 쓸 수 있도록 하였다. 2등 윤태현의 안은 남면에 거실과 부엌, 후면에 방 2개를 배치하고 방과 방사이에는 화장실과 욕실을 배치하여 프라이버시를 우선시하였다. 3등 안은 1등 당선안과 설계자가 동일하며 1등 안과 같은 평면형이면서 가변형 벽체를 사용하기보다는 미서기문을 설치하여 공간 통폐합의 효과를 노렸다.

주택설계공모안들은 근대 건축교육을 받은 건축가들이 집중식 평면을 만들어 내었지만 일식의 속복도나 서구적인 공간 구역분리 등 절충적이며 실험적인 시도가 많이 일어났다. 일제시대의 주택과 구별되는 주체적인 주거양식을 만들어 가는 과정으로 볼 수 있다.

1 한정섭(1959). 서민주택의 평면계획에 대하여. 건축, 4호, 45-46쪽.

보건사회부 주최 제1회 주택현상설계(1958)

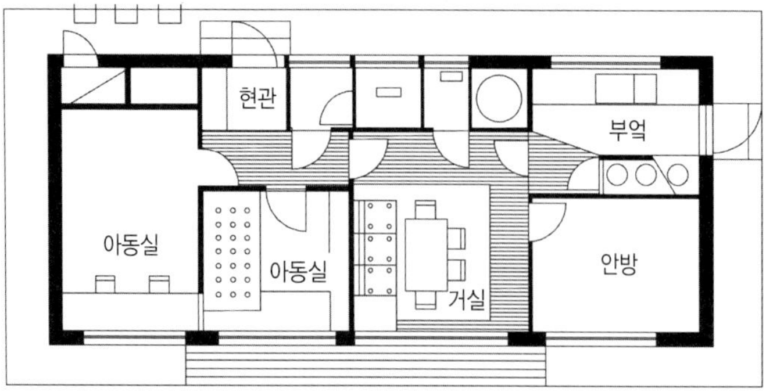

단독주택부 1등 15평 안영배, 천병옥의 안

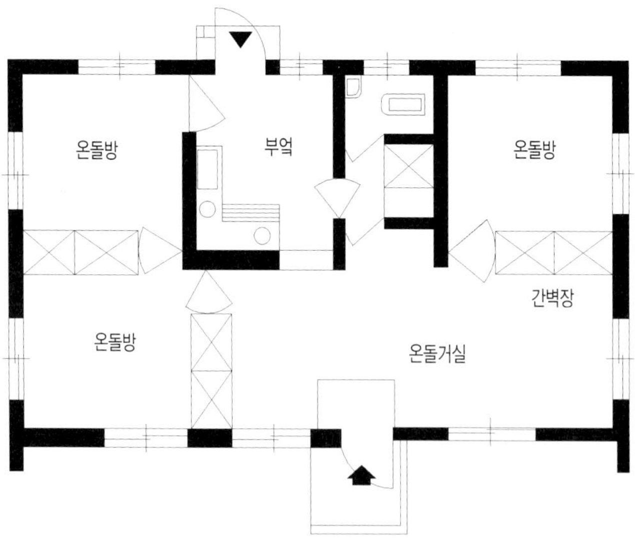

단독주택부 2등 15평 김인석, 김태수의 안

자료 : 건축, 1958, 37쪽.

제2회 주택현상설계 도시형 당선작(1959)

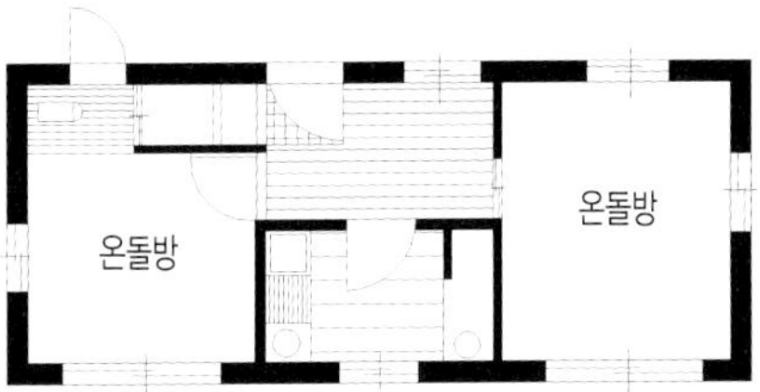

자조주택부 1등 9평 안영배의 안

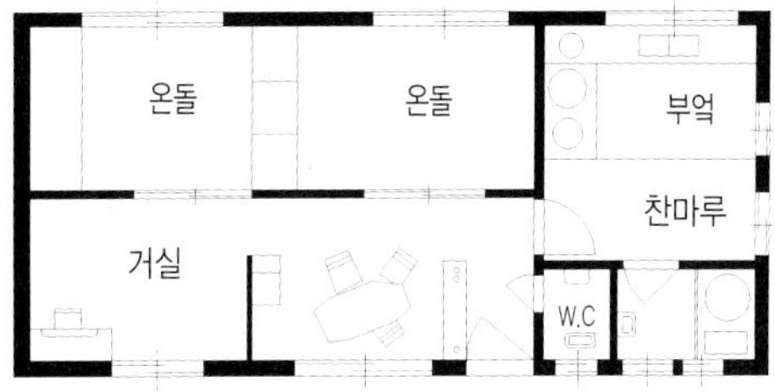

국민주택부 1등 15평 강의식 · 김동명 · 백광윤의 안

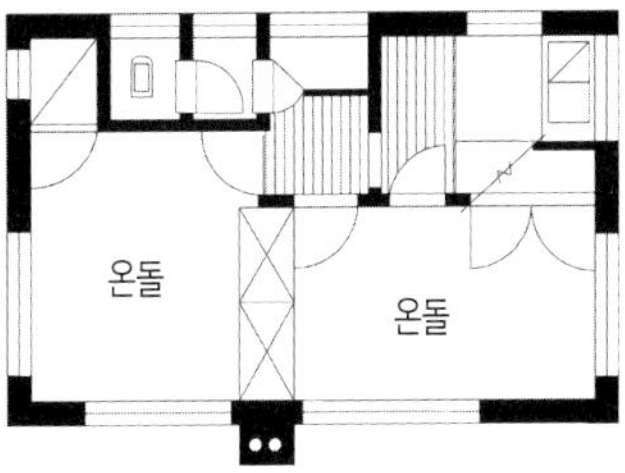

자조주택부 2등 9평 안세원 · 나주연 · 정도현의 안

국민주택부 2등 15평 윤태현의 안

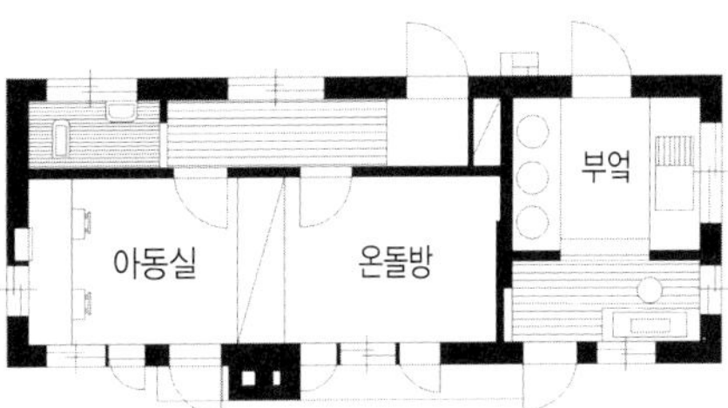

자조주택부 3등 9평 윤태현의 안

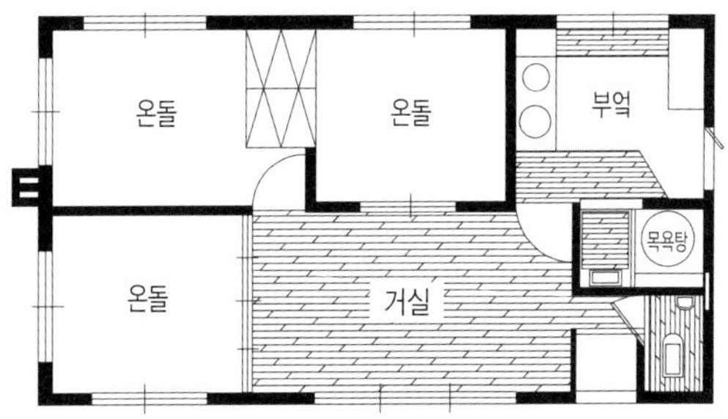

국민주택부 3등 15평 강의식 · 김동명 · 허규용 · 백광윤의 안

자료 : 건축, 1960, 58-60쪽.

대한주택영단 표준주택

주택난 해결을 위하여 정부에서도 각종 소규모 주택을 대량으로 건설하게 되는데 1951~1956년 사이에 매년 연간 총 건설량의 30~50%에 해당하는 약 100,000호의 주택을 정부가 직접 건설하였다. 미국 원조가 감소한 1957년부터 정부는 더 이상 주택을 직접 건설공급하지 못하게 되었고 정부의 역할은 기본적으로 주택자금의 운용에 치중하게 되었다.

이 당시의 주택들은 건립자금의 출처, 건축목적에 따라 다양하게 불렸다. 대한주택영단에서 짓는 국민주택(부흥주택: 정부시책으로 산업부흥국채발행기금 또는 귀속재산처리적립금 중 주택자금융자에 의해 건설), 재건주택(UNKRA: United Nations Korean Reconstruction Agency 유엔 한국재건단 원조의 자재 및 자금으로 건설), 희망주택(대지와 공사비는 입주자가 부담하고 자재는 영단에서 배정, 분양하는 주택)이 있었으며 가장 많이 쓰였던 명칭은 재건주택, 국민주택이었다. 주택을 건설하기 위한 도시주거지는 일제하에 시행된 1934년 '조선시가지계획령'에 의한 토지구획정리 기법에 의해 계획된 가구(街區)와 구획된 토지로 정방형이었으며 단순히 토지를 분할하여 필지와 도로를 개설하는 정도에 불과하였다.

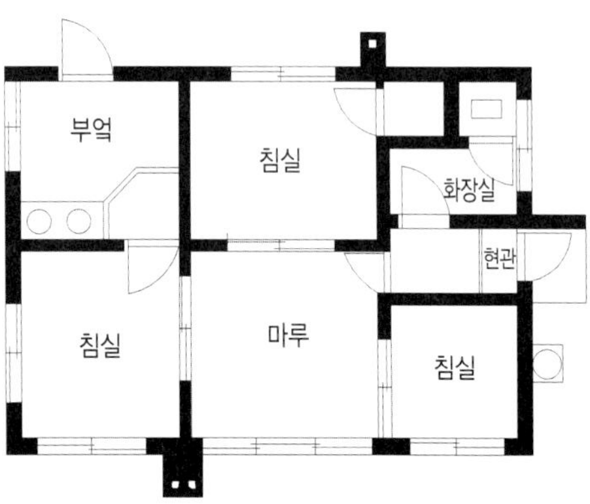

1958~1961년에 건설된 서울 불광동 국민주택
자료 : 조용훈, 1984, 57쪽.

조선주택영단은 1948년 대한주택영단으로 바뀌었고 대한주택영단은 1953~1957년 사이에 재건주택, 부흥주택, 희망주택 등 3천 호를 흙벽돌 조적조로 건설하였다. 흙벽돌은 백토에 석회 또는 시멘트를 혼합, 압축기계로 성형, 양생하여 제조한 것이었다. 이 시기부터 목조가구식에서 조적조로 건축구조가 변경되었다. 지붕은 함석을 사용하다가 단열문제로 기와지붕으로 바뀌게 되었으며 형태는 박공형이었다. 시멘트 생산이 본격화되면서 시멘트 블록을 사용한 국민주택을 1958~1961년 사이에 서울의 우이동 단지, 불광동 단지, 북가좌동 단지, 이화동 단지에 500여 호를 건설하였다. 평면은 마루방을 거실로 하여 가운데 배치하였고 부엌은 재래식으로 하였으며 식침분리 계획을 하지 않았다.

대한주택영단의 주택은 건축재료를 규격화, 표준화하여 대량공급하는 표준형 주택개념이었다. 1954년에 공급한 주택은 대부분이 9평 규모의 소형주택이었으며, 평면형태는 장방형으로 마루, 부엌, 변소가 田자형으로 배치된 집중형이었다. 재건주택을 9평으로 설계한 것은 당시 한 가족당 6평 규모의 주거수준의 주택통계를 근거로 UN측이 50% 규모를 늘여 9평을 정하였고, 입주자의 수준을 4급 공무원의 엥겔지수에 맞춰 규모를 정하였기 때문이었다. 대한주택영단측은 장차 생활양식이 입식생활로 변할 것이라는 것을 예상해서 9평 내에 田자식 평면을 제안하였다.[2] 북측 또는 측면 현관에 일본 강점기의 영단주택에는 없었던 가운데 마루방인 거실을 중심으로 온돌방 2개가 배치된 것이었다. 방형의 평면으로 전열의 안방과 인접시켜 후열 모서리 위치에 부엌이 있고 그 옆에 작은 방을 설치하였으므로 부엌에서 전열의 중앙에 있는 마루로 가는 직접적인 동선이 단절된 형태이다. 재래주택과 같이 부엌에서 뒷마당으로 직접 통행할 수 있는 출입문이 설치되어 있었다. 안방을 거쳐 부엌에 출입하는 것이 불편하였으므로 1960년대 이후에는 이 평면유형을 건축하지 않게 된다. 북측 현관은 평면의 효율성을 위해 채택되었지만 거주자들은 전통주택에서 정면 진입을 해왔기 때문에 북측 진입방식을 불편하게 생각하였다. 변소는 옥내에 두었으나 재래식이었다. 부엌은 재래식으로 양쪽 온돌방의 난방을 하는 아궁이가 있었고 목욕탕은 없었다.

부엌은 방에 난방을 책임져야 했기 때문에 온돌방과 인접하여야 했다. 난방방식은 아궁이에 나무를 때는 방식이었는데, 산림파괴와 남벌이 심하여 정부는 1952년부터는 재래식 아궁이를 개조하여 24시간 연속난방이 가능한 연탄용 아궁이와 함께 무연탄을 적극 보급하였다.[3]

2 대한주택공사(1970). 대한주택공사20년사, 209쪽.

3 유재우(2002). 한국 도시단독주택의 형성과정에 나타난 평면특성-주양식의 근대화 과정을 중심으로. 부산대학교 박사학위 논문, 95쪽.

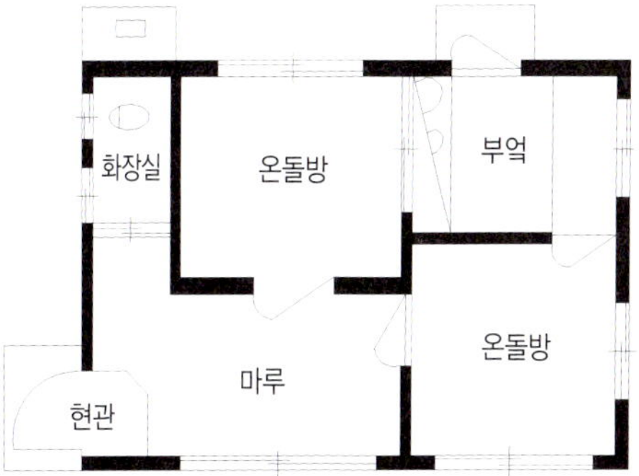

54-9-A형 | 부엌에서 두 온돌방의 난방을 하였으며, 부엌 출입은 앞방을 통해 이루어졌다. 마루가 독립적 공간으로 사용되지 못하고 통로가 되었다.
자료 : 대한주택공사, 1992, 248쪽.

1956년에는 북측 현관에 소규모 마루홀과 부엌, 화장실을 후면에 두고 전면에 2개의 온돌방이 있는 반겹집 형태의 7평 규모의 평면도 공급되었다(전면 2칸 현관홀형). 현관홀 출입방식은 일제강점기의 영단주택과 유사한 공간구성으로 되어 있다.

1956~1959년에는 주택규모가 전면 3칸, 12~20평 규모로 확대되었다. 안방을 통해 모퉁이 부엌에 출입해야 하는 평면은 복도를 거쳐 부엌으로 출입하도록 하는 평면형으로 변경되거나(전면 3칸 반겹집형, 모퉁이부엌형), 평면 후면부의

공영주택 평면형(1956~1959)

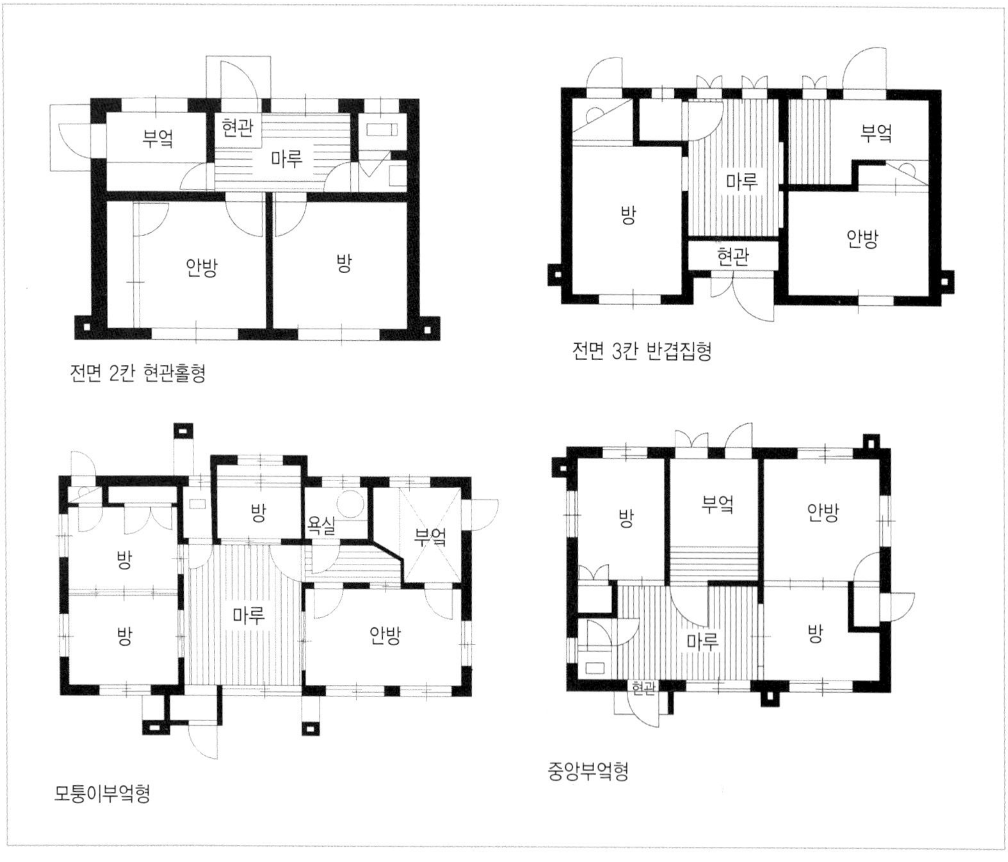

자료 : 유재우, 2006, 102-103쪽.

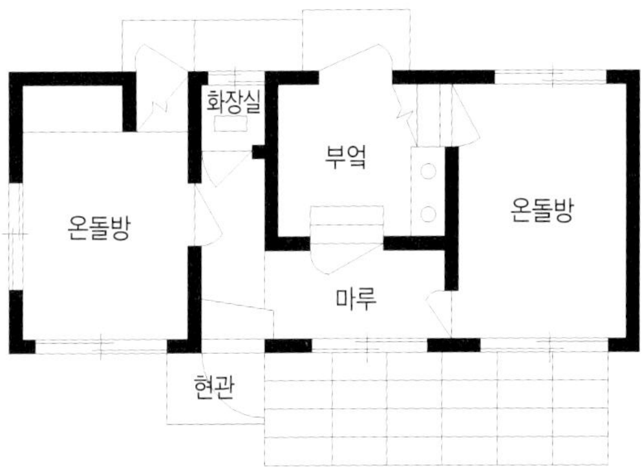

61-9-S형 | 1961년의 9평 소규모 평형으로 온돌방은 규모를 크게하였고 마루는 당초 통로로 계획되었다.

자료 : 대한주택공사, 1992, 248쪽.

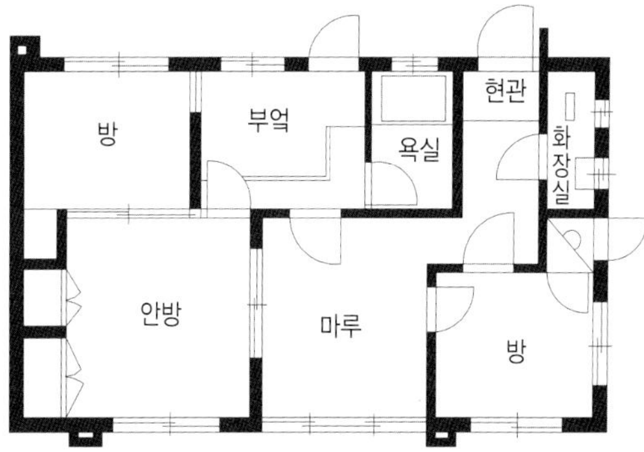

대한주택영단의 대표적 주택평면(15평 단독, 조적, 1층, 연탄온돌) | 부엌 마루에서 들어가는 욕실이 있고, 부엌 앞에 넓은 마루가 있다. 왼쪽의 안방과 뒷방이 미서기문으로 연결되어 있고 안방에서 부엌으로 통하는 문을 두었다.

자료 : 대한주택공사, 1992, 249쪽.

중앙에 부엌을 두고 그 앞에 마루와 문을 두어 전면 마루에서 직접 부엌으로 출입하도록 하는 평면(중앙부엌형)으로 되어 주부의 동선을 단축하게 되었다.

이 시기 주택의 특징은 조적식으로 건축되면서 一자형의 재래적인 평면배치보다 동선의 편리함과 경제적인 효율성에 유리한 집중식으로 건축된 것이다. 마당에서 각 방으로 출입하던 재래방식은 마루에서 각 방으로 출입하도록 바뀌었고, 부엌에서 방에 난방을 해야 하므로 부엌과 안방이 한 단위로 계획되어 부엌의 출입은 안방을 거치거나 뒷마당을 통해서 이루어졌다. 이와 같은 부엌과 안방중심의 공간구성은 주부공간을 중심으로 한 핵가족에 적합한 주택이며, 전통주택에 있던 남성공간이 주택에서 없어지면서 외부로 사회화한 것은 근대적인 사회질서를 반영한 것으로 볼 수 있다.

ICA 표준주택

1958년부터 UNKRA로부터의 지원은 한국산업은행이 주관하는 ICA(International Cooperation Administration) 주택체계로 전환되면서 민영주택으로 명칭이 바뀌었다. 민영주택이란 ICA 주택자금, 즉 민영주택자금을 융자받아서 짓는 주택을 말한다. ICA 주택도 표준형 주택으로 매년 평면이 변하였다. 공영주택에서 민영주택으로 전환됨으로써 광복 이후의 근대교육을 받은 건축가와 입주자들이 새로운 주양식의 근대적 평면형을 만들어내게 되었으며 건설 환경의 변화도 주택에 영향을 미쳤다. 시멘트 블록이 1958년부터 본격적으로 생산 · 확대되었고 경제적으로 여유가 생기면서 주택규모도 20평 내외로 확대되었다.

ICA주택은 흙벽돌보다 내구성과 강도가 높은 시멘트블록을 사용하였고 평면구성은 부엌과 안방의 기본단위에 마루, 건넌방을 인접시킨 형태의 전면 3칸에 방, 화장실, 욕실 등을 추가한 형(58-18-1N형)과 부엌과 안방에 마루와 욕실을 부가하고, 이어서 온돌방 2개를 인접시킨 형(58-17.28-2N형)이 일반적이었다. 그밖에 재래식의 홑집형 평면, 1940년대의 조선영단주택의 영향을 받아 중복도식이 변용된 형, 서구의 영향을 받은 거실독립형 등 다양한 평면형이 제시되었다.

규모는 18～20평형으로, 호평을 받은 것은 1958년 17.28-2N(58), 18.00-1N(58), 1959년 20.0-5WT(59)와 20.0-1NT(59)이었다. 20.0-5WT(59)형은 그 후로도 가장 많이 지어졌는데, 마루방이 중앙에 있지 않고 한쪽 끝에 있어 거실의 독립성이 있는 것이 특징이었다. 이 평면은 측면 현관 진입과 남북으로 나눠진 실 배치에 부분 중복도, 모서리의 독립적인 거실 배치 등 영단주택과 서구주택의 평면구성 방식이 혼용되어 나타났다. 그밖에 홑집 형식의 절충형 평면도 나타났는데 소형 평형인 10.3평형(1958년), 15평형(1959년)은 방과 부엌이 일렬로 배치되어 있고, 20평형(1959년)은 모든 실이 일렬로 배치되고 후면에 일부 화장실이 부설되어 있는 형식이다.

광복 후 50년대 말까지의 주택을 정리해보면, 1950년대의 대한주택영단과 ICA 표준주택은 국가적인 차원에서 근대적인 건축교육을 받은 건축가들에 의해 작성되었으며 일식주택의 평면구성방식에서 탈피하여 주체적인 평면을 시도하려고 노력하였다. 재래주거 요소의 유지와 일식주택의 영향, 서구주택의 영향이 혼합되어 다양한 주거유형을 만들어내었다.

건설의 효율성이 높은 장방형의 평면이었고 광복과 한국전쟁 이후의 사회적 혼란기에는 소규모의 구호주택 위주로 공급되었으나 1950년대 말에는 규모도 20평 전후로 커졌다. 표준형 주택이 다량 보급되어 민간단독주택에 영향을 끼쳤고, 표준주택에 개인의 주요구를 수용하면서 도시주택으로 자리 잡게 된다.

ICA 표준주택 평면도

1959년도 20.0-5WT형 | 평면의 모서리에 거실을 배치하여 독립성을 확보한 것이 특징이다.

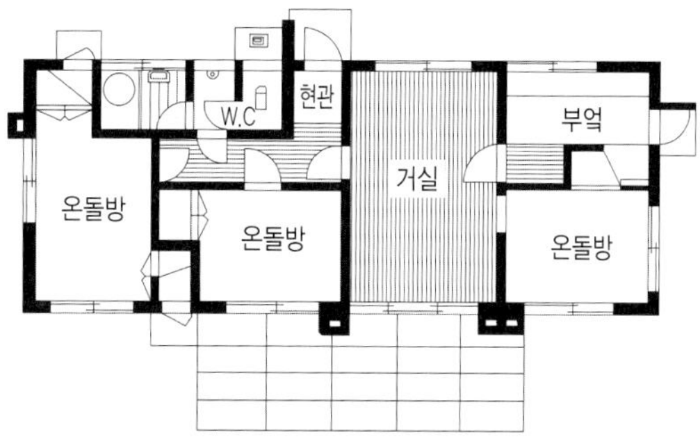

1958년도 17.28-2N형 | 중앙에 넓게 거실을 배치하였다.

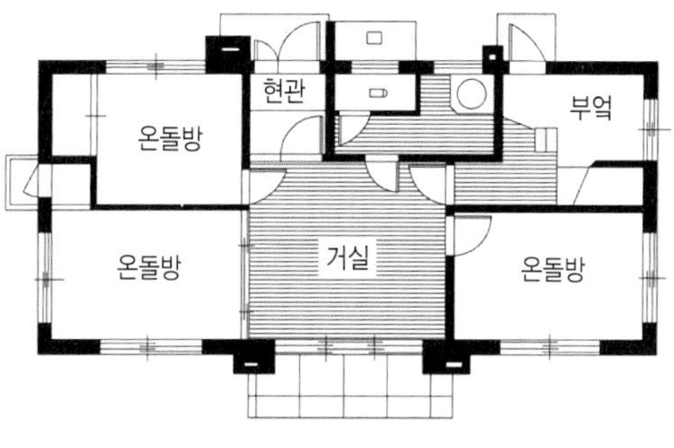

1958년도 18.00-1N형 | 중앙거실에서 모든 실로 진입이 가능한 거실홀형이다.

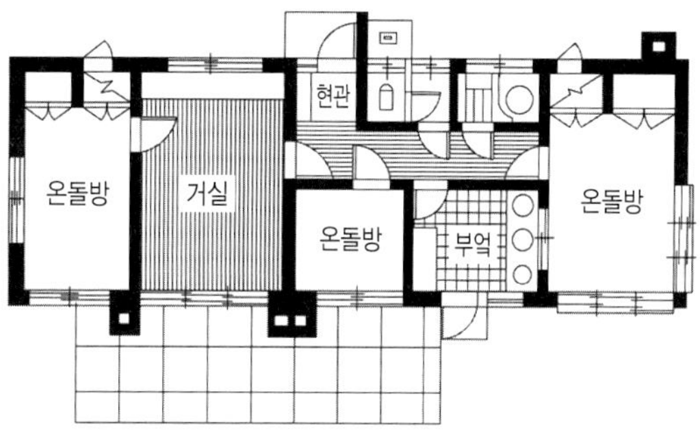

1959년도 20.00-1NT형 | 부엌을 남쪽에 두어 외부로 직접 출입할 수 있게 하였다.

자료 : 박정현, 1991, 88-91쪽.

2. 경제개발과 단독주택의 대량건설

경제개발계획과 생활의 변화

국가적 경제발전을 목표로 1962년부터 제1차 '경제개발 5개년계획'(1962~1966)이 시작되어 1960년대 초에는 1인당 국민소득이 100달러에 불과하였으나 1970년에는 500달러로 빠르게 증가하였다. 도시의 주택부족 현상은 여전히 심각하였으며 질적으로도 열악한 상태였다. 총인구 및 주택조사가 1960년부터 시작되어 정부는 주택에 대한 지표들을 설정하게 되었는데, 1960년에는 주택부족률이 20.9%에 이르렀고 특히 도시지역은 37.9%에 달하였다.

그러나 수출지향적인 공업화로 주택부문에 대한 투자는 미비하여 제1차 경제개발 5개년계획 기간 중 주택투자는 연평균 1.7%에 불과하여 선진국의 평균투자율인 6~8%선에 훨씬 미달하는 수준이었다. 전체 투자 중 공공부문은 8.8%, 민간부문이 91.2%로서 주택건설은 민간이 주도했다. 1950년대 후반부터 건설되기 시작한 아파트가 1960년대에 들어서면서 일부에서 건설되었으나, 1970년대 초까지 지역 소규모 주택건설업자들이 낡은 주택을 구입해서 신축한 단독주택들이 주택시장의 대부분을 차지했다.

이 시기의 산업화는 이후 주택시장을 양적, 질적으로 향상시키는 기반을 마련하였다. 산업화를 통한 경제성장 과정에서 비교적 고소득의 새로운 중간계층이 대도시에 집중되었고, 이들의 생활양식에 맞는 주택수요가 생겨났다. 산업화는 시멘트의 생산능력을 향상시켜서 아파트와 같은 고층구조를 가능하게 했으며, 난방방식은 연탄을 열원으로 한 온돌방식이 주류를 이루었고 수세식 변소가 처음으로 등장하였다. 산업화는 구미선진국을 추종하는 '근대화'에 주된 가치를 두고 있었으며 주택에 대한 생각도 위생과 기능성을 충족시키기 위한 계획이 우

1950년대말 서울 태평로 | 버스, 리어카, 우마차가 도로를 같이 사용하고 있다.
자료 : 미디어 다음(http://media.daum.net)

서울 종로 화신백화점(현재, 밀레니엄플라자가 있음)에 전차들이 오가는 모습 | 1960년대 서울의 대중교통수단은 버스, 전차였다.
자료 : 미디어 다음(http://media.daum.net)

선하였다.

생활양식이 서구화됨에 따라 가정생활에도 편리함을 추구하는 가전제품의 도입이 빠르게 일어났다. 다양한 가전제품이 생산되어 가사노동을 줄일 수 있게 되었는데, 세탁기는 1969년부터 국내에 생산 · 보급되기 시작하여 주택에 세탁실이 필요하게 되었다. 전기다리미는 1960년대 말부터 생산이 확대되어 1970년대에는 거의 모든 가정이 전기다리미를 보유하였다. 의복도 양식화가 되었고 가족은 다량의 의복을 갖게 되었으며 이를 수납하는 옷장, 서랍장 등의 가구를 다양하게 구입하게 되었다.

식생활을 변화시킨 요인 중의 하나는 취사연료 및 주방기기의 생산이었다. 1966년 연탄파동은 보조연료로 석유곤로를 사용하는 계기가 되었고, 냉장고는 1965년 최초의 국산 냉장고가 등장한 이래 1970년대 후반에는 보급이 보편화되었다.

1960년대의 개발과정을 거친 한국은 1970년대에 이르러 산업사회로 이행하기 위한 격동기를 맞이하였다. 1970년대 초 세계경제의 슬럼프와 함께 경제가 일시적으로 침체하기 시작했다. 저임금과 열악한 노동조건의 개선을 요구하는 노동자와 도시 빈민들의 소요로 정부는 대중의 복지정책을 고려하게 되었고, 1972년 250만 호 주택건설 10개년 계획을 수립하였다. 이 계획을 뒷받침하기 위하여 1972년 12월 주택건설촉진법을 제정했다. 이 시기는 민간주택건설업을 육성, 주

주택과 가족의 변화

● 주택유형의 변화

주택유형의 변화를 살펴보면, 1970년대까지 단독주택의 건설이 많아 단독주택이 전체 주택유형의 90%를 넘어 대부분을 차지하였다. 1980년대 이후에는 아파트가 대량공급되어 아파트의 비율이 급격히 높아졌다. 이로 인해 2000년부터는 상황이 역전되어 전체 주택 중 아파트 비율이 단독주택을 앞지르게 되었다. 1980년대 후반 이후에는 기존의 노후화된 단독주택을 다세대주택이나 다가구주택으로 재건축하여 이 유형의 주택비율도 급속히 증가하고 있다.

전국 주택유형별 건설비율

(단위 : %)

구분 \ 연도	1976~1980	1981~1985	1986~1990	1991~1995	1996~2000	2001~2005
단독주택	60.2	31.7	16.6	8.7	8.9	7.6
아파트	31.8	52.5	62.6	78.5	81.0	71.7
연립주택/ 다세대주택	8.0	15.7	20.8	12.8	10.1	20.7

자료 : 윤주현 편, 2002, 53쪽.

전국 주택유형

(단위 : %)

구분 \ 연도	1970	1975	1980	1985	1990	1995	2000	2005
단독주택	95.3	92.6	87.5	77.3	66.0	47.1	37.1	32.2
아파트	0.8	1.9	7.0	13.5	22.7	37.5	47.7	52.7
연립주택/ 다세대주택	3.4	3.5	3.0	5.7	8.4	11.6	11.6	13.5

자료 : 윤주현 편, 2002, 52쪽.

● 도시 주거수준의 변화

도시주택의 가구당 방 수는 1970년대에 2개에서 1995년에 3.1개로 되었으며 면적도 증가하여 2005년에는 66.1m^{2}로 넓어졌다. 시설보급률이 전체 주택의 50%를 넘어서면 일반화된 것으로 볼 때, 입식부엌, 수세식 화장실, 연탄보일러의 보급은 1980년대 중반 이후에 일반화되었으며, 온수목욕시설은 1990년대 초반 이후에 일반화되었다. 난방방식은 1980년에는 연탄아궁이가 많았고, 1985~1990년에는 연탄보일러가 주종을 이루었으며, 2000년대 이후 기름보일러나 가스보일러로 변화하였다.

(단위 : %)

구분＼연도	1970	1975	1980	1985	1990	1995	2000	2005
가구당 방 수*(개)	2.0	2.4	2.0	2.1	2.5	3.1	3.4	3.6
가구당 면적(m^2)	–	35.8	41.1	44.5	48.3	56.5	61.3	66.1
입식부엌	–	–	34.8	55.0	60.7	87.1	95.2	97.9
수세식화장실	–	–	37.0	54.4	64.0	84.2	93.0	94.0
온수목욕시설	–	–	20.0	32.8	40.9	79.0	90.2	95.8
난방연탄아궁이	–	–	62.9	22.1	14.1	–	0.2	0.2
연탄보일러	–	–	23.4	55.2	46.9	–	0.9	1.1
기름보일러	–	–	4.7	4.5	22.4	–	31.7	25.7
가스보일러	–	–	–	0.5	6.8	–	47.6	50.6

*도시, 다른 항목은 동부
자료 : 윤주현 편, 2002, 92~105쪽.

가구 및 가족구조 변화

주택규모, 형태에 영향을 미치는 인구학적 요인들은 지난 30년간 많은 변화를 가져왔다. 평균가구원 수는 1970년의 5.2명에서 2005년 2.9명으로 감소하였는데, 이것은 저출산, 핵가족화뿐만 아니라 1인 가구의 개별 가구화 증가추세와 관련이 있다. 도시화의 가속화는 핵가족 비율을 증가시켜 2005년 88.5%로 증가하였다. 이러한 변화로 주택건설은 핵가족, 소인수 가족을 위한 주택으로 설정되며 침실의 개수는 줄어들면서 공적 공간의 면적확대, 여가 · 기타공간의 증가로 나타난다.

(단위 : 명, %)

구분＼연도		1970	1975	1980	1985	1990	1995	2000	2005
평균가구원 수(명)		5.2	5.0	4.5	4.1	3.7	3.3	3.1	2.9
가족형태	핵가족	–	–	72.9	75.3	76.0	79.8	82.0	88.5
	직계가족	–	–	11.0	10.7	10.2	9.1	8.0	4.6
	기타	–	–	16.1	14.0	13.8	11.2	10.1	7.0

자료 : 통계청, 각 연도

택공급을 획기적으로 늘리려는 민간주도적 주택공급전략을 시행한 시기였다. 민간주택건설업은 아파트 위주의 건설이었으며 단독주택은 집장사들에 의해 활발하게 지어졌다.

정부에 의해 강력하게 추진되던 중화학공업의 개발은 1974~1975년의 오일쇼크로 인해 일단 제동이 걸렸다. 그러나 1977년의 중동의 건설수출로부터 수입이 급속히 증가하였으며 한국경제를 한 차원 높인 견인차 역할을 하였다.

1970년대는 주택건설의 양적 증대뿐만 아니라 기술적, 질적 측면에서도 괄목할 만한 변화를 가져왔다. 먼저 건설기술의 발전을 들 수 있다. 중동건설 붐을 타고 한국의 건설기술자들의 시공기술이 한 단계 상승하였고 이것은 다양한 디자인을 가능케 하였다. 두 번째로 경제발전에 힘입어 건축전문가에 의한 주택의 수가 많이 증가하였다. 물론 강남개발로 대변되는 대규모 주거단지들의 아파트가 도시의 일상적 경관을 형성하게 되었지만 이들의 LDK방식이나 중앙집중식 난방방법 등의 영향을 단독주택도 받게 되었다. 세 번째로 소득의 향상으로 거주자들이 주거수준을 높이려는 요구가 커져서 싱크대와 욕조시설 등과 같은 위생설비가 일반적으로 보급되었다.

중동건설 붐에 이은 풍요로운 경제성장과 함께 축적된 기술과 자본을 근간으로 도시화와 대단위의 도시재개발사업이 급속히 이루어졌으며, 이에 따라 나타난 다양한 요구에 대응하기 위한 공동주택 단지설계 등이 왕성하게 이루어졌다. 1976년 이후 중동건설 붐과 자본력, 기술은 다양한 주요구를 창출하였으며 그 수요를 만족시키기 위한 노력을 가능하게 하였다. 한국의 현대주택은 1970년대 고도의 경제성장에 따라 본격적으로 고층화, 양식(洋式)화되었으며, 이와 동시에 주택 내부의 공간구성도 다양해졌다.

경제성장에 힘입어 1인당 국민소득이 1976년 818달러, 1978년 1,431달러로 크게 증가하였고 가정에 냉장고, 텔레비전 등의 대형 가전제품의 보급률이 높아졌다. 1973년 석유파동으로 가스의 사용이 본격화되었으며 1974년에는 가스레인지가 개발되어 부엌에 도입되었다. 전기밥솥, 전기프라이팬과 같은 가전 주방용품을 이용한 취사기기의 변화는 1970년대 들어서면서 시작되었는데, 이러한 기기들의 보급은 주방에 다양한 수납공간을 필요로 하게 되어 더 넓은 주방공간을 요구하게 되었다.

도시 거주인구의 증가, 여성의 사회적 활동 증가, 아파트 거주 증가, 외식의 증가 등의 요인으로 가정 내의 식사가 감소하고, 장과 김치 담그기를 가정에서 하지 않게 됨으로써 부엌의 크기와 위치에도 영향을 주게 되었다.

공영 표준형주택의 마루중심 평면

대한주택영단은 1963년부터 대한주택공사로 명칭을 바꾸고, 민영주택보다 평수가 작은 시멘트블록을 사용한 단독주택을 많이 지었다. 1960년대를 전후해서 제안된 공영 표준형주택 중 가장 일반적인 형은 전면 3칸으로 전면에 전통주택의 공간배치인 방–마루–방이 배치되어 있고, 후면에 방, 부엌, 현관, 화장실이 있는 평면이다. 후면의 부엌과 전면 마루의 동선관계가 연결되는 평면이 나타난다.

1950년대의 평면형이 안방을 통해서 모서리의 부엌에 출입하는 것이 가능했던데 반해, 1960년대에는 부엌을 마루쪽으로 넓혀 부엌내부에 창고나 식당 또는 방을 설치하고 화장실과 욕실은 모두 구분한 형태가 된다. 그밖에 부엌과 마루 사이에 여닫이문을 두고 마루 뒤쪽에 화장실을 두었으며, 건넌방은 미서기문으로 나누고 외부 아궁이로 난방을 한 평면과 부엌이 후열의 중앙에 설치되고 좌우에 방이나 위생공간을 배치시켜 전열의 마루공간과의 연계성을 원활하게 한 평면도 있다. 이것은 안방과 부엌과의 전후관계가 처음으로 변화한 형이다. 1960년대까지는 nLK형이 일반적인 생활형이었고 부엌 옆의 식사공간은 재래식 부엌에 찬마루공간을 확대한 형이다.[4]

1966년 이후에는 모두 마루형으로 정착되어 마루와 부엌사이에 문이 있거나 복도를 두는 모퉁이 부엌형으로 정착되는 경향이다. 점차 후면부의 칸 수를 늘이거나 찬마루가 넓어지는 경향 등 칸 수의 분화, 발달현상이 뚜렷해진다.[5]

공영주택 중에는 전통주택에서 사용하던 평면구성과 다른 방식들이 기능성이

4 유재우 · 조성기(2001). 광복 이후 도시형 표준주택의 평면특성과 그 영향. 대한건축학회논문집 계획계, 17(12), 77-86쪽.

5 유재우(2006). 평면유형 변화로 본 공영단독주택의 근대적 변용. 건축역사연구, 15(2), 95-114쪽.

공영표준형주택 평면의 유형

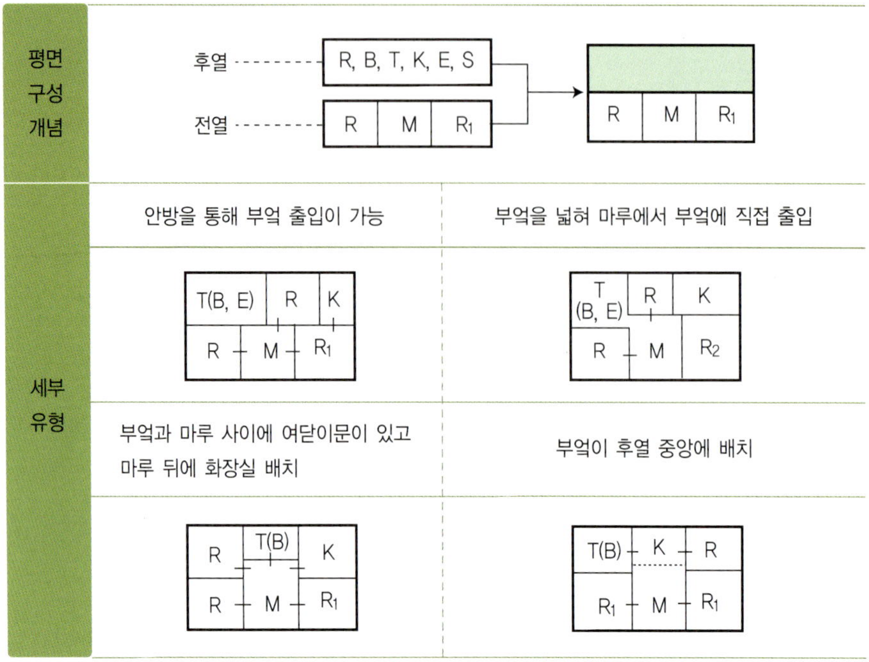

주) -: 여닫이문, M: 마루 또는 거실, K: 부엌, S: 창고, R: 방, R_1: 안방, T: 화장실, B: 욕실, E: 현관
자료 : 유재우 · 조성기, 2001, 80쪽

나 합리성을 내세워 여러 면에서 시도되었다. 길과의 관계를 우선적으로 고려한 북측 현관과 측면 현관, 후면 부엌, 방과 공적 영역 · 생리위생공간을 별도의 영역으로 나눈 것(1962년도 20.00평 4E형)과 일본 주택의 영향을 받아 평면상에 마루를 배치하지 않거나(1964년 표준형), 속마루를 사용한 형이 있다. 이러한 평면들은 한국적인 생활양식 및 의식과 괴리를 느끼게 하여 활용도가 높지 않았다.

공영주택에서 난방방식과 취사연료가 바뀌면서 가장 크게 변화된 부분은 식사공간에 대한 계획이었다. 1962년부터 연탄용 아궁이가 온수보일러로 변경되어 부엌과 안방과의 연결관계가 해체되고 부엌과 마루가 가족중심의 생활공간으로 전환되었다. 부엌과 인접하여 식사공간을 확보하고 거실과도 연결시킨 리빙 키친(living kitchen)형식으로 계획된 것이었다. 광복 이후의 근대적 주거유형

공영 표준형주택

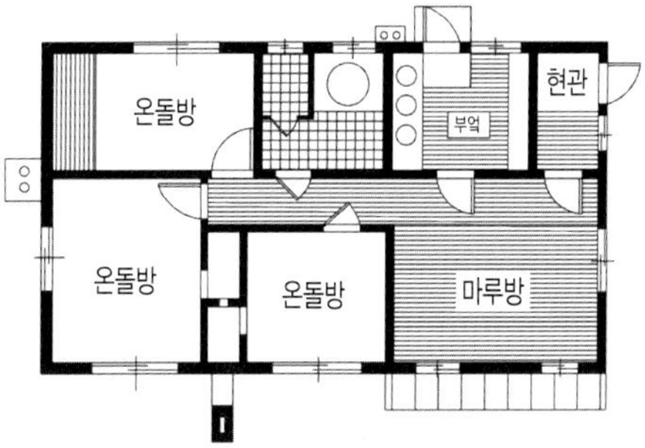

1962년도 20.00평 4E형 | 좌측에 방(사적 영역)과 우측에 부엌 · 마루(공적 영역)으로 분리하였다.

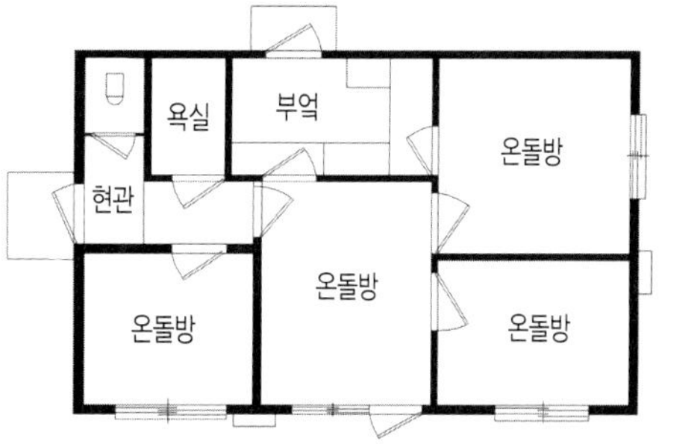

1964년도 표준형 | 평면에 마루를 배치하지 않은 평면이다.

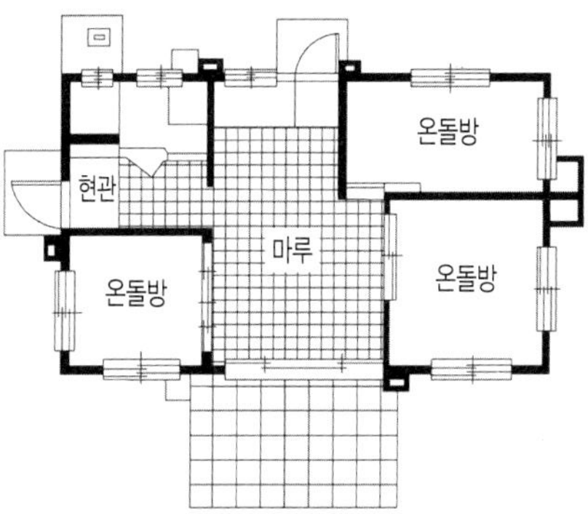

1963년도 14.8평 표준형 | 평면의 전면이 안방–마루–건넌방으로 구성된 마루중심 평면형이다.

1963년도 12.3평 표준형

자료 : 임창복, 1987, 170~171쪽

을 조정하는 과정에서 안방–마루–건넌방으로 구성되는 평면에 대한 재래질서에 근대적 주요구를 결합하는 방법으로 해석한 '마루중심' 평면형이 성립되었고, 민간에서 이를 대폭 수용해 새로워진 근대주거형이 정착될 수 있었다(1963년도 14.8평 표준형). 그러나 실제 사용 면에서는 마루는 난방이 안 되었고 식탁의 보급이 일반화되지 않아 여름철에만 식사공간으로 이용할 수밖에 없었다.

민간 단독주택의 변천

1950년대 후반부터 정부에서 적극적으로 공영주택을 보급한 결과, 경제력이 생긴 도시민들은 1960년대에 들어서 공영주택의 특성을 받아들이면서 개인적 요구에 맞는 겹집화된 민간 단독주택을 건설하게 되었다. 공영주택이 장방형의 형태인 것에 비해 민간단독주택은 실의 규모나 실구성의 조합을 자유롭게 함으로써 전면에 요철을 가진 변화된 평면을 나타내었다.

1층 주택기

민간단독주택 형태의 근대화는 산업화에 의한 도시화가 추진된 시점과 맥락을 같이 한다. 1960년대 초까지 도시지역의 서민주택은 재래식 한옥이었다. 도시화가 가장 빠르게 진전된 서울을 중심으로 살펴보면 구획된 주거지에 민간업자들이 집을 지어 파는 방식이었다. 급증하는 수요를 배경으로 집장사들이 여러 채의 주택을 지어 파는 수공업적인 주택산업이 주류를 이루었다. 이러한 집장사 집은 중류 또는 저소득층을 대상으로 하였기 때문에 이 시기의 활발한 주택개량 운동에도 불구하고 재래형식을 기초로 도시형 한옥으로 지어졌다. 목조였던 한옥은 벽돌조로 바뀌고 규모, 장식, 재료 등이 크게 변화하였다.

1960년대와 1970년대 초반에 걸쳐 1층주택으로 지어졌으며, 이 시기의 평면형식은 홑집형식과 반겹집형식으로 구분해서 볼 수 있다. 홑집형식은 전통민가 형식과 같으며 ㅡ, ㄴ, ㄷ자 평면이 일반적이었다. 조적조이며 공간이 온돌방, 부엌, 마루, 변소 등으로 구분되었다. 이 시기에는 부엌에서 연탄을 때서 취사와 난방을 했기 때문에 안방과 부엌은 인접하여 배치되어야 했다. 각 방은 마당에서 직접 출입할 수 있도록 되어 있었다. 평면배치에서 안방이 제일 안쪽에 위치하고 마루를 통해 출입이 가능하도록 되어 있다. 변소는 살림채와 따로 지어지기도 하고 평면상에 있더라도 출입은 외부에서 할 수 있도록 하였다. 욕실과 수도는 마당에 위치하였다.

반겹집형식은 겹집으로 변천되는 중간단계의 형식으로 세면기, 욕조 등의 위생기구가 양산되고 수세식 정화시설이 만들어져 변소가 내부에 배치되기 시작하였고, 목욕실과 변기는 공간적으로 분리된 상태였다. 안방이 전면에 위치하여 일조에 유리하고 마당과의 관계가 밀접하면서도 평면에 처음으로 배치된 현관에서는 가장 멀리 위치하게 되었다. 마루를 통해 모든 실로 진입하는 방식은 마루가 거실로 대체되었다기보다는 전통주택에서 도시형 한옥까지 이어진 생활공간으로서의 마당의 역할이 마루의 기능 속으로 포함된 것으로 해석할 수 있다. 1960년대 말의 민간단독주택은 전열에 안방－마루－건넌방의 구조로 되어 있고 안방 후면에 부엌이 있는 기본적인 틀을 갖고 있으며 이것은 공영주택의 평면구조와 같은 것으로 볼 수 있다.[6]

6 유재우 · 조성기(2001). 광복 이후 도시형 표준주택의 평면특성과 그 영향. 대한건축학회논문집 계획계, 17(2), 85쪽.

단독주택에서의 생활은 안방이 부부취침 겸 가족중심의 공간으로 안방중심적인 좌식생활을 하였다. 안방은 부엌에서 난방을 하였으므로 안방과 부엌이 한 단위로 구성되었다. 난방방식, 취사의 문제로 부엌은 입식화가 되지 않아서 식사는 겨울에 안방, 여름에 마루/거실에서 했다. 마루/거실은 안방의 계절적 보조 역할을 하였고 다수가 모이는 일상적인 사용보다는 주택 내 개방공간으로서의 상징적 의미가 더 컸다. 손님접대도 안방에서 주로 이루어지며 여름에 마루를 사용하였다.

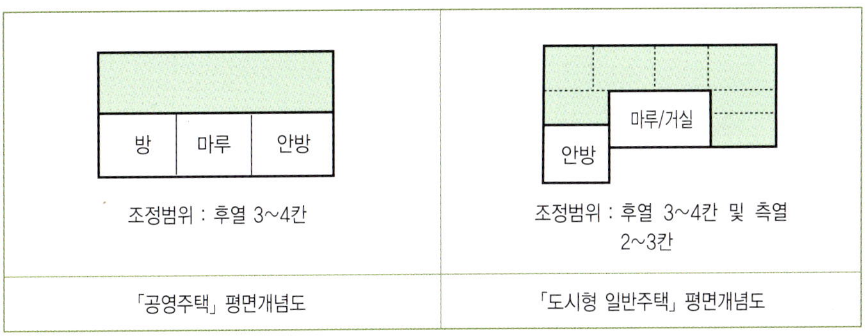

공영주택과 도시형 일반주택의 평면 개념도
자료 : 유재우 · 조성기, 2001, 85쪽.

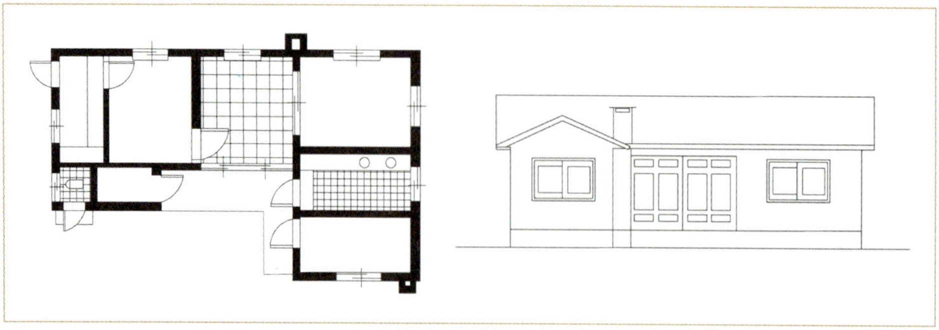

1층 단독주택 홑집 평면과 외관 | 안방은 가장 안쪽에 있고 부엌에서 난방을 한다. 현관없이 마당에서 마루에 직접 출입하며 변소는 외부에서 출입이 가능하게 하였다. 외관은 맞배지붕이 많았다.

자료 : 임창복, 1989, 52쪽.

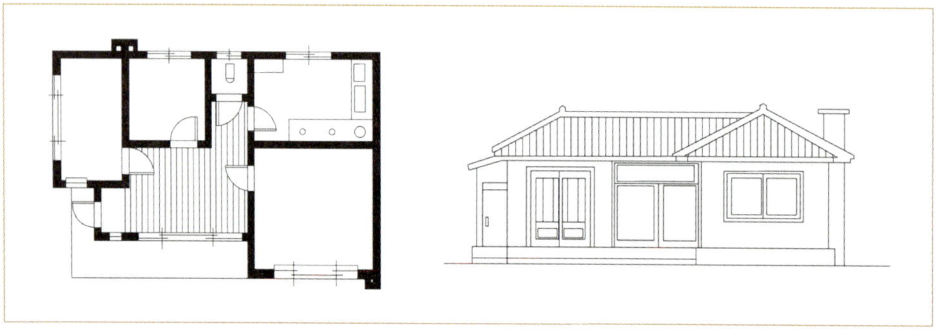

1층 단독주택 반겹집 평면과 외관 | 마루의 측면에 현관이 있고 안방이 전면으로 나오고 부엌이 안방 뒤에 위치한다. 실내에 변소가 배치된다. 외관은 우진각지붕이 많았다.

자료 : 임창복, 1989, 52 · 54쪽.

대문의 위치를 고려한 측면 현관, 우진각지붕의 반겹집 1층 단독주택

✿ 반 2층주택기

주택 내 시설설비는 1970년대 중반에 거의 대부분이 변화한다. 난방방식은 재래식 온돌구조에서 보일러실을 둔 형식으로, 변소는 재래식에서 수세식으로 일반화 한다. 서구적 가치관이 팽배하던 시기였으므로 생활양식도 입식화하려는 경향이 커진다. 주택규모도 30평 이상으로 확대된다. 서양의 거실과 같은 기능을 하기 위하여 마루 규모를 확장하고, 난방방식이 온돌보일러 형식으로 되어 부엌바닥 높이가 거실과 같아지면서 부엌 면적을 확장하여 식당을 겸하게 된다. 입식부엌과 식탁을 사용하는 식사공간 도입도 빠르게 이루어진다. 부엌, 식당, 거실이 하나의 공간으로 취급되는 듯하다가 다시 1970년대 중반부터는 거실의 면적이 안방보다 커지고 기능이 강화되면서 부엌과 분리되는 경향이 강해졌다. 마루부분이 본격적으로 거실화되어 소파 등의 가구를 배치하기도 하였다.

화장실이 주택 내부로 들어와 1970년대 중반 화장실과 욕실이 결합되어 화장실의 변기와 욕조가 하나의 공간에 위치하고, 부엌 가까이에 설비의 집중화가 이루어진다. 농촌 여성인구의 유입으로 중산층 가정마다 가정부가 있게 되어 부엌 옆에 소규모의 가정부방(식모방)이 배치된다.

안방의 위치가 부엌의 위치와 완전히 바뀌게 되고 거실이 주거의 중심공간으로 정착된다. 주택의 깊이가 깊어지고 현관도 거실 전면에 한 부분을 형성하여 내부화된 현관으로 정착된다. 주택 내부에 화장실이 위치하지만 임대를 위해 외부변소가 존속된다. 입면은 1960년대 후반부터 있게 된 마루 밑 지하실에 1970년대 초 차고가 설치되면서 천장고가 높아져 본채가 지면에서 120cm 정도 올라와서 반지하실을 형성하게

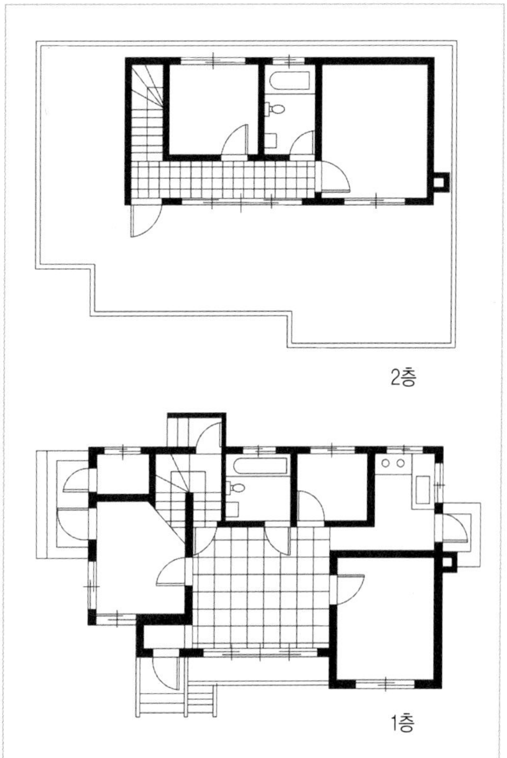

반 2층 주택평면
자료 : 임창복, 1989, 60쪽.

단독주택 표준설계도 보급

경제개발계획이 진행됨에 따라서 도시로의 인구집중은 심화되어 무주택가구가 늘어나자 건설부와 대한주택공사는 1970년 8월 영세민주택을 대량 건설하는 촉진제 역할을 하기 위하여 10~15평 규모의 주택표준설계도집을 펴냈다. 집을 짓기 원하는 사람은 건축사의 설계 없이 표준설계도에 지적도와 배치도만을 첨부하면 건축허가가 나올 수 있었다. 표준설계도의 보급과 더불어 건축자재의 규격화도 도모하였다.

표준설계주택은 철근콘크리트 기초를 치고, 시멘트 블록 또는 적벽돌 내외벽을 세운 후 목조 지붕틀에 기와를 얹은 것이어서 전통주택과는 다른 구조 및 재료를 사용하였다. 평면특성은 국민주택, 재건주택과 다르지 않았으며 도시형 한옥처럼 중정형 마당을 두지 않고 앞마당을 두는 형식을 띠고 있었다(최재필, 2001).

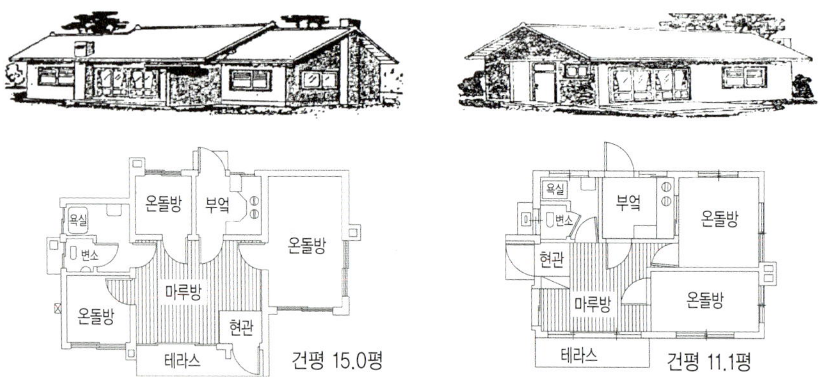

1970년의 도시주택 표준설계도
자료 : 최재필, 2001, 483쪽.

되어 통칭 '미니 2층집' 이라고 불렀다. 세들어 사는 동거가구는 동일층에서 구분되거나 지하공간에서 구분되며, 이것은 점차 층별로 여러 가구를 분리하여 일부 세를 놓을 수 있는 평면과 입면을 갖게 되어 다가구주택의 원형이 된다.

이전의 단독주택이 마당과 밀접한 관계를 가지며 생활의 일부가 마당에서 일어났던 것에 비해 거실 앞에 테라스를 설치하지만 거실과 마당이 분리되어 연관성이 없어지게 되어 마당이 정원화된다. 즉, 1970년대의 주택은 재료와 설비의 발

박공지붕의 반 2층 단독주택

이중 박공지붕의 반 2층 단독주택

달로 생활공간의 수평·수직 분화가 일어나고 주택에서의 생활이 실내에서 완결된다.

구조체는 입면의 수직 분화가 발생하여 콘크리트 슬라브로 하였다. 슬라브 주택은 방수 및 단열에서 실패하여 다시 기와지붕을 얹은 반 2층으로 되었다. 1970년대 초에는 스위스식·불란서식의 지붕을 모방한 뾰족박공형이었으며 1970년대 중반에는 건물 측면의 박공면이 전면에 위치하면서 물매가 완만해진다. 이것에서 변형되어 지붕 한쪽 면을 다른 한쪽 면에 비해 크게 한 ㄱ자형식의 불란서식 뾰족지붕의 아류인 화란식 비탈집이 1970년대 대유행을 하게 된다. 이같이 지붕의 용마루를 남쪽 정면에 직각되게 배치하는 것이 하나의 양식으로 정형화되어버렸는데 이것은 지붕 속에 생기는 2층 내부공간을 적극적으로 사용하는 것이 아닌 과시적 형태였다. 천장의 높이에 관계없이 더 높은 천장고를 가짐으로써 집 전체를 높게 보이려는 욕심에서 나온 것으로서 집을 크고 우람하게 보임으로써 비싼 가격에 팔려는 상업성에 목적을 둔 집장사들에 의해 유도된 것이었다. 이런 형태는 상

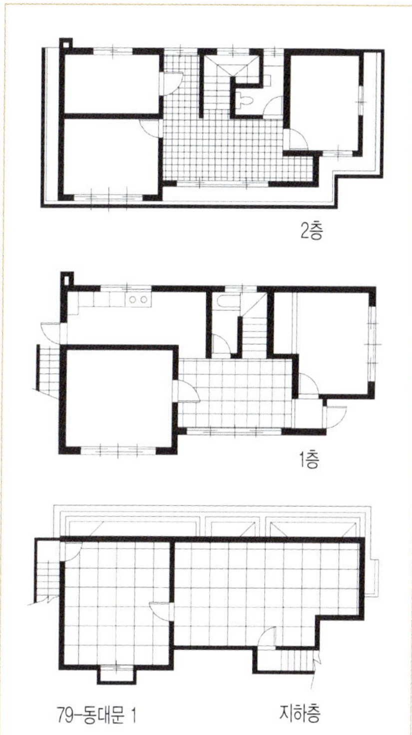

반 2층 단독주택평면

자료 : 임창복, 1989, 62쪽.

집단적으로 1970년대말에 서울에 지어진 박공지붕 반 2층 단독주택가

1970년대 말 건축된 서울의 반 2층 단독주택 | 지하실은 지상으로 올라와 반지하 형식이며 세탁실과 화장실이 외부에 있다. 화장실 상부에 계단을 두어 반 2층 베란다에 올라갈 수 있게 하였다.

층 지향적인 성향을 강하게 반영한 것으로 이러한 모방이 유행처럼 번져 널리 보급되었다. 이 시기의 주택 외관은 매매시의 교환가치를 우선적으로 고려하여 허식적이고 과시적인 형태로 한 것이다.

2층 주택기

화장실과 보일러 등 설비의 근대화, 침실 등의 공간 분화로 1970년대 후반부터는 2층 평면이 등장하여 거실과 주침실은 1층, 자녀침실은 2층으로 세대분리가 나타난다. 서양주택에서는 1층은 거실 · 부엌 · 식당의 공적 공간, 2층은 부부 · 자녀침실이 있는 사적 공간으로 구성되는 것과 비교해 보면 부부침실로 사용되는 안방이 언제나 1층에 있는 것은 우리 주거문화의 특성으로 볼 수 있다.

안방은 더욱 커지고 안방공간이 욕실이나 갱의실 혹은 별도의 침실 등으로 공간 분화가 일어난다. 안방에 부속된 별도의 부부침실이 생기면서 안방이 가족단란의 공간이나 가까운 친지들의 접대장소로 사용되기도 하였고 상대적으로 거실은 손님접대를 위한 공적 공간의 역할을 하게 되었다. 거실도 넓어지고, 부엌, 식당, 거실이 상호 긴밀하게 연결되지만 부엌과 거실 사이는 여닫이문 혹은 미닫이문으로 공간을 분할하여 다이닝 키친(dining kitchen) 형태가 이루어진다. 1970년대 후반에 부엌은 주택의 후면 중앙으로 이동하고 식사공간이 독립되어 LDK형으로 변화하지만 거실과 통합되지는 않는다. 음식조리과정이 복잡하고 음식냄새가 많이 나는 음식문화로 인해 취사공간과 식사공간만을 연결하고자 하는 심리 때문인 것으로 보인다. 주택의 현관은 전면부에 고정되고, 거실은 현관을 통해 출입하는 형식이 되어 일제강점기의 후면이나 측면 출입에서 벗어나 재래식 구조를 따르고 있다. 경제적 여건이 좋아지면서 주거요구가 커지고 사회

1970년대 말에 건축된 서울의 단독주택 | 슬라브지붕이며 외관에 벽돌과 화강석마감을 하였다.

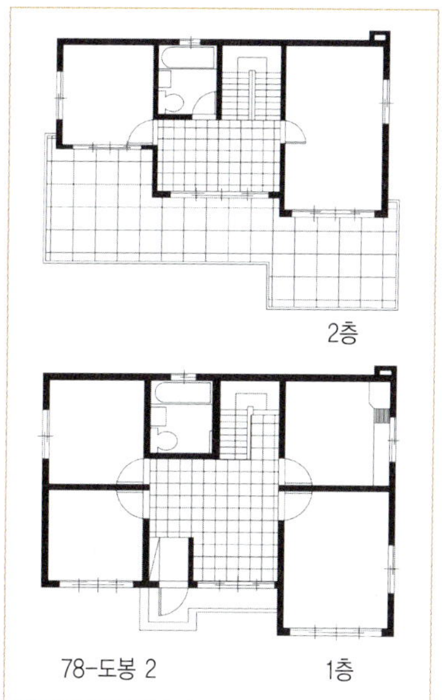

2층 단독주택의 평면
자료 : 임창복, 1989, 64쪽.

적 기능이 분화됨에 따라 거실에 접한 칸 수가 늘어나기 시작하여 침실, 창고, 계단실 등이 거실에 접하게 되었다. 세탁과 물을 사용할 수 있는 다용도실도 등장한다. 안방과 부엌이 멀어지고 부엌에서 뒤쪽 서비스야드(service yard)로 출입문을 두어 직접 출입할 수 있도록 하였다.

지붕의 형태는 불란서식 박공지붕 및 화란식 비탈지붕 등이 역학적으로 안정성이 적고 교환가치를 중시한데 비해 실용성이 적다는 인식아래 1970년대 중반에 이르러 다시 우진각 지붕으로 환원하였고 시멘트 기와에서 한식 기와로 바뀌었다. 주택외관 마감재의 특징으로는 과거주택들이 외부에 모두 붉은 벽돌을 사용한 대신 전면 마감처리에 화강석 마감을 사용한 점이다. 화강석 마감은 석구조의 인상을 심음으로써 과시적 결과를 나타내고자 하는 의도하에 이루어진 것이다. 처마부분에 콘크리트로 한식주택의 서까래 형식을 포함한 파고라를 입힌 것이 상당히 많았는데, 이것은 직접 일광이 들어오는 것을 막기 위함이고 또한 빗물 역시 직접 창문에 부딪히는 것을 간접적으로 막자는 의도였던 것으로 추측된다. 1970년 중반부터 알루미늄 샤시창이 일반화되고 창의 면적이 넓어져 슬라브 바로 밑까지 창이 높아졌고 돌출창을 하나 이상 사용하였다.

1970년대 주택들은 과시적 성격이 강한 크고 높은 대문을 설치한 것이 특징인데 이로 인해 서로 이웃간의 불신을 가져와서 이웃관계 형성에 장애가 되었다. 대문도 처음에는 슬라브 형태로서 철문을 사용하던 것이 1970년대 후반에는 한옥형태에 쇠창살을 설치하는 양상을 나타내었다. 이것은 내부공간과 외부공간 사이의 단절을 조금이라도 줄이려는 의도로 추측된다.

1980년대 건축된 서울의 2층 단독주택 | 외관에 붉은 벽돌을 사용하였고 한식기와의 모임지붕으로 대문에도 기와지붕을 만들었다.

1970년대의 주거생활은 입식 가구의 도입으로 생활방식의 입식화가 일반화되었다. 자녀방에 의자와 책상이 일반화되었으며 부엌설비의 발달로 부엌도 입식화가 되고 규모도 커져 가사노동

1970년대 중반에 건축된 서울의 2층 단독주택 | 물매가 다른 두개의 박공으로 된 지붕, 외벽의 화강석 마감이 특징이며, 대문은 슬라브지붕이다.

1970년대 후반에 건축된 서울의 2층 단독주택 | 이중 박공지붕이며 외벽은 벽돌마감을 하였다

이 줄어들었다. 1970년대 중반에 대도시의 부엌은 입식화가 마무리된다. 식사는 부엌 옆의 식당에서 하게 되어 식침분리가 일반화되었다. 중류주택은 현관을 통해 거실로 진입하는 방식으로 거실의 독립성이 커졌으나 바닥 마감재가 여전히 마루로 되어 있어 소파가 놓여 있어도 겨울에는 사용하지 못하였다. 실내 수세식 화장실이 정착되었고 목욕실도 일반화되었으나 목욕실에 난방이 되지 않아 적극적으로 사용되지 않았다. 상류주택에서는 거실, 응접실, 서재 등의 사회공간이 출입구 근처에 분화되어 자리 잡아 가족의 단란과 접객이 분리되어 나타났다.

1970년대 말 건축된 서울의 슬라브지붕 2층 단독주택

1970년대에 형성된 단독주택 지역 | 점차 외벽과 담을 개조하는 단독주택이 늘어나고 있다.

광복 이후 단독주택 변화에 영향을 미친 요인

구 분	1950 · 1960 · 1970 · 1980 · 1990
사회 · 문화적 배경	▣ 전쟁재해복구 및 난민수용 ▣ 6 · 25 한국전쟁 ▣ 도시인구집중으로 인한 도시정비 ▣ 부동산투기억제 및 주택의 안정적 공급 ▣ 지가상승으로 토지이용 고도화 필요 증대 ▣ 1차 경제개발 5개년계획('62-'66) ▣ 3차 경제개발 5개년계획('72-'76) ▣ 2차 경제개발 5개년계획('67-'71) ▣ 4차 경제개발 5개년계획('77-'81)
연료 및 난방 방식	▣ 연탄개별온수보일러 등장 ▣ 정부의 본격적인 보급 ▣ 무연탄의 등장(조개탄) ▣ '87년 LNG (가정용 연료로 도입) ▣ 개량식 연탄 아궁이('50년대 이후) ▣ 중앙집중식 중온수난방(한강맨션) ▣ '70년대 중반 중앙공급식 난방(본격적 대규모 아파트) ▣ 중앙집중식 고온수난방(반포) ▣ '70년 파이프 매설식 온수온돌시대 • 연탄보일러 • 가스보일러 등장 • 기름보일러 • 개별가스보일러(아파트에 도입) ▣ '76년 LPG가스 공급 ▣ '86년 열병합발전 지역난방(목동신시가지) ▣ 태양열 주택(과천)
급수 · 위생 시설	▣ '58년 위생변기 보급 ▣ '80년 위생기구 고급화 ▣ '62년 수세식 화장실(마포아파트) ▣ '65년 반수세식 화장실 ▣ '67년 샤워기 · 세면기 보급 ▣ 세대별 수도계량기(수유 국민주택) ▣ 국민주택에 최초로 수세식 설비 시도
구조 · 재료	▣ '54년 흙벽돌 보급 ▣ '60년 시멘트 블록 ▣ '66년 콘크리트 평슬라브

자료 : 이순희, 1997, 37쪽; 유재우, 2002, 96 · 157 · 160 · 174쪽 표 재구성.

3. 단독주택의 다양화

도시과밀과 단독주택건설의 감소

1980년대에 접어들기 직전인 1979년 2차 오일쇼크와 세계경제공황과 같은 대외적인 여건 변화와 더불어, 국내에서는 중화학공업의 과잉투자에 의한 이윤율 하락으로 1980년 한국경제는 마이너스 성장률을 기록하였다. 이로 인해 산업노동자들을 위시한 저소득가구의 사회적 동요를 완화하기 위하여 저소득층을 위한 주택공급이 중요한 문제로 등장하였다. 정부는 1980년 도시의 주택부족 문제를 해소하기 위하여 10년간 500만 호를 건설하는 공공주택건설 및 택지개발계획을 수립하였고, 과천신도시와 강남 · 목동 등의 대규모 단지에 공동주택 중심으로 주택건설이 활발히 진행되었다.

경제가 회복되어 1986년부터 1988년까지 경제성장률은 매년 10%를 넘게 되었고, 저유가 · 저금리 · 저달러의 '3저 호황'으로 1988년경부터는 경제호전과 무역수지 흑자가 통화팽창으로 나타나 부동산 붐이 재연되면서 땅값과 주택가격이 급등하였다. 이런 상황은 그동안 지속된 주택공급실적의 부진과 불량주택지 재개발에 따른 사회계층간의 갈등을 심화시켰고 제6공화국 정부는 주택문제의 완화를 우선적인 국정목표로 하여 1988~1992년까지 5년간 200만 호 주택건설계획을 수립하고 이를 강력히 추진하였다. 주택개발사업 중 대표적인 것은 수도권에 대규모 신도시 개발을 추진한 것으로 성남 분당, 고양 일산, 안양 평촌, 부천 중동, 군포 산본 등 5개 신도시 총 30만 호 규모의 주거단지들이 개발되었다. 신도시 공동주택지에는 초고층아파트가 주로 건설되었으나 일산 · 분당 신도시에는 단독주택지를 포함하여 분양하였고, 특히 일산 신도시의 단독주택지는 주거전용지역으로 지정하여 다양한 주문주택 또는 작가주택이 지어지게 되었다. 분당 신도시에는 주택전람회단지를 만들어 21명의 지정 건축가에게 미래지향적인 새로운 주택이 될 수 있는 단독주택과 연립주택을 건축하도록 시도하였다.

1980년대 이후의 주택건설은 도시과밀에 따른 주택부족을 해소하기 위하여 고층·고밀화로 대량 공급하는 것이 최우선시 되었으므로 단독주택건설은 1980년대 이후 대폭 감소하게 되었다. 1인당 국민소득은 1989년 5,000달러에 이르게 되어 마이카 시대, 해외여행 자유화 등의 소득증가 현상이 나타났으며 주택에 대해서도 면적 확대, 설비의 현대화, 재료의 고급화 등 질적 요구가 나타났다.

단독주택의 세대분화

✿ 2층 다세대거주 단독주택

1970년대 말부터 소규모 건축업자가 지은 단독주택은 한 층의 일부를 세 놓을 수 있도록 했던 평면구조에서 완전한 층별 분리의 형태로 변모하여, 세대별로 현관을 따로 내거나 외부계단을 만드는 방식 등 다양하게 층을 분리시키는 경향을 나타냈다. 외관상 2층주택이었으나 층별로 분리하여 1층은 주인세대가 사용하고 2층은 임차세대가 사용하도록 설계하는 것이 많았다. 경우에 따라 지하실의 일부에 세를 들이기도 하였다. 평면구조는 전시대와 비교하여 별 차이가 없으나 가정부방(식모방)은 젊은 여성들이 산업계로 이동하고 인건비도 상승하는 등 사회구조상 주택에 가정부를 두는 것이 어려워져서 사라지게 되었다.

외관은 개구부에 아치를 쓰거나 외벽 밖으로 돌출창을 내어 1970년대보다 더 고급화되는 추세를 나타내었다. 지붕은 물매를 더욱 완만히 하고 박공지붕 형태에서 탈피하여 모임지붕 형태로 하였는데, 콘크리트 슬라브 처마를 두드러지게 길게 뽑아내어 난간 파라펫을 강조하고 그 위에 모임지붕을 씌운 것이었다. 이와 함께 1980년대 초반 이후부터는 지붕을 1, 2층에 각각 따로 배치한 우진각지붕 형태의 주택이 유행하기 시작하여 현재까지 단독주택의 전형적인 지붕형태로 이어지고 있다. 특히 1970년대 유행한 청색, 녹색, 적색의 기와지붕은 적색

하나로 통일되었고 외부 마감도 다시 붉은 벽돌을 사용함으로써 전체적으로 적색계열을 많이 사용하였다. 1960, 1970년대에 일식기와가 주로 사용되던 것에서 탈피, 전통 한식 기와로 마감하여 서양식과는 대조를 이루고, 또한 담장 및 대문처리에 있어 한옥 고유의 문양과 목재를 사용하였다. 이런 경향은 1970년대를 거치면서 시도했던 전통성 회복에 영향을 받은 것으로 볼 수 있다.

1980년대 중반 이후 지어진 서울의 단독주택 | 1, 2층에 별도의 세대가 거주하도록 2층 출입을 위한 외부계단을 두었다. 붉은 벽돌 마감, 한식기와의 모임지붕, 돌출창 등이 외관의 특징이다.

주거생활은 안방과 노인방에서는 좌식의 기거양식이 지배적이었고, 자녀방은 입식화가 빠르게 진행되는 공간이었다. 그러나 입식화가 가장 빨리 진행되는 서울에서도 완전히 입식화된 경우보다는 입식과 좌식의 절충식이 일반적이었다. 거실은 텔레비전을 보면서 가족 단란이 이루어지는 공간이었으며 입식 또는 입식과 좌식의 절충이 많았다. 서울 이외의 지역에서는 거실이 입식화 진행의 초기 단계에 있었다. 부엌은 입식의 싱크대 사용이 일반화 되었으며, 식사도 지역에 관계없이 입식화 되었다. 따라서 입식화가 가장 빠르게 진행되고 있는 공간은 부엌, 거실, 자녀실의 순서였다.[7] 일반적 난방방식이 연탄보일러, 가스나 기름보일러로 바뀌게 되어 거실이 가족단란의 공간으로 정착되어 갔다. 그러나 이때까지도 안방은 부부의 생활공간인 동시에 가족의 단란과 접객이 이루어지고 있었으며 거실과 안방이 기능분화되는 과도기였다. 상류주택에서는 서재나 응접실이 가장의 기거, 남자손님의 접대 장소로 이용되었다.

7 윤정숙 · 이은경(1990). 한국도시주택에 있어서 주생활 양식에 관한 조사연구–서울, 전주, 울산지역을 중심으로. 대한가정학회지, 28(3), 53-65쪽.

✿ 다가구주택과 다세대주택

1980년대의 단독주택지에는 주거환경의 고밀화로 상업적 가치를 높이기 위한 방향으로 단독주택에 대한 개념이 변화하였다. 주인집과 전세로 사는 가구가 현관을 따로 내거나 2층 계단을 외부에 설치하여 1 · 2층을 분리해서 사용하는 형식이 다량으로 지어지게 됨으로써 지금까지의 단독주택과 구별할 필요성이 대두되었다. 따라서 여러 가구가 한 채의 주택에 사는 형식을 1984년 '다세대주택'으로 명문화하였다. 당시는 연면적 330m² 이하, 2층 이하, 2~19가구의 분양용 공동주택으로 제도화한 것이다.

다세대주택은 1980년대 중반이후 주택경기의 침체를 극복하고 도시의 일부를 재개발하기 위한 것으로 낡은 주택의 개선과 자투리땅에 대한 활용도를 높이고, 주택보급률을 높이자는 취지에서 시작된 형태이다. 그러나 다세대주택은 일종의 공동주택인데도 인접대지 경계선과의 거리 등 법적제한을 1985년 9월 단독주택과 동일하게 완화시킴으로써 자체 건축환경뿐만 아니라 기존 인근 주택지역에도 나쁜 영향을 주게 되어 1986년 8월 법적규제를 강화하였다.

다가구 거주 단독주택을 '다세대주택'으로 제도화했음에도 불구하고 단독주택을 여전히 임대용으로 사용하므로 다세대주택을 임대와 분양에 따라 기준을 정하는 것이 필요했다. 1990년 4월 건설교통부 건축기준에 분양을 하는 경우는 다세대주택으로 하고, 임대를 하는 경우는 다가구주택으로 구분하여 명시함으로써 기존의 임대용 단독주택을 다가구주택으로 합법화하였다.

다가구단독주택의 평면
자료 : 임창복, 1989, 99쪽.

다세대주택이나 다가구주택을 건축하게 되면 융자혜택을 받을 수 있었으므로 노후화된 단독주택 밀집지역에 살던 사람들은 경쟁적으로 다가구주택이나 다세대주택을 지었다. 앞 다투어 기존의 단독주택 지역에 다가구주택과 다세대주택이 건축됨으로써 쓰레기 수거, 주차 등의 거주환경상의 문제가 파생되었다. 이 중 주차공간의 문제를 해결하기 위하여 1999년 2월 세대당 0.7대의 주차공간을 확보하도록 하고 필로티에 주차공간을 만들면 지하층과 필로티를 층수와 바닥

면적 산정에서 제외시켜 주는 방식으로 주차공간의 확보를 유도하였다. 다가구주택의 법규개정으로 주택의 용적은 지속적으로 증가하였고 필로티 층고는 높이산정에서 제외시키는 방향으로 개정되었다. 이러한 연속적인 법규개정은 단위주택의 용적과 높이의 증가를 가져왔고, 주택의 일조 및 채광 등의 주거환경은 더욱 악화되었다. 1980년대 중반에서 1990년대 초기 주택의 계획에서 옥외계단의 바닥면적 산정 예외규정은 각 주호의 독립성을 부여하는데 중요한 역할을 하였으나, 1993년도에 외부계단이 면적에 산정되면서 내부의 통합된 계단실을 통하여 각 세대의 효율성과 독립성이 부여되는 방식으로 변화하게 되어 다가구주택과 다세대주택에서 담장과 대문이 사라지게 되었다.

2000년대의 단독주택가 | 2000년대에 들어 노후화된 단독주택은 다세대주택과 다가구주택으로 빠르게 변모하였다.

노후화된 단독주택은 다가구주택으로 재건축되어 민간차원의 주택공급에는

1990년대 중반에 지어진 필로티가 있는 다가구주택

2000년대 지어진 1층 피로티 주차공간이 있는 4층의 다세대주택

다세대주택과 다가구주택의 기준 변화

구분 \ 연도		1984	1985	1990	1991~1998	1999
건축면적		1m 미만의 처마, 차양	1m 미만 옥외계단 포함(1985~1992)		옥외계단 제외(1993)	계단(복도) 유효 폭은 1.2m 이상
연면적 층수		다세대 : 330m^2 이하 2층 이하 2~19가구		다세대 : 660m^2 이하 4월 : 3층 이하 7월 : 4층 이하 다가구 : 660m^2 이하, 3층 이하 지상층 주차용 면적 제외	인접대지 경계선 반경 30m 이내 건축물의 평균 층수 이하	
필로티					차량 주차, 공동 주택의 경우 바닥면적에서 제외(1991)	높이산정에서 제외 (2000)
지하층		천장까지 높이의 2/3	천장까지 높이의 1/2		층 높이의 1/2(1998)	
주차 기준	공동	전용면적 85m^2 이상 : 건축물연면적 150m^2 마다 1대 전용면적 85m^2 미만 : 건축물연면적 250m^2 마다 1대			건축면적 150m^{2}당 1대 (1991) 건축연면적 85m^{2}당 1대 다만, 전 주차대수가 세대당 0.7대에 미달되는 경우에는 세대당 0.7대 이상(1997)	
	다가구 주택				건축연면적 87m^2 초과 133m^2 이하 : 1대 건축연면적 133㎡ 초과 : 1대 에 133m^{2}를 초과하는 90m^2 당 1대를 더한 대수 다만, 전 주차대수가 세대당 0.6대에 미달되는 경우에는 세대당 0.6대 이상(1997)	시설면적 87㎡ 초과 134㎡ 이하 : 1대 시설면적 134㎡ 초과 : 1대에 134㎡를 초과하 는 90㎡당 1대를 더한 대수 다만, 전 주차대수가 세대당 0.7대에 미달 되는 경우에는 세대당 0.7대 이상
	다세대 주택				주택건축면적 200m^2 이하 : 1대 건축면적 200m^2 초과 : 1대 에 200m^{2}를 초과하는 130m^{2}당 1대를 더한 대수	다세대주택은 '99년 조 례에서 세대당 0.7대를 세대당 1대로 개정
	단독 주택					

현행 건축법의 다세대주택과 다가구주택의 차이

	다세대주택	다가구주택
연면적	200평(660m²) 이하	200평(660m²) 이하
가구수	2~19가구	2~19가구
건축법상 분류	공동주택	단독주택
층수	4층 이하	3층 이하
소유	분양, 구분등기 가능	임대, 구분등기가 불가능
공간구성	각 가구별로 별도의 방과 부엌, 화장실, 독립된 출입구	각 가구별로 별도의 방과 부엌, 화장실, 독립된 출입구

기여하였으나 기존 단독주택가에 다가구주택과 다세대주택이 들어섬으로써 주변 주택과 어울리지 않는 높이와 외관, 주차공간 부족, 생활상의 고밀도화 등의 문제를 발생시켰다.

작가주택의 전통성 표현

대중을 위해 대량으로 공급되는 주택이외에 건축주의 개별요구에 맞게 건축가가 건축하는 주택은 그 시대의 일반주택과는 다른 모습을 보인다. 특히 광복 이후 서구적인 생활양식으로 변화해온 상황에서 작가주택은 서구적인 생활양식을 선도적으로 소개하는 것이었다. 1960년대에 들어서면서 건축가들에 의한 주택설계도 많아지기 시작하였으며 1960년의 『현대건축』지와 1963년의 건축협회지인 『건축가』가 나오면서 주택작품이 소개되기 시작하였다. 1960년대에 건축가에 의해 지어진 주택은 1층 주택이 주류를 이루었으며 경제적 여유가 있는 계층에서는 2층 규모의 주택도 건설하였다. 거실을 통해 각방으로 진입하거나 거실이 독립적으로 전면에 배치되기도 하였고 전면에 안방, 부엌을 두는 평면이 많았다.

1970년대는 『현대주택』, 『공간』지 등의 건축잡지의 등장으로 작가들의 작품

주택 평면이 소개되었다. 이 시기의 국내에서 교육받은 건축가는 한국문화의 주체성 확립이라는 대전제 아래, 1960년대 후반기부터 활발해지기 시작한 민족문화의 전통에 대한 보호와 계승활동에 역량을 발휘함으로써 일본 및 외국 교육을 받은 건축가들과는 달리 순수한 민족적 성격을 드러내고자 하였다. 1970년대는 한국성을 추구하고자 하는 움직임이 강하게 나타났다. 평면형은 가로방향의 장방형이 주를 이루었으며 각 실에 대한 외부연장 방법으로 테라스가 일반화되었다. 거실 중심의 평면에서 독립된 거실을 가지려는 움직임이 서서히 나타났고, 각 실의 위계가 명확해졌다.

1980년대에는 아파트나 건축업자들이 임의로 지어 놓은 단독주택에 식상한 수요자들이 기호에 따라 가족의 요구에 적합한 집을 설계하여 건축업자에게 공사를 맡기는 '주문주택' 수요가 늘어나기 시작하였다. 이 시기에는 건축전반에 포스트모던이나 지역성의 표현이 중시되었다. 사회 전반적으로 세계인의 이목이 집중되는 1988년 서울올림픽을 준비하면서 전통에 대한 관심이 높아진 시기이며 건축계도 외국의 것을 모방하는 것에서 벗어나 우리의 전통성을 살려나가는 시기였다.

전통주거의 공간적 특성 중에서 현대적 해석을 통해 수용가능한 요소들을 시도한 작품들이 많이 등장하였다. 채 나눔 기법, 전이공간의 도입, 다양한 마당의 구성, 중정의 도입, 관상용 정원이 아닌 가사작업공간으로서의 마당 등을 시도하였다(예: 우경국의 몽학재). 평면형태는 가로방향 장방형이 많았고 비대칭화가 나타났다. 공간적 구획을 명확히 하여 내부 공간과 연결시킨 테라스가 많아져서 주택과 외부공간과의 강한 연계경향을 보였다. 현관에서 통로형의 동선체계를 만들어 거실은 독립적 성격을 가지며 안방과 밀접한 관계를 갖게 하였다. 가장 특징적인 것은 안방영역으로 안방의 공용적 성격이 지속되어 안방+부부침실+욕실이 같이 병존하는 형식이 많았다.

우경국작 몽학재(1994) | 정면 외관(좌상), 부엌에서 본 거실(우상), 평면도(중), 도로에서 본 입구(우하), 별채에서 본 본채(좌하). 본채와 별채의 채 분리, 안마당과 뒷마당의 분리 등 전통적 공간구성원리를 이용하여 전통성을 표현하였다.

자료 : 건축문화, 1994. 12월호, 100-109쪽.

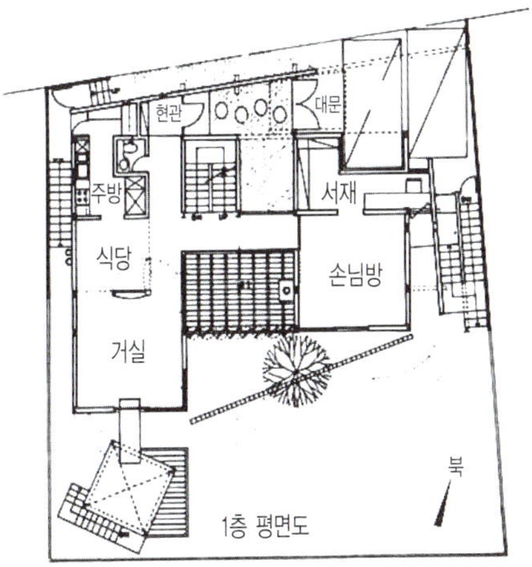

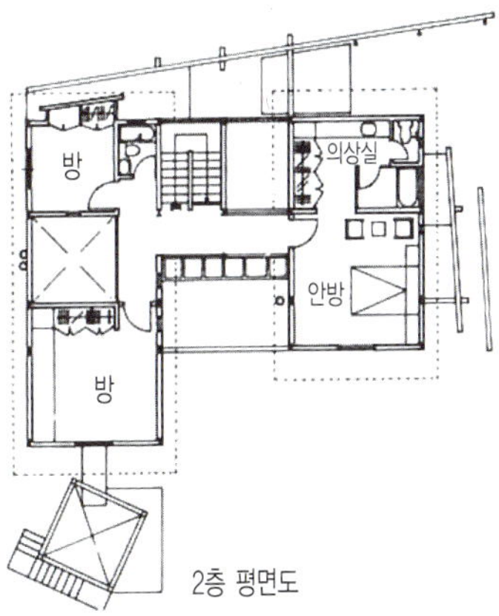

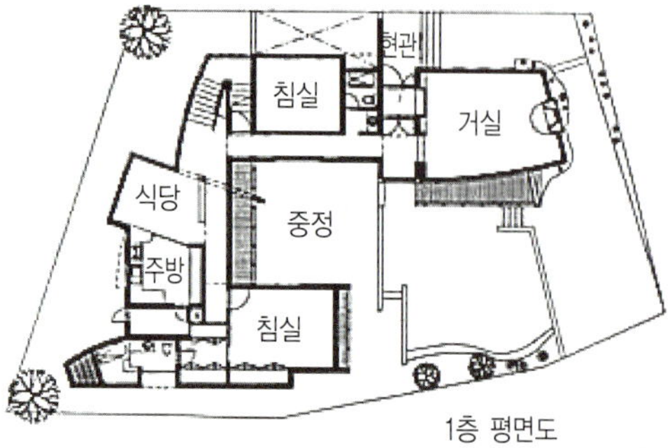

김홍수작 자명당(1994) | 1층 평면도(좌상), 2층 거실(우상), 마당 입구에서 본 중정(좌하), 거실 앞 테라스(우하). 중정을 둘러싼 평면이며 내부에서도 중정쪽으로 통로를 두어 이동하여 전체적으로 선형적인 연결을 시도하였다. 거실은 넓은 개구부와 마루 테라스가 안마당과 하나의 공간감을 형성하면서 별채처럼 독립되어 있다.

자료 : 주택, http://home.kidp.or.kr/1999/goshop/main.htm

가구소득 증가와 단독주택의 개성화

1990년대에 들어서는 지속적인 경제호황으로 1995년말 1인당 국민소득 1만 달러, 수출 1,000억 달러를 달성하였으며, 1996년 12월 경제협력개발기구(OECD)에 가입하여 선진국의 문턱에 들어서는 듯 했다. 그러나 1997년 12월 외환위기로 국제통화기금(IMF) 구제금융발표로 경기침체가 나타나고 이듬해 국민소득은 7,355달러로 후퇴하였다. 건설업체들은 아파트분양률을 높이기 위하여 아파트의 고급화, 차별화를 시도하여 공동주택의 내외부공간이 획기적으로 변화하게 되었다. 정부는 경기를 부양하기 위해 저금리정책을 유지하였고, 수도권 인구집중에 따른 장기적인 주택수급 불균형으로 2001년부터 아파트 매매가격과 전세가격이 급등하여 2007년 현재까지 지속되고 있다.

노후화된 단독주택 밀집지역 | 2000년대의 노후화된 단독주택지역은 다가구주택과 다세대주택의 난립으로 고밀화되었다.

노후화된 단독주택 밀집지역 거주자들은 상대적 경제적 박탈감을 느끼게 되고 다세대주택을 지어 주택의 상업적 가치를 높이려는 건축방식을 지속적으로 시도하였고 이에 따라 단독주택은 급속히 소멸되었다. 다가구주택이 밀집한 지역은 재건축예정지구로 지정받아 아파트를 건축하는 방법을 택하기도 한다.

가정에는 1990년대 들어서 전자레인지와 같은 전기취사기기의 보급이 보편화되었으며, 1990년대 후반에는 부엌에 식기세척기, 전자레인지 등의 시설이 갖추어진 시스템 키친을 설치하게 되었다. 정보통신의 발달로 각 가정에 인터넷의 보급이 일반화되었으며, 모든 가정의 시설, 설비, 장치를 자동제어할 수 있는 홈오토메이션이 실현되었다.

단독주택의 개성화

1990년대의 단독주택은 주로 중상류층의 주문주택으로 지어졌다. 도시를 벗어나 생활하고 싶은 사람들이 도시주변부나 교외에 단독주택을 짓는 것이 유행하였고, 이를 통칭 전원주택이라고 불렀다. 개인이 혼자 단독주택을 건축하는 것보다는 직장이나 친지, 친구들이 공동으로 토지를 구입하여 개성 있는 각자의 단독주택을 건축하는 동호인주택도 유행하게 되었다. 전원주택지에는 이전의 습식공법과 달리 목조주택과 스틸하우스의 건식구조가 등장한 것도 새로운 특징이었다.

1990년대 중반 이후에는 직장동료들이 공동으로 대지를 구입하고 서구적인 외관의 단독주택을 건축하여 공동관리의 단독주택단지를 만드는 것이 유행하였다.

개방된 정원, 서구적인 형태와 재료를 사용한 단독주택 단지의 주택들

공동건축 단독주택단지

1990년대에 들어서도 일산 신도시 단독주택지의 단독주택전용단지는 다양한 주택형식의 주택전시장일 정도로 건축가들의 개성적인 주택이 지어졌으며, 공용 주차공간계획도 시도되었다. 일산신도시에는 3개 블록(block)의 단독주택 전용단지가 있는데, 두 블럭 단지는 보행자 전용도로와 다섯 세대마다 공용주차장이 설치되었으며 한 블럭은 공용주차장이 없는 일반적 형태의 주거단지이다.

1990년대에 건축가에 의해 지어진 작가주택 평면의 특성은 외부 윤곽이 불분명해지면서 자유구성의 평면과 해체적 성향의 주택평면이 증대한다는 것이다. 이것은 외관형태의 다양화 경향과 관련되는 것으로 주택형태의 개성화 경향이 현저해지는 1990년대 전반적인 경향과 일치하는 것이다. 1990년대 이후 해체주의 건축의 영향을 받은 실험적인 건축가들의 등장과 관련되는 현상이라고 이해할 수 있다.

1970, 1980년대 매우 일반화되었던 가로방향의 장방형 평면, 권총형 또는 선형 등 단순형상의 평면은 그 숫자가 현저히 감소하였다. 이것은 1990년대의 새로운 주거유형인 ㄱ자 및 ㄷ자형 평면의 숫자가 증대되면서 상대적으로 1980년대 유행하던 평면형식의 숫자가 감소된 것으로 유추할 수 있다. 도시보다 지방에 ㄷ자형, ㅁ자형이 많이 나타났고, 마당을 둘러싸는 V자를 넓게 벌린 형과 마당을 둘러싸는 ㅁ자형도 많이 나타났다. 주택의 전면을 넓게 확보하면서 중요한 공간은 남쪽을 향하게 한다는 관념이 지속적으로 반영된 것으로 볼 수 있다. 이것은 주택에 있어서 공간

의 선적인 흐름을 강조하는 경향과 동시에 중정을 가운데 두고 건물이 둘러싸는 전통적인 주거공간의 구성수법이 다시 재현되는 경향으로 해석할 수 있다.

1990년대에 들어서 주택평면은 크게 하나의 채로 해결하지 않고 채 나눔을 하여 복도나 계단으로 연결하는 방법을 많이 사용하였다. 또 외부벽체의 돌출 경향이 증대하면서 주택을 둘러싸는 벽체 이외의 연결벽체, 유도벽체 등 다양한 형식의 벽체의 사용이 현저해진다. 이것은 명확하게 규정된 외부공간을 창출하

다양한 형태의 주택들이 낮은 울타리로 주택의 경계를 만들었다.

보행자 전용도로가 있어서 자녀들의 안전한 놀이공간이 되며 이웃교류가 일어나는 장소가 된다.

다섯 세대가 공용으로 사용하는 주차장이 있다.

목조 단독주택

일산신도시 단독주택 전용단지

고 주택으로의 진입과 동선의 유도에 있어 연속과 변화를 추구하는 공간적 선형화와 관련되는 현상이다.

내외부공간의 관계에서는 1970, 1980년대 성행하던 단순 연장형 테라스의 사용이 줄어들고 대신 내부공간과 외부공간의 연계방식이 다양하게 변해갔다. 주택 내부공간의 연장으로서의 매개공간의 중요성이 증대하면서 소위 '건축된 테

현대주택의 공간구성의 유형

주) R:방, L:거실, K:부엌, D:식당, B:욕실, C:복도, H:홀, U:다용도실, E:현관, S:계단

자료 : 이현수 · 정승연 · 최진원, 1999, 202쪽.

라스' , 툇마루, 차양 등 변화 있는 매개체의 사용이 증대되고 하나의 주택에서 복합적으로 사용되어 외부와 내부의 연계방식에 있어서 변화를 보이는 경향이 나타난 것이다.[8]

평면 구성방식에서는 실별 기능을 중시하여 홀이나 복도 등을 통한 공간의 영역성을 부여하거나, 문을 이용하여 공간의 기능을 타공간과 독립시키는 계획이 많이 나타났다. 평면유형은 이전부터 이어져 온 현관과 거실이 주택의 중앙에 오는 거실중심형은 줄어들고, 홀을 사이에 두고 거실과 방+부엌+식당이 분리되는 홀 복합형, 현관을 측면에 두고 홀과 복도로 평면중앙에 있는 거실로 연결시키는 거실복합형, 현관+홀이 평면의 중앙에 좌우로 다른 실들이 나누어지는 현관홀형이 많아졌다.[9]

1990년대는 거실의 변화가 두드러지는데, 공용의 기능보다는 독립적인 기능

8 손세관 · 전경화(1998). 평면의 형상에서 바라본 우리나라 단독주택의 공간구성적 특성에 관한 유형학적 연구. 대한건축학회 논문집, 14(3), 35-42쪽.

9 이현수 · 정승연 · 최진원(1999). 현대주택 평면의 유형화와 평면 특성 분석에 관한 연구. 한국주거학회지, 10(2), 195-202쪽.

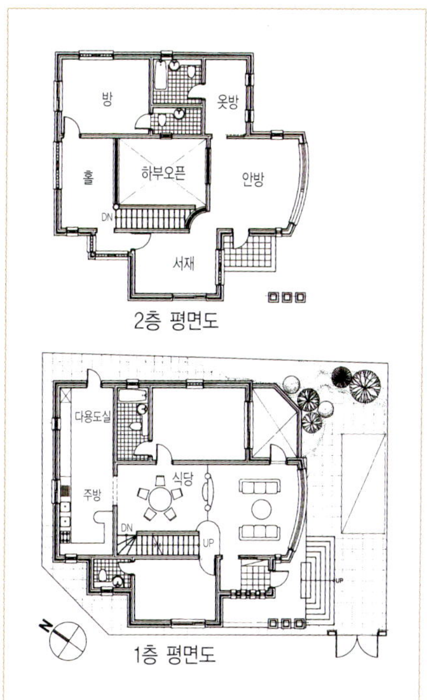

김기석 작-일산 남씨댁

1990년대 중반의 거실중심형 주택

자료 : 건축문화, 1997. 3월호, 155-161쪽.

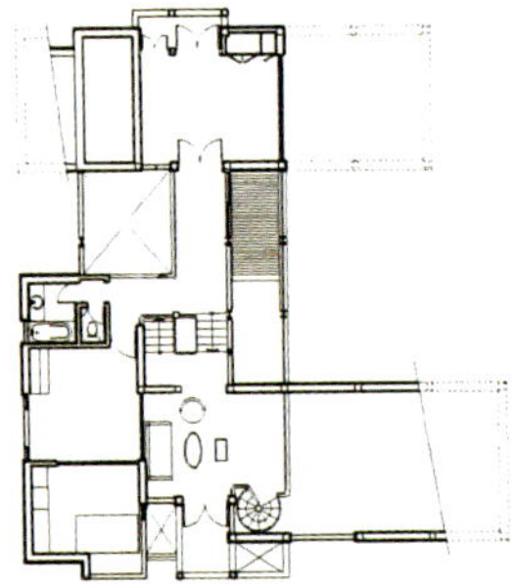

2층 평면도

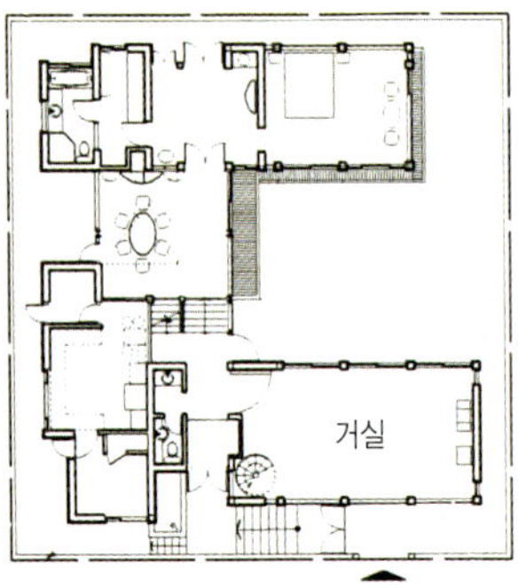

1층 평면도

류춘수 작-역삼동 주택 | 1990년대 중반의 홀복합형 주택
자료 : 건축문화, 1996. 7월호, 154-161쪽.

을 하는 실이 되며 공용의 기능이 있는 안방은 사라지면서 부부침실의 기능만 남게 된다. 평면특성은 사적 영역의 안방부분은 가족 공동공간의 특성이 표현되는 안방을 배치하지 않고 부부침실+전실+드레스룸+부부욕실로 구성되는 것이 많다. 안방에 대한 선호가 감소하고 드레스룸이 추가되면서 부부만의 프라이버시와 편리성을 선호하는 방향으로 가고 있는 것을 알 수 있다. 거실과 식당은 복도 등을 통해 완전하게 공간적으로 구분시키는 방식이 현저하게 증가하여 L+DK형과 L/DK형으로 구성된 것이 가장 많으며, LDK형이 증가추세에 있다.

✿ 대중 단독주택의 생활양식

대중 단독주택에서의 생활양식은 1990년대 중반까지도 가구의 도입이 늘어나지만 안방은 침대를 사용하지 않는 경향이 더 많았고, 거실에서도 좌식 비율이 의자식보다 더 높았다. 친인척이 다수 모이는 제사는 안방에 침대가 도입되지 않는 경우는 안방에서 이루어지는 경우가 많았다.

이러한 경향은 보수성이 강한 지방의 대도시에서 지속성을 가지고 나타났다. 실의 호칭은 거주자들이 갖고 있는 실에 대해 내재된 의미를 표현하는 것으로 안방에 대한 호칭은 집의 가장 중요한 상징적 중심공간으로 대표성을 가지고 지속적으로 유지되고 있으며 경상도 지역에서는 큰 방으로 더 많이 불린다. 안방에서는 전통적인 좌식생활의 기능도 지속되었고, 거주자들은 안방을 부부만의 사적 생활뿐만 아니라 가족단란, 손님접대, 제사행위 등 공적 생활이 함께 이루어지는 공 · 사 혼재된 공간으로 생각하였다.[10]

10 윤재웅 · 이미혜(2000). 도시 단독주택 거주자들의 안방에 대한 인지성향과 공간사용방식. 한국주거학회지, 11(3), 65-73쪽.

1990년대 후반이후는 안방, 거실, 부엌의 입식화가 거의 이루어져 안방은 '안방' 이라는 호칭은 사용하나 부부침실화되었고, 거실이 가족단란, 손님접대의 장소로 사용하여 공적 공간, 사적 공간의 분리가 명확해졌다. 거실이 부엌/식당과 독립되어 사용되고 부엌은 보조부엌, 다용도실과 결합하여 입식화된 가사작업 공간으로 사용되었고, 식당은 식탁을 이용한 완전 입식으로 사용하였다.

✿ 단지형 단독주택의 전개

2000년대에 들어서 수도권을 제외한 지역의 주택보급률이 100% 이상이 되면서 자산 증식의 투자수단으로 강하게 인식되어왔던 주택에 대해 다른 관점이 형성되기 시작하였다. 주택의 양적 위주 공급에서 질적 변화를 추구하게 되었으며 '거주성' 을 우선순위에 두게 되었다. 특히 2008년 미국발 금융위기 이후 주택가격이 안정 또는 하락하면서 마당이 있는 단독주택을 선호하는 경향이 나타났다.

정부도 양호한 구단독주택지에 오랜 기간동안 형성된 커뮤니티성을 유지하면서 지역단위로 유지 · 관리하기 위한 주거지 정비에 대한 다양한 정책을 추진하였다. 주민들에 의한 담장허물기, 수익성을 고려한 단독주택의 상업용 또는 사무용공간으로 리모델링하기 등 자발적인 주택지 재생의 방향이 진행되고 있다.

새로이 조성되는 수도권 신도시와 택지개발지구에서는 전용단독주택용지의 필지별 공급도 늘었으며, 이 단독주택용지에 주택건설비용을 낮추기 위하여 하나의 필지에 한 벽을 공유한 단독주택 두 채를 건설하는 듀플렉스(duplex)형이 시도되어 대중적인 화제가 되었다. 2002년 남양주 평내지구 이후 수도권에 적정 규모의 블록을 하나의 개발단위로 공급하는 블록형 단독주택지가 늘어나면서 이 주택지에 중대형 건설사가 공동의 기반시설과 커뮤니티 시설을 갖춘 서구식 단독주택형 타운하우스를 계획하여 단지화된 단독주택지로 조성하였다. 이러한 단지화된 단독주택은 입주 후 공용의 외부공간을 비롯한 공동시설에 지속적인 공동관리를 적용하여 관리의 개념을 강화하였다.

단지화한 블록형 단독주택지

택지개발지구 내 듀플렉스형 단독주택

참고문헌

김두섭 · 박상태 · 은기수 편(2002). 한국의 인구 1, 2, 통계청.

공동주택연구회(1999). 한국공동주택계획의 역사, 세진사.

김란기 · 윤도근(1987). 일제의 주거유산과 미군정기의 주택사정 고찰(II). 대한건축학회논문집, 3(6), 79-88.

대한주택공사(1992). 대한주택공사 30년사.

대한주택공사 주택연구소(1995). 공동주택 생산기술의 변천에 관한 연구.

대한주택공사(2002). 주택도시40년.

박기범 · 최찬환(2003). 건축법규 변화에 따른 다가구주택의 특성에 관한 연구. 대한건축학회논문집 계획계, 19(4), 75-82.

박연정 · 유해연 · 심우갑(2010). 블록형 단독주택지 외부공간 개선방향 연구 – 용인동백지구 단독주택형 타운하우스를 중심으로. 대한건축학회논문집 계획계, 26(2), 139-148.

박정현(1991). 해방 이후 혼란기의 주거건축 동향에 관한 연구. 성균관대학교 석사학위논문.

손세관 · 박경희(1996). 단독주택의 공간구조에 관한 연구 – 건축가에 의한 작가주택을 중심으로. 대한건축학회논문집, 12(4), 85-93.

손세관 · 전경화(1998). 평면의 형상에서 바라본 우리나라 단독주택의 공간 구성적 특성에 관한 유형학적 연구. 대한건축학회논문집, 14(3), 35-42.

안영배(1966). 우리나라 주택건축 20년. 건축, 10(21), 18-22.

양천규(2005). 국내 단독주택의 평면유형분류에 관한 연구. 인하대학교 박사학위논문.

유재우 · 조성기(2001). 광복 이후 도시형 표준주택의 평면특성과 그 영향. 대한건축학회논문집 계획계, 17(12), 77-86.

유재우(2002). 한국 도시단독주택의 형성과정에 나타난 평면특성 – 주양식의 근대화 과정을 중심으로. 부산대학교 박사학위논문.

유재우(2004). 광복전후 우리나라 단독주택의 변화특성 연구 – 1920년대~1960년대, 개선주택안 · 주택현상공모안 · 공영주택을 중심으로. 대한건축학회논문집 계획계, 20(10), 59-66.

유재우(2006). 평면유형 변화로 본 공영단독주택의 근대적 변용. 건축역사연구, 15(2), 95-114.

윤복자 · 박경난 · 백금화(1992). 주택내 사회공간의 물리적 특성과 기능의 변천에 관한 연구. 대한가정학회지, 30(3), 141-158.

윤아원(2005). 1960년 이후 작가주택의 유형변화와 특성 연구. 부산대학교 석사학위논문.

윤주현 편(2002). 한국의 주택, 통계청.

윤정숙 · 이은경(1990). 한국도시주택에 있어서 주생활 양식에 관한 조사연구 – 서울, 전주, 울산 지역을 중심으로. 대한가정학회지, 28(3), 53-65.

윤재웅 · 이미혜(2000). 도시 단독주택 거주자들의 안방에 대한 인지성향과 공간사용방식. 한국주거학회지, 11(3), 65-73.
이현수 · 정승연 · 최진원(1999). 현대주택 평면의 유형화와 평면특성 분석에 관한 연구. 한국주거학회지, 10(2), 195-202.
이현욱 · 구본준(2011). 두 남자의 집짓기. 마티
이호정(2002). 주거문화적 측면에서 본 한국 근현대 주거건축의 문화적 변이에 관한 연구 – 작품주택의 평면구성을 중심으로. 인하대학교 박사학위논문.
임창복(1987). 주택의 유형적 지속성과 변용성 – 민간단독주택 변천상의 함의. 주택, 제48권, 162-175.
임창복(1989). 한국도시주택의 유형적 지속성과 변화성에 관한 연구. 서울대학교 박사학위논문.
장성준(1986). 공영주택의 형태적 특성과 주민에 의한 변용. 대한건축학회논문집, 2(1), 9-17.
정아선 · 최장순 · 최찬환(2004). 청량리 부흥주택의 특성 및 변화에 관한 연구. 대한건축학회논문집 계획계, 20(1), 123-130.
조용훈(1984). 한국 도시주택 변천에 대한 연구 – 60년 이후 서울시에 지어진 민간업자주택을 중심으로. 서울대학교 석사학위논문.
최재필(2001). 서울주거의 사회문화적 특성-서울 20세기생활문화변천사. 서울학연구소.
한정섭(1959). 서민주택의 평면계획에 대하여. 건축, 4호, 45-46.
건축문화. 1994. 12월호, 1996. 7월호, 1997. 3월호.
주택. http://home.kidp.or.kr/1999/goshop/mail.htm
좌우 날개로 비껴 날아온 한국현대사 60년(2005.8.14). http://media.daum.net
외신기자가 본 한국(2006.5.27). http://media.daum.net
통계청 홈페이지 http://www.nso.go.kr

611
603

Ⅳ

현대 공동주거와 삶

공동주택이란 건물의 벽, 복도, 계단, 그 밖의 설비 등의 전부 또는 일부를 공동으로 사용하는 각 세대가 하나의 건축물 안에서 각각 독립된 주거생활을 영위할 수 있는 구조로 된 주택을 뜻한다. 현대적인 주거방법의 한 양상인 집합주거가 우리나라에 소개된 것은 일제강점기 때부터이다. 그러나 지금과 같은 주거의 집합화로 우리에게 새로운 주거유형의 서막을 알린 최초의 단지형 마포아파트부터 아파트 역사 40여년동안, 아파트의 대량공급을 목적으로 하여 고층시대를 연 여의도시범아파트, 투기바람의 효시 압구정동 현대아파트, 명품 · 고품격을 내세우며 남과는 다른 삶의 가능성을 제기하는 주상복합아파트, 단신가구 등 소인수가족에 대응하기 위한 도시형 생활주택까지 비교적 짧은 기간 동안 다양하고 급격한 변화를 볼 수 있다.

이 장에서는 각 정권별 주택공급의 근거가 되는 주택정책의 내용에 근거하여 4개 시기로 구분하여 공동주택 중 아파트의 변화를 서술하였다. 우리나라에서 현대화가 시작된 제3공화국을 공동주택의 도입기간으로 하고, 유신체제인 제4공화국과 제5공화국을 공동주택의 기틀을 마련한 기간으로 분류하였다. 제6공화국인 세계화와 국제화를 추구한 1988~1997년을 공동주택의 확산기간으로 파악하였으며, 마지막으로 국민의 정부와 참여정부기간을 공동주택의 성숙기로 분류하였다.

1. 공동주택의 도입

1960년대 제3공화국 정부는 체계적인 경제계획을 수립하여 조국근대화가 시작되었고, 더불어 체계적인 주택공급을 계획하였다. 사회적으로뿐만 아니라 우리에게 새로운 주거형태인 공동주택계획 역시 여러 시행착오를 겪는 시기였다.

급작스러운 도시의 인구집중 때문에 발생한 도시주거문제를 해결하기 위하여 주택행정의 전환점을 마련하였다. 무질서하게 평면적으로 교외로 확산하던 단독주택 건설을 지양하고, 건물을 고층화시켜 토지이용률을 높이고 대지면적을 절약한다는 계획이었다.

근대화의 태동

사회상

1964년 1인당 소득은 서울의 경우 2만6천 원이었으며 전국은 1만8천 원이었다. 전국평균 1인당 소비는 1만7천 원으로 이 당시 엥겔지수가 62%로 상당히 높았다. 그러나 정치적 안정과 계획적 경제정책으로 산업구조가 변모되기 시작하여 일자리가 늘어나 소득이 증가하였으며 농촌인구가 도시로 집중되기 시작하였다. 1962년 이후 1968년까지 가구수는 연평균 6.75%로 증가된 반면, 주택은 1.83%의 증가에 그쳐 도시의 주택사정은 점점 더 어려워졌고 무허가 판자집이나 천막 등이 난무하고, 도로 · 교통, 상 · 하수도, 무질서한 도시 확산 등 심각한 도시문제를 일으키고 있었다.

1960년대와 1970년대에 주택과 관련된 중산층의 요구는 분양평형 32평 정도(전용면적 85m^2 이하)의 아파트를 분양받아 경제적인 안정을 확보하고 주택가격의 상승에 따른 자산소득의 증가를 추구하는 것이었다. 거실 및 응접세트를 갖추고 생활하는 이른바 서구적 입식생활양식이 전통적인 좌식생활을 우선하기 시작하였다. 소득수준이 향상되고 공업이 발달하면서 재래식 부엌을 입식부엌으로 개선할 뿐만 아니라 수세식화장실, 연탄을 대신한 중앙난방방식 등 설비에 대한 개선을 요구하게 되었다. 그러나 아직 전통적인 식생활로 인해 장독대 및 수납, 가사작업공간을 필요로 하거나 온돌에 대한 요구도 지속되어 아파트 평면계획상 전통과 외래주거 요소들이 혼재되는 모습이 일반화 되었다.

1970년대 청계천주변

공동주택이란?

주택법 제2조 제1, 2항에서는 "공동주택이라 함은 대지 및 건물의 벽, 복도, 계단, 기타 설비 등의 전부 또는 일부를 공동으로 사용하는 각 세대가 하나의 건축물 안에서 각각 독립된 주거생활을 영위할 수 있는 구조로 된 주택을 말하며, 그 종류와 범위는 대통령령으로 정한다."라고 정의하고 있다.

공동주택은 한정된 대지면적에서 주거환경을 계획하고자 할 때 주거의 고밀화를 달성할 수 있는 방안으로, 토지이용계획 측면에서 토지의 효율을 극대화시킬 수 있는 장점이 있어 우리나라에서는 1960년 이후 공급한 주택 대부분을 공동주택으로 건설하였다.

주택법시행령 제2조1항에서는 아파트를 5개층 이상인 주택으로서 건물의 층수에 따라 5~6층 아파트를 저층아파트, 12층 이하의 중층아파트와 13~20층까지의 고층아파트, 21층 이상의 초고층 아파트로 분류하였다.

✿ 주택정책

1960년대는 제1차 경제개발 5개년계획을 수립하여 체계적인 경제성장을 이루어 나간 시기로 이때부터 주택건축이 본격적으로 추진되기 시작하였다.

1962년 975,340호의 주택을 건설하기 위하여 1962년 1월 건축법을 제정 공포하여 각종 건축물을 허가, 규제할 수 있는 기초를 마련하였다. 주택건설행정기구를 정비하여 국토청을 건설부로 승격시키고, 1962년 대한주택공사를 설립하여 이들을 운영할 수 있는 지침으로 대한주택공사법, 공영주택법, 주택자금운영법 등 주택관련법규를 제정함으로써 아파트 대량건설의 기반을 조성하였다. 또한 정부주도의 공영주택건설을 추진하기 위하여 AID 차관과 같은 외자도입을 촉진하였다.

제2차 경제개발 5개년 기간 중에 주택정책은 정부의 재정미약으로 인해 민간자력에 의한 건설, 택지공급의 원활화, 도시지역 아파트공급 추진, 불량무허가주택의 정비를 목적으로 하였다. 이 기간 중 신축된 주택은 이전의 아파트에 비해 규모가 대형화, 고급화 하는 등 비교적 활발한 주택건설이 이루어졌으나 이

공동주택의 도입기 정치 · 경제 · 주택정책 · 관계법령

시대분류	경제발전 5개년계획기간별 주택정책의 목표	주택정책/법령
근대화의 태동기 제3공화국 (1961~1972)	제1차 계획(1962~1966) • 주택건축의 기준 마련 • 주택공급의 체계화 • 정부주도의 주택공급 제2차 계획(1967~1971) • 주택건설을 양산체제로 유도 • 민간부분의 대규모 주택건설 • 불량무허가주택의 정비	대한주택공사 설립(1962.7.1) 건축법(1962.1.20) 주택건설개량자금지원(1963) 국토건설청 → 건설부 승격(1963.6.29) 공영주택법(1963.11.30) 주택자금운영법(1963) 주택투기 및 건축억제, 주택금융제도 확립(1967) 부동산투기 억제에 관한 특별조치법(1967.11) 여의도개발공사 착공, 시민아파트건설계획 발표(1968) 한국주택은행법(1969.1.4) 주택건설촉진법, 국토이용관리법(1972.12.30)

자료 : 임서환, 2002; 류제동, 2005; 손세관, 1997; 건설교통부 홈페이지; 조선일보 홈페이지.

는 중산층을 대상으로 한 정책이었으므로 주택부족률은 더욱 악화되었다. 그러나 정부는 주택양산과 공급확대를 위하여 많은 노력을 하였다. 1969년 한국주택은행 설립, 1972년 250만 호 주택건설 10개년계획, 국민주택기금 및 외국차관에 의한 자금지원 확대, 주택자재 규격화 · 표준화, 프리페브(pre-feb) 주택자재보급 확대, 표준주택설계도 마련 등이 그것이다.

✿ 주생활변화

이 시기는 가사노동에 있어 혁명의 시기라고 할 수 있다. 1960년대 들어서 우리나라의 주거양식은 서구 주거양식을 지향하며 급격한 변화를 맞았다. 주의식에 현저한 변화를 가져오게 한 요인은 부엌, 식사공간, 거실, 욕실 공간의 변화라 할 수 있다.

첫째, 이 시기의 부엌은 소위 '문화주택'과 '재래주택'을 구분하는 척도가 될 만큼 중요한 역할을 하였다. 주택설비의 발달과 서구식 입식부엌이 급속히 대중화되었고, 난방과 취사 열원의 분리는 부엌 공간의 배치를 자유롭게 할 수 있도록 하였다. 부엌설비의 발달에 의한 가사작업공간의 변화는 주거 내 여성들의 지위 향상과 더불어 전통주택에서 소외되었던 부엌공간이 가족생활의 중심 장

서울 한강맨션 29평형(1969) | DK구성이 나타나기 시작하였다.

소가 되는 데 기여하였다. 가장 주목할 만한 변화는 1960년대 처음으로 아파트에서 소개된 서구식 DK의 도입이다. 부엌 안에 식사공간을 함께 마련한 것은 주부들에게 가사노동을 절감하는 효과도 있었지만 남성들의 출입이 금기시 되던 부엌으로 남성과 가족의 자연스런 진입을 유도하는 효과도 있었다.

둘째, 가족단란의 공간인 거실이 정착된 것은 주거 내 개인가족주의의 태동을 가져왔다. 거실은 난방기술의 발달과 함께 사계절 사용이 가능해지고 서구식 입식가구의 보급과 함께 가족집단의 사회적 공간으로 등장한다. 집단주의 가족의식에서 벗어나 개인주의 사회로 변화하는 사회현상과도 잘 맞아 거실공간은 이후 우리나라 주택에 확고하게 자리를 잡는다.

공동주택의 등장과 갈등

✿ 평면계획

해방 이후 공백기가 있었으나 1957년 11월 건립하여 1958년 7월에 불하한 서울 종암동 고려대 근처의 종암아파트(보건사회부/주택공사, 시공 – 중앙산업주식회사), 이어 1958년 서울 중구 주교동 중앙아파트, 1959년 서울 충정로에 개명아파트(대한주택영단, 중앙산업)가 세워져 공동주거형식의 건물이 나타났다. 주로 층이 낮고 규모가 작은 아파트들이었지만, 최초의 근대적 아파트 단지인 종암아파트는 대지 2,200평에 153가구 규모로 수세식 변소, 고급 내장재로 장안의 화제가 되었다. 종암아파트는 4층 건물 3개동 153세대 17평형으로 복도형에 2LK형식이며, 각 온돌방에 반침을 두었고 욕실 없는 변소와 다용도실로 구성하였다. 각 실은 복도로 연결되어 독립성은 있으나 유기적으로 연결되지는 못하였다. 협소한

서울 종암아파트 외관 | 광복 이후의 아파트 건설은 1958년대에 건축된 종암아파트를 효시로 본다.

서울 종암아파트와 개명아파트 평면
자료 : 유영진, 1969, 26쪽.

부엌면적(1.1평)으로 볼 때 주부의 가사동선도 원활하지는 않았을 것으로 보인다. 전면의 발코니 외에는 서비스 공간이 없다. 개명아파트는 5층 1동에 총 세대수 75세대로 공용면적을 포함하여 세대별 17.3평이었다. 각 세대는 편복도를 통해 현관으로 들어서고 전면에는 발코니를 두고 거실과 온돌방을 전면에 배치하고 후면에는 온돌방·부엌·화장실·욕실·현관·발코니를 배치한 겹집형의 작은 규모였다. 종암아파트와 비교하여 개명아파트는 비슷한 평면배치를 하였으나 처음으로 욕실이 나타나고 침실의 반침이 없어졌다.

정부의 주택공급정책에 의해 공동주택이 공급되기 시작한 1960~1970년대 초까지의 아파트 특징은 재료, 생산기술, 제도 등 건축을 하는데 기본이 되는 전 분야가 근대화되는 시기로서 1950년대와는 다른 건축양상을 보인다는 것이다. 특히 이때부터 아파트 주거가 우리에게 새로운 주거형태로 등장했으며, 효율적으로 주택을 공급하기 위하여 대한주택공사와 같은 근대적 조직이 생겨났으므로 본격적인 아파트의 도입시기라고 볼 수 있다. 기술적인 측면에서는 R.C라멘구조 형식에 의해서 고층 주거형식이 가능해졌고 효율적인 시공을 위하여 건축자재를 규격화하려는 시도도 있었다. 평면의 특징은 대부분 거실이 주호의 전면에

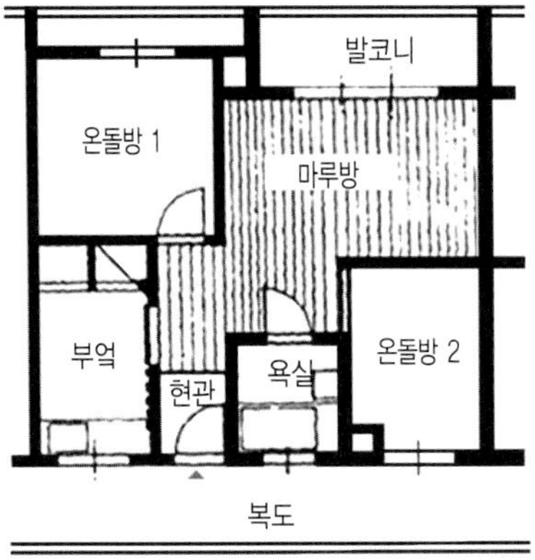

서울 동부이촌동 공무원아파트-15평형-편복도형(1966)

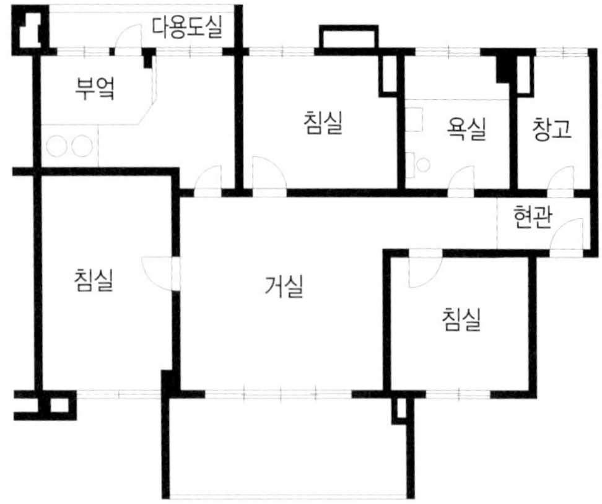

서울 한강민영아파트-22평형(1971)

나타나고 있으며, 전통적인 사고방식과 입식설비의 미비로 인하여 부엌이 타실과 분리되어 있으나 식당공간이 없는 것으로 보아 식침분리의 개념은 확립되어 있지 않았다고 할 수 있다.

그러나 1960년대는 아직 단독주택의 선호가 지배적인 시기일 뿐만 아니라 일반인들에게는 공동주택에 대한 개념조차 없었다. 1961년 당시 서울시장은 서민들의 삶을 지키고 토막과 천막에 사는 난민과 판잣집의 철거로 인한 이주민을 수용할 수 있는 서민아파트를 마련하고자 후생주택식의 아파트를 계획하였다. 새로운 주거양식의 보급이라기보다는 서민에게 주택을 공급하기 위한 수단이었으며, 저소득층의 주거문제를 해결하고자 공동주택을 계획하였다고 볼 수 있다.

정부는 1961년 마포구 도화동에 연건평 1,884평의 고층아파트를 계획하였다. 1962년 계획하여 1964년 완공한 마포아파트는 Y자형 복도형 6개동과 계단실형 4개동이 배치되어 다양한 외부공간을 구성하였다.

평면계획상의 특징은 거실과 부엌만 갖추어진 L/K평면이었고 이 거실과 부엌이 분리되어 있어 여전히 좌식생활습관을 취하였음을 보여주고 있다. 전반적인 단위세대 평면은 침실이 완전히 분리되어 각 실간의 단절을 보이는 반면, 거실이 유일한 가족공동공간의 역할을 수행함으로써 서구식 거실생활이 우리의 주생활 속에 자리하는 출발점이 되었다. 연탄온돌과 라디에이터 난방방식을 혼용하여 입식생활이 가능하도록 유도하였다.

또한 평면구성에서 화장실·부엌·욕실을 집중배치하는 코어(core)방식을 채택하기도 하였다. 1964년에 건설된 계단실형에는 거실에 전면발코니와 부엌에 후면발코니가 설치되어 서비스공간을 확보하였다. 마포아파트의 중복도형은 우

공동주택 도입기 아파트의 계획특성

아파트	개 요	계획특성
마포아파트	건설연도: 1962~1964년 세대수: 445세대 층 수: 6층 평형: 9,12,15,16평	• 개별난방시스템의 6층 계단식 아파트 • 전통적인 좌식생활의 입식화 • 거실과 부엌의 분리배치, 침실 완전 분리 • 부엌과 욕실, 화장실의 접근(설비의 집중화) • 수세식 화장실 • 전·후면에 발코니 설치(1964), 작업공간 확보 • 다양한 형태의 외부공간 구성
한강공무원 아파트	건설연도: 1969년 세대수: 1312세대 층 수: 4,6층 평 형: 12~25평	• 최초의 근린주구개념의 적용 • 단지 내 초등학교, 남녀 중학교 배치 • 공공시설배치 – 쇼핑센터, 우체국, 동사무소 등을 지구 중심에 배치 • 보차분리 수법의 시도
한강맨션	건설연도: 1970년 세대수: 700세대 층 수: 5층 평 형: 27~55평	• RC구조 / 중앙공급식 온수난방 • 완전입식형 평면계획 / 침실공간과 주방 및 식사공간의 완전 분리 • 동서 관통하는 간선도로를 따라 노선상가 배치 • 가로공간이 전체 단지의 생활축 • 상가복합주거동의 1층은 아케이드형식, 2층은 가로를 향해 개방된 편복도형의 주거동
여의도시범 아파트	건설연도: 1971년 세대수: 1584세대 층 수: 12~13층 평 형: 18~48평	• RC구조 • 최초의 고층아파트(내국인 전용) • 한 동당 엘리베이터 1대 설치 • 4LDK(呂자형), 2LDK(田자형)

서울 마포아파트(1962)

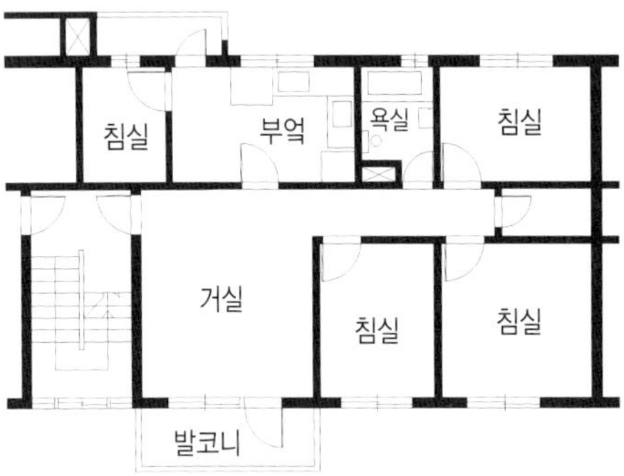

침실집중형 아파트

리의 풍토와 기후상황을 고려한 방한 계획으로, 외부에 면하는 벽면면적을 최소화한 내부공간의 구성을 중복도를 중심으로 겹집화하였다.

마포아파트단지를 시작으로 본격화된 아파트 단위 평면계획은 거실의 구성방식을 둘러싸고 중요한 갈등과 변화과정을 겪는다. 한편에서는 단독주택에서의 경향과 유사한 거실중심의 개방적 공간구성방식이 이루어지고 있던 반면, 다른 한편에서는 이전에 외인주택에서 보이던 거실영역과 침실영역을 분리한 침실집중 구성방식이 등장하여 두 가지 평면유형이 상당한 기간에 혼재된다.

정부는 1966년부터 수도 서울의 면모를 쇄신하고자 판잣집을 철거하고 아파트를 건설하였다. 소위 시민아파트의 시작이었다. 8~12평 규모에 방 2개, 또는 방 1개, 거실 1개에 부엌으로 구성하였으며 각 층마다 공동화장실을 사용하도록 하였다. 이후 부산 등 지방에서도 저렴한 주택공급을 위해 복도에 공동화장실을 설치하는 방식을 채택하게 된다.

그러나 1970년 4월 와우아파트 붕괴, 1971년 광주대단지 사태 등 시민아파트 건설의 부작용과 정부의 저소득층용 주택건설의 경제적 어려움 등에 봉착하여 대규모 집단주거지의 수요대상에서 저소득층을 배제하게 되었다. 이로써 서민을 위한 시민아파트 건설은 막을 내린다. 결과적으로 아파트라는 주거형식의 공급대상을 설정함에 있어서 서구와는 달리 우리나라에서는 중산층이 주요 공급대상이 된 이유이기도 하다.

서울 와우시민아파트 붕괴현장(1970.4)
자료 : 서울 600년사, 2000.

1966~1971년에 건설된 한강아파트단지는 한강공무원아파트, 한강외인아파트, 한강맨션으로 구성된 대단지 아파트이다. 도심에서 5km 거리에 위치하고 있으며, 총 84,716평의 단지면적에 총 3,260호의 다양한 규모의 아파트가 건설되었다. 주동을 배치함에 있어서는 향과 한강에 대한 조망을 고려하여 남향 일자배치를 고수하였다. 이러한 배치는 이후 아파트 단지배치의 선례로 받아들여지게 되었다. 이 단지는 교육시설의 완비, 중앙공급식 중온수 종합보일러 설치, 단지내 쇼핑센터 설치, 어린이 놀이터, 정원, 주차장 설치 등 주변부와 분리되어 단지가 자족적인 생활여건을 갖추도록 계획하였다. 그러나 주변지역 주민과 생활수준 차이가 너무 커서 위화

서울와우아파트 붕괴

1970년 4월 8일 아침 6시 반경, 서울 마포구 와우시민아파트 15동 콘크리트 5층 건물이 무너져 내려 앉아 32명이 무참히 압사하고 38명이 중경상을 입었다. 이를 계기로 아파트 부실공사와 관련하여 이른바 '불도저 시장'이란 별명을 가지고 있던 김현옥 서울시장이 물러났으며, 도시빈민의 주거문제가 사회문제로 대두 되었다.

'와우식 근대화', '날림공사' 등의 말을 낳게 한 와우아파트는 1969년 12월 준공되어 4개월 만에 붕괴된 것이다. 조사 결과 아파트 받침기둥이 건물 무게를 지탱하지 못한 것으로 나타났다. 산비탈에 축대를 쌓았어야 함에도 불구하고 지질검사도 없이 지반에 아파트를 지은데다 받침기둥에 철근을 제대로 쓰지 않은 부실공사로 해빙기에 건물 무게를 이기지 못했던 것이 원인이었다. 또한 입주자의 소유물품 등이 예상했던 것과는 달라 와우아파트 기둥은 정상하중의 3배를 버티다 무너진 것으로 나타났다.

자료 : 서울600년사, 2000, 서울시가 작성한 『와우지구 시민아파트 사고경위 및 대책』 재구성

감이 발생하게 되었으며, 이에 따라 아파트단지 주변에 울타리를 설치하고 경비원을 배치하였다고 한다.

한강아파트단지에 건설비용과 주택면적의 제한을 두지 않아 다양한 형태의 주택형이 나타나고 여러 가지 실험적인 작업이 이루어졌다. 계단실형 5층 건물로 남향 일자배치를 하였는데, 32평형은 식사실 없는 LK평면이었으나 그 이상의 형에서는 L/D/L 또는 LD/K방식으로 배치하였다. 난방방식은 라디에이터(radiator)를 이용한 중앙공급식 온수난방이었다. 아파트에서 연탄온돌 난방방식을 배제하여 온돌방을 전혀 설치하지 않았으며 따라서 부엌의 바닥 높이나 실배치에 있어 완전 입식형 평면계획이 나타날 수 있는 계기가 되었다. 입주자의 생활을 현대화시킬 의도로 공간구성상 죠닝(zoning)개념을 채택하였다. 즉, 평면에서 침실공간과 주방 및 식사공간을 완전히 분리함으로써 취침영역과 식사

주공 한강맨션아파트

한강아파트단지는 주공(대한주택공사)이 건설한 동부이촌동 공무원아파트(1966)와 이후 주공이 자체 분양사업으로 개발한 한강맨션아파트(1970) 외에 한강외인아파트(1970), 한강민영아파트(1971) 등 4단계의 개발이 연차적으로 이루어지면서 형성된 단지로서 총 3,220호 규모의 우리나라 최초로 근린주구 규모로 개발한 단지이다.

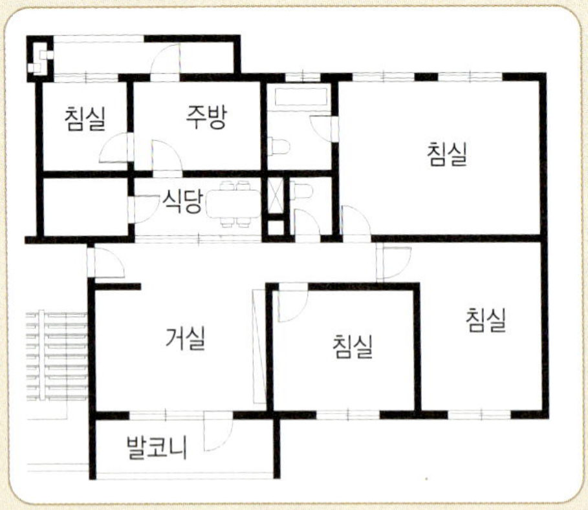

37평형

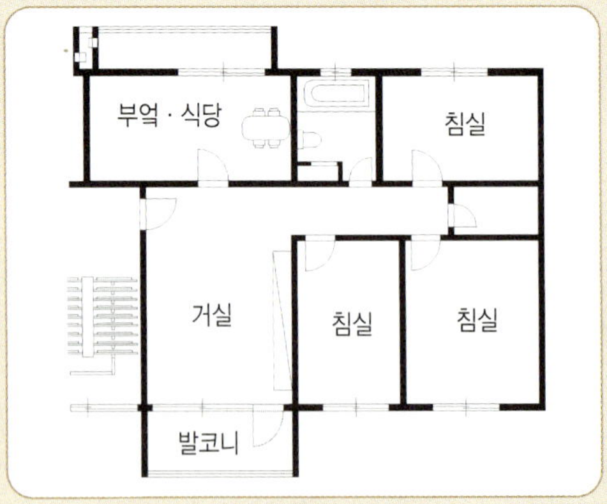

51평형

서울 한강맨션아파트(1971)

영역을 분리하여 식침분리를 꾀하였다. 침실설계에서도 부부중심의 생활을 강조하고 있다. 또 주간공간인 거실과 야간공간인 침실을 엄격하게 분리시키고 거실과 침실 사이에 욕실을 두어 주야(晝夜) 모두 사용할 수 있게 만들었다. 맨션아파트가 중산층 이상의 수요자를 대상으로 한 것이므로 그들의 주요구를 수용하기 위하여 창고가 설계에 반영되었으며, 부엌 옆에는 다용도실이나 발코니를 이용하여 작업공간을 설치했고, 가정부방까지 계획하였다. 욕실도 거실과 같은 높이로 하고 문틀로 턱을 주었으나 누수가 문제가 되어 이후 욕실의 바닥과 거실바닥 사이에 단차를 두었다. 또한 더운물을 24시간 언제나 사용할 수 있었으며, 침대생활을 전제로 한 완전 입식 주생활 공간이 이루어져 아파트생활의 편리함이 크게 강조되는 계기가 되었다.

우리나라에서 공동주택 도입기인 1960년대의 단위주택은 25평 이하의 규모로 소형평형이 많았고, 대체로 실은 좁았으며, 특히 부엌 규모가 작았다. 대부분 방이 2개 또는 3개이며, 부엌과 거실을 완전 독립시켰다. 거실은 완전폐쇄형으로 하여 필요에 따라 방으로 사용할 수 있게 하는 등 각각의 실에 대해 독립성을 분명히 하였다. 따라서 각 실을 연결하는 복도가 생겨났으며 복도를 중심으로 2열 배치를 하였다. 전통적인 식생활로 인해 다용도실 개념의 뒷발코니가 등장하기도 하였다.

✿ 가사보조공간

가사지원공간인 다용도실은 한국 공동주택의 특징적인 요소로 볼 수 있다. 전통주택의 마당과 가사작업공간, 수납공간을 결합한 것으로서 우리나라 아파트 거주자들은 내부공간 중 거실 다음으로 부엌 및 다용도실을 중시한다고 한다. 이는 이들 공간이 아파트 거주의 목적 중 하나인 생활의 편리성을 향상시키기 때문일 것이다. 초기의 가사지원공간인 다용도실은 마포아파트를 시초로 1970년대 보편적인 주거공간으로 자리 잡는다.

초기의 아파트는 주로 5층 이하, 1~2동 정도, 10~20평형대의 소형아파트가 주를 이루었다. 1960년대 초반까지의 아파트에서는 가사지원공간으로 실내의 부엌과 외부공간으로 발코니가 있을 뿐 다용도실이라는 공간이 나타나지 않는다. 초기의 아파트들은 공간이 매우 협소했고, 또 우리의 생활양식을 충분히 배려하지 못하고 서구적인 공간배치방식을 참조하였기 때문에 우리의 전통적인 가사보조활동을 수용할 수 있는 가사지원공간을 제대로 확보하는 것에 소홀했던 것으로 보인다.

서울 도화동 마포아파트 15평형(1962)

서울 충정로동 개명아파트 단위평면(1959)

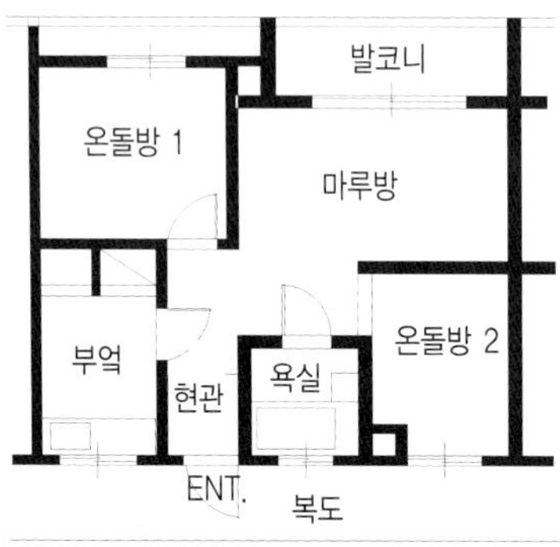

15평형-편복도형(1966)

15평형-계단실형(1967)

서울 동부이촌동공무원아파트

이전까지는 복도에 보관하던 장독들을 개명아파트(1959)와 같이 계단실형 주거동의 실내 전면에 장독을 놓아둘 수 있도록 별도의 공간을 마련하기도 하였다. 그러나 1950년대 후반부터 부엌에서 가사를 지원할 수 있는 공간을 부엌 외에서 찾으려는 노력이 엿보여 1960년대 초 부족하나마 다용도실이 처음으로 등장한다. 일반 아파트의 부엌에는 외기에 면한 다용도실이 딸려 있어 연료를 저장하거나 가사를 지원하는 공간으로 사용되었다.

1960년대부터 계단형 주거동이 많아지자 단위주택에 다용도실 설치가 일반화되기 시작하였다. 다용도실을 설치하기 위해서는 편복도형보다 계단형 주거동이 유리하기 때문이다. 그 당시의 공간사용방식에 대한 연구를 살펴보면 다용도실은 대부분 대형그릇이나 식품의 수납공간으로 활용되어 부족한 창고를 대신하는 공간이었다.

다용도실 이용방식이 우리의 생활양식과 부합되자 1970년대 이후 주거동 형식에 관계없이 중형 이상의 규모를 가진 편복도형의 단위주택에서도 부엌을 중심으로 한 다용도실 설치가 보편화된다.

복도형 아파트

서울 논현동 경복아파트 42평형(1978)

계단형 아파트

서울 여의도동 한성아파트 51평형(1977)

서울 마포아파트 전경
자료 : 대한주택공사, 2002, 38-39쪽.

주거의 단지화

1964년 서울 도화동일대에 준공한 마포아파트는 13,000여 평의 대지에 Y자형 건물 편복도형 6개동과 계단실형과 일자형 건물 4개동을 지은 최초의 단지형 아파트로서 다양한 형태의 외부공간을 구성하였다. 그 당시까지 아파트는 1~2개동 정도를 건설하는 정도이었으나 이 단지는 '녹지 위의 고층 주거' 개념을 도입하였다고 한다.

한강아파트단지(1966~1971)는 매립지인 한강 북변에 동서방향으로 길게 입지한 단지이다. 동서로 관통하는 간선가로를 따라 1, 2층에 점포와 3층 이상에 주거가 복합된 5층 주거동을 노선상가 형태로 배치하여 가로(街路)공간이 전체 단지거주자의 생활중심 공간이 되도록 하였다. 가로변의 상가복합 주거동은 1층은 아케이드 형식으로, 2층은 가로쪽으로 개방된 편복도를 향해 점포가 배치되는 독특한 형식으로 계획되었다. 1968년 동부이촌동에 건립된 한강공무원아파트는 우리나라 주택단지 개발상 최초로 근린주구방

근린주구론

근린주구론은 1929년 미국의 페리(C. Perry)가 제안한 것으로 하워드(E. Howard)의 전원도시 개념과 함께 근대적 주거지 개발의 계획에 큰 영향을 미쳤다. 페리는 20세기 초 전통적 도시사회가 물적, 사회적으로 황폐화되는 상황에서 물적환경이 사회 및 개인의 행동양식과 깊은 관계를 가지며, 물적환경의 개선에 의해 도시의 사회적 유대의 기본이 되는 근린사회의 유지가 가능하다고 생각하였다. 이러한 믿음하에 도시사회의 물적 개선과 근린사회의 유지를 위한 도시주거지 계획단위로서 제안한 것이 근린주구 개념이다. 그는 이를 통해 인구규모를 기준으로 생활단위와 각종 생활시설 설치 및 계획지침을 제시하였다. 페리가 제안한 근린주구 모형은 학생수 1,000~1,600명의 초등학교를 중심으로 3,000~9,600명, 최대 10,000명이 거주하는 지름 0.5마일 규모의 단독주택지로서 초등학교, 소규모 공원, 생활시설들을 지구 중심부에 배치하는 것이며, 이들 시설들은 주택들에서 보행 가능한 거리 내에 있어야 한다. 간선도로로 둘러싸인 근린주구 내에는 통과교통이 배제되며 내부의 도로는 보차분리 원리에 의해 구성되어야 한다.

식이 도입되었다. 단지 내에 초등학교와 중학교, 중심상가, 우체국, 은행, 동사무소 등을 지구 중심에 배치한 것이다. 이때부터 적용하기 시작한 근린주구 계획방식은 현재까지도 대단지아파트를 계획하는 기본 개념이 되고 있다.

서울 반포아파트 전경
자료 : 대한주택공사, 2002, 42-43쪽.

1970년대는 본격적으로 단지설계에 마스터플랜 개념을 도입한 시기이다. 단지 내의 전기, 난방, 상수도 시설 등을 체계적으로 단지와 함께 계획한 것이다. 또한 이 시기에는 층고의 변화도 있었다. 1971년 여의도 시범아파트단지는 우리나라 주택단지 조성에 신기원을 이루었다. 13층으로 고층아파트시대의 문을 열었다고 하는 여의도 시범아파트는 공원, 초등학교, 중고등학교, 유치원, 동사무소, 파출소, 지하 쇼핑센터 등의 배치를 시도하였다. 내부에 조성된 공원에는 차량이 들어오지 못하게 함으로써 보차분리를 시도하여 안전한 보행공간을 확보하였다. 인동거리는 1.5배를 유지하여 매우 좋은 주거환경을 조성하고자 하였다.

2. 공동주택의 정착

1970년대에는 전통적인 생활양식과 공동주택 평면 사이의 혼란과 갈등의 기간을 거쳐 우리의 삶을 담을 수 있는, 우리만의 특성이 있는 공동주택을 만들어 내는데 주력하게 되었다. 역사상 유례없는 경제발전에 힘입어 새롭게 구매력을 가지게 된 주거수요자들은 주택구매를 희망하고, 유신정권을 거쳐 온 전두환정권은 이에 부응하여 많은 공동주택을 공급할 계획을 세운다. 따라서 수요자들은 공동주택을 선호하게 되었고, 이는 우리나라에 공동주택이 순조롭게 정착하는 기반이 되었다.

경제발전과 주거수요 확대

✿ 사회상

1970년대 도시의 주생활은 1·2차 경제개발정책의 성공으로 급격히 변모하였다. 정부의 지속적인 공업화 추진과 수출 증대의 노력에 힘입어 양적 규모의 확대가 이루어진 반면, 1960년대에 이어 도시는 인구집중으로 인한 여러 문제가 속출하였다. 경제호황으로 통화팽창, 인플레이션이 야기되었고, 이는 주택 및 토지가격 폭등으로 연결되었다. 도시화로 인한 주택난, 도시공해, 도시기반시설의 부족 등 도시문제가 표면화되어 사회적·계층적 갈등을 야기했다.

사회적 생산구조가 기계화, 자동화되고 산아제한과 교육기회의 확대로 노동을 통한 여성의 사회참여 기회가 확대됨에 따라 가사 노동력의 생활패턴이 달라지고 생활합리화 인식이 높아지고 있었다. 그러나 도시의 가구당 가족수는 1970년 초에 4.8명이었던 것이 1970년 말에는 4.3명으로 감소되어 점차 핵가족화 경향이 두드러졌다.

1970년도 대도시의 경우 무주택 가구는 52%에 달하고 있었으나, 재고주택의 27%는 불량주택으로 철거 대상이었다. 1970년대 이후 대도시의 주택부족률은 40%로 줄어들었으나 주택난은 여전히 심각한 현상을 보였다. 이 시기에는 주택경기의 과열에 의한 부동산 투기붐, 고층아파트의 대량건설, 서구문화의 무비판적인 선호로 인한 주생활의 혼란을 볼 수 있었으며, 이러한 갈등을 줄이려는 주택산업계의 노력으로 인해 주공간의 변화가 급격히 이루어졌다.

1970년대 초 공동주택 분양 호황

주택공사가 개포동아파트 250가구를 임대아파트로 내놓자 3,337명이 몰려들어 13대 1의 경쟁률을 보여 입주자를 추첨으로 뽑았다. 이 아파트는 당초 13평 호당 120만 원씩 분양하려고 내놓았으나 팔리지 않아 호당 보증금 7만 8천 원에 월세 6천 5백 원으로 임대하게 되었다. 개포아파트는 2006년 재건축이 결정되었다.

또, 건축되는 아파트의 물량에 비해 수요자가 절대적으로 많았기 때문에 입주권을 얻기 위한 경쟁이 치열하였다. 입주권을 따려는 사람들 중에는 분양가와 판매가의 차이를 노리고 재산 증식의 수단으로 아파트를 사려는 투기꾼들이 많았다.

자료 : 충남대학교(http://www.cnu.ac.kr/)

주택정책

정부는 핵가족화에 따른 가구수의 증대와 노후주택의 파손으로 인한 주택난을 점차적으로 해소하기 위하여 '주택건설 10개년계획'을 마련하였다. 이 기간에 250만 호의 주택을 건설하기로 하는 등 주택건설 양산을 서둘렀을 뿐만 아니라 수요를 확대하기 위한 다양한 정책을 시도하였다. 주택부족문제와 정부의 공적 주택자금 부족문제를 해소하기 위하여 집단주거지와 위성도시를 개발하였으며, 구매력이 있는 중산층 신규주택 중심의 주택정책을 확립하였을 뿐만 아니라 외자도입을 촉진하기도 하였다. 또한 계층별로 주택공급을 위한 정책들을 마련하기도 한 기간이다.

1972년 기존의 공영주택법을 폐지하고 주택건설촉진법을 제정하였으며, 도시

정착기의 주택정책의 목표 및 내용

시대분류	경제발전 5개년계획 기간별 주택정책의 목표	주택정책 / 법령
유신체제 (1973~1980)	제3차 계획(1972~1976) • 주택공급의 확대 • 소득계층별 유효수요 파악 • 주택의 질 및 편의시설 개선 • 주택건설 10개년계획 (1971~1981년) 제4차 계획(1977~1981) • 주택건설의 양산체제 유도 • 공공부분의 소규모 주택 건설 • 주택건설의 지역배분 합리화	불량주택 재개발구역 첫 지정(1973.10.13) 주택장기건설계획(1975.12.31) 아파트지구제 도입(1975) 도시재개발법(1976.12) 주택건설 사업자등록제 실시(1977.12) 국민주택 청약부금제도 실시(1977.4.25) 주택공급에 관한 규칙(1978.5) 주택청약예금제도 실시(1978.2.4) 청약예금순위제 실시(1978.5.4) 한국토지개발공사 설립(1979.3.27) 공동주택관리령, 공동주택관리규칙(1979) 부동산투기억제 조치(1980.8.28) 500만 호 주택건설계획 발표(1980.8) 택지개발촉진법(1980.12.31)
경제안정기 · 제5공화국 (1981~1987)	제5차 계획(1982~1986) • 주택공급의 확대 • 내집 마련 기회의 확대 • 주택가격의 안정 • 임대주택제도의 개선 • 주택환경의 개선 • 구매력 제고	주택임대차보호법(1981.3) 서울지역 분양가 상한제 실시(1981.5) 국민주택 선매청약저축제도 시행(1981.5.23) 주택경기 활성화조치(1981) 주택투기억제 대책(1982.12.22) 부동산투기억제 대책(1983.4) 아파트분양 채권입찰제 첫 실시(1983.5.16) 건축법 개정(다세대주택 건립허용)(1984.11.16) 집합건물소유 및 관리에 관한 법률(1984.4) 임대주택건설촉진법(1984.12) 주택건설활성화 조치(1985.9.5) 주택건설활성화 방안 발표(1986.2.12) 부동산투기억제 조치(1987.2.25) 근로자의 주거안정과 목돈마련지원에 관한 법률(1987.5)

자료 : 임서환, 2002; 류제동, 2005; 손세관, 1997; 건설교통부 홈페이지; 조선일보 홈페이지; 국토 50년, 1996 재구성.

재개발법(1976), 주택공급에 대한 규칙(1978) 등과 민간부분의 주택건설을 촉진시키기 위하여 아파트지구 지정 등(1975)의 법적 · 제도적 정비를 하였다.

제4차 경제개발 5개년계획 기간 중에는 대량주택공급의 전제조건인 택지공급 문제를 해결하기 위하여 1979년 3월에 한국토지개발공사를 설립하였으며 택지개발촉진법(1980) 제정 등이 이루어져 아파트지구를 지정하고 대도시 주변에 위성도시를 개발하였다. 주택수요를 예측하고 공공주택 자금조성을 목표로 민영주택청약제도(1978)와 국민주택청약부금제도(1977)를 실시하여 수요를 조절한 것도 이 시기이다.

제5차 경제개발 5개년계획 기간에는 주택 및 부동산투기 억제책이 더욱 강화되었다. 정부는 내집 마련의 기회를 극대화하기 위하여 소형주택의 공급을 확대하고자 하였으며, 아파트 분양채권 입찰제 등을 통해 국민주택기금 확대와 동시에 공급제도를 확립하고자 하였다. 임대주택육성법(1982.2), 임대주택건설촉진법(1984.12) 등으로 임대주택의 건설공급이 확대되는 기반을 마련하기도 하였다.

✿ 주생활상

1960년대와 1970년대의 근대주거 발전에 기여한 것은 난방설비와 더불어 급배수 설비의 발달이다. 이로 인해 화장실 공간을 주거 건물과 분리하던 전통 공간 배치와 달리 주거 내부에서 자유로운 욕실배치가 가능해지기 시작하였고, 이것은 주거 내 생활의 편리성을 극대화시켰을 뿐만 아니라 위생 공간에 대한 인식 변화를 가져왔다.

결과적으로 1960년대에 시작된 우리나라 주거공간의 변화는 1970년대 주택설비의 발달과 함께 가족중심 또는 가족간 평등성 강조, 편리함 추구 등 주택에 새로운 주생활의 의미를 부여하기 시작하여 주거 내 부엌공간이나 안방과 같은 여성들의 공간에 대한 인식을 달라지게 하였다. 또한 거실, 침실, 식사실 등의 공간이 만들어짐으로써 안방의 공적 공간 기능이 분화된 것은 매우 중요한 의미를 가진다. 지속되는 산업화 및 도시화와 함께 기능과 효율을 중요시하는 주거형태가 대중화되어, 기능성 · 편의성 · 효율성을 중심으로 하는 우리나라 현대주거의 특성이 나타나기 시작한 것이다. 그러나 아파트 공급자인 건설전문인들은 아파트평면을 개발하면서 서구의 공동주택을 주로 참고하여 주택계획을 시도하였다. 서구 개념의 주거공간 배치는 우리나라 일반 대중들의 주거생활을 반영하지 못하여, 초기에 보수적인 주거 소비자들은 아파트 주거를 회피하는 경향을 보였으나 지속되는 주거 부족현상으로 젊은 중산층 · 지식인 · 핵가족들은 주거 마련의 용이함과 생활의 편리함을 이유로 아파트의 주된 소비자로 대두하였다. 1970년 당시 우리나라 도시지역의 전체 주택 가운데 아파트가 차지하는 비율은 2.25%, 전국적으로는 0.77%에 불과하였지만 중산층의 적극적인 구매에 힘입어 1970년대 말 이후의 우리나라 대표적인 주거형태는 아파트가 되었다.

주택건설 역시 아파트에 초점이 맞추어졌다. 1970년대 초반부터 시작된 급격한 산업화와 건설기술의 발달에 힘입어 1970년대 말부터는 대한주택공사와 민간 건설업체의 주거 공급은 종전의 단독주택 단지 또는 5층 이하 아파트 유형에서 고층아파트 대단지 개발에 초점을 맞추었다. 이때부터 우리나라의 대중주거는 종전의 단독주거 형태에서 아파트주거로 급격히 변화하여 1978년부터 주택공사에서 공급되는 주택은 고층주거 유형에 중점을 두게 된다. 또한 경제가 급성장하여 주택수요가 크게 일어났고, 정부가 250만 호 주택건설 계획을 공표하는 등 주택건설촉진책을 추구하면서 대규모 민간주택업자들을 육성하게 되었다.

공동주택 평면의 조정

평면변화

우리나라에서 공동주택은 1970년대 중반부터 평면에 조정이 이루어지며 정착되는 시기라 할 수 있다. 특히 1980년대는 중산층을 겨냥한 다양한 아파트 설계의 시도와 고급화 전략이 가능해졌기 때문에 공동주택 역사에 기록될 만한 아

안방 전용욕실을 설치한 37평

안방 전용욕실과 갱의실까지 설치한 48평

서울 현대 압구정2차아파트 (1972)

파트설계들이 대거 등장한 시기이다. 반포아파트, 잠실아파트, 아시아선수촌, 올림픽선수기자촌 아파트와 같은 대단지 아파트가 다수 등장했으며, 테라스주택과 3세대형 주택이 아파트에 도입되었다. 이 시기의 아파트평면은 안방의 배

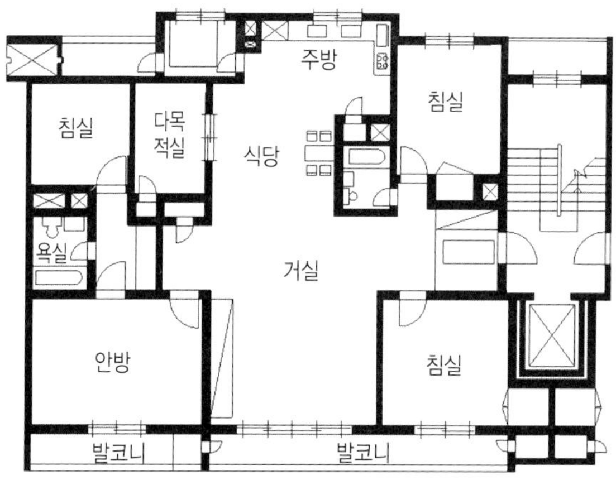

안방에 별도의 부부침실을 마련한 55평형

서울 미도아파트(1984)

공동주택 정착기 아파트의 계획특성

아파트	개 요	계획특성
반포아파트	건설년도: 1974년 세대수: 1,5847세대 층 수: 5층 평형: 22~42평	• 간선도로변에 주상복합아파트(3층) 배치 • 일자형 배치 • 부분적인 복층주택의 계획
잠실 주공 아파트	건설년도: 1975~78년 세대수: 11,821세대 층 수: 5, 15층 평형: 7.5~36평	• 다양한 소득계층 흡수 • 1K, 2K, 2LK, 3LK, 4LK • 5개 단지 • 고층의 경우 남향배치 • 인동거리 확대 • 근린주구 개념 도입
대구 가든 테라스하우스	건설년도: 1982년 세대수: 19세대 층 수: 8층 평형: 33~48평	• 주상복합형아파트 • 인공대지 개념 – 상업시설(저층)과 주거(상부) • 마당과 방의 일대일 대응(전통적 주거개념)
목동 신시가지아파트	건설년도: 1983~1986년 세대수: 27,028세대 층수: 5~15층 평형: 20~58평	• N형, S형 출입통과형 주거동 • 1층 전용마당 • 단지 통합 이미지 계획 • 보차분리를 통한 보행 전용도로
부산 망미 주공아파트	건설년도: 1986년 세대수: 2,038세대 층 수: 테라스형~15층 평형: 16~35평	• 자연지형을 이용하여 타워형, 일자 굴곡형과 테라스형 주거를 배치 • 중정: 테라스형 주거의 2세대 사이에 계획 • 필로티: 주차, 조망, 놀이공간으로 사용 • 테라스형은 안방, 거실과 연결된 중정 • 층고의 혼합을 통한 스카이라인 형성에 의한 경관 향상 • 단지 내 상가동 배치 • 보행자 전용로 / 보차분리
아시아 선수촌아파트	건설년도: 1986년 세대수: 1,108세대 층 수: 9~18층 평형: 38~66평	• 배치: 마을 개념의 그룹핑(클러스터 배치) • 주동: 높이차(9, 12, 15, 18층)에 의한 경관 변화 • 필로티: 주동간 보행동선에 연속성 부여 • 중정: 공용마당

치가 거실과 더불어 남향으로 고정되고, 작은방 · 부엌 · 식사실 등은 북향배치하는 방식의 근대적인 내부공간을 지향했고 최초의 외벽단열 설계도 이루어졌다. 가족생활의 편리함을 추구하기 위하여 화장실이 2개 이상 적용되기도 하였고, 안방에 별도의 부부침실이나 욕실, 드레스룸까지 두어 아파트가 부부중심의 공간임을 나타내 주었다. 따라서 이 시대는 우리나라에서 아파트라는 주거유형의 정착과 다양한 평면유형을 시도한 시기로 볼 수 있다.

1974년에 준공된 반포아파트는 분양 시부터 중산층의 호응을 얻었고, 이를 계기로 아파트시대가 본격적으로 전개되었다. 반포아파트는 한국에서 처음으로 단지 내에 모든 생활여건시설을 갖춘 대단지로서, 입주자의 선수금과 AID차관 자금으로 총 16만여 평의 단지에 3,786호를 건설한 중산층용 아파트였다. 한강맨션 등에 이미 입식평면이 나타났으며 이들 아파트에서는 부엌과 식당 사이에 벽이 가로놓여 있어 동선을 제약하였으나, 반포아파트에서는 벽을 배제하여 완전히 개방형평면계획(open plan) 개념에 입각하여 부엌과 식당과 거실을 모두 연결시켰다. 이로써 아파트는 넓은 생활공간을 얻을 수 있었으며 LDK의 개방으로 공간감을 중시하는 우리의 주의식에 적합한 평면배치기법이 생긴 것이다.

또 하나의 특징은 한 가구가 1, 2층을 사용하도록 2층 주택과 같은 형식으로 계획한 메조넷트(maisonette: 복층형 아파트)형식을 공급하였다. 계단실을 통해 진입하는 각 가구의 현관은 1층, 3층, 5층에 설치하고 각 가구는 실내에 설치된 계단으로 짝수층과 연결하였다. 아래층에 부부침실과 식당을 겸한 거실, 부부전용 화장실, 외부 방문객을 위한 화장실을 별도로 설치하였다. 당시 시대상에 맞추어 부엌 옆에 식모방을 두었으며, 부엌에 달린 후면 발코니에 쓰레기 투입구(dust chute)를 설치하여 쓰레기 처리의 원활함을 기했다. 상층에는 가족침실, 욕실, 서재, 가족실, 작업실 및 창고와 함께 가족전용 화장실을 설치했다.

주공 잠실아파트는 대단지 내에 5개로 단지를 구별하여 개발하였다. 우리나라에서 내국인을 위한 최초(1976)의 고층아파트가 잠실 주공아파트 5단지이다.

저소득층용 7.5평에서 중산층용 25~36평에 이르는 10여 종의 평면유형을 혼합배치하였다. 1단지의 경우 소형주택(7.5~15평)은 생활공간이 협소할 것을 우

최초의 복층형 아파트 | 서울 주공 반포1단지의 전용면적 57.9평(1972)

려하여 공유면적을 최소화하고 전용면적 비율을 높일 수 있는 계단실형으로 계획하고, 1개 계단에 4호의 아파트를 연결하여 전용면적 비율을 80%선으로 끌어올렸다. 또한 거주자들의 소득수준의 향상을 염두에 두고 가구의 규모를 늘릴 수 있도록 두 채의 아파트를 병합할 수 있는 설계를 하였다. 대다수 아파트가 연탄온돌난방을 취하였다.

잠실5단지는 판상형과 코어형 건물이 함께 배치되었으며, 거실을 중심으로 집중형 평면과 개방형 평면 배치를 혼용한 마지막 사례로 평가 받고 있다. 오일 쇼크 이후 에너지파동의 여파로 일조권을 최대한 보장하기 위하여 인동간격은 당

메조넷트(maisonette: 복층형 아파트) 형식

복층주택은 2층 단독주택에서처럼 다양한 입면변화를 추구할 수 있다. 또한 실내가 외기에 접하는 면적을 확대하여 실내환경을 향상시킬 수 있는 장점도 있다. 그러나 반포주공아파트 1단지는 1층과 2층의 평면구성이 비슷하여 입면에 별다른 차별성을 주지 못하였다. 뿐만 아니라, 상하층에 부엌을 모두 설치한 것은 복층을 계획한 의도가 무엇인지 생각하게 한다.

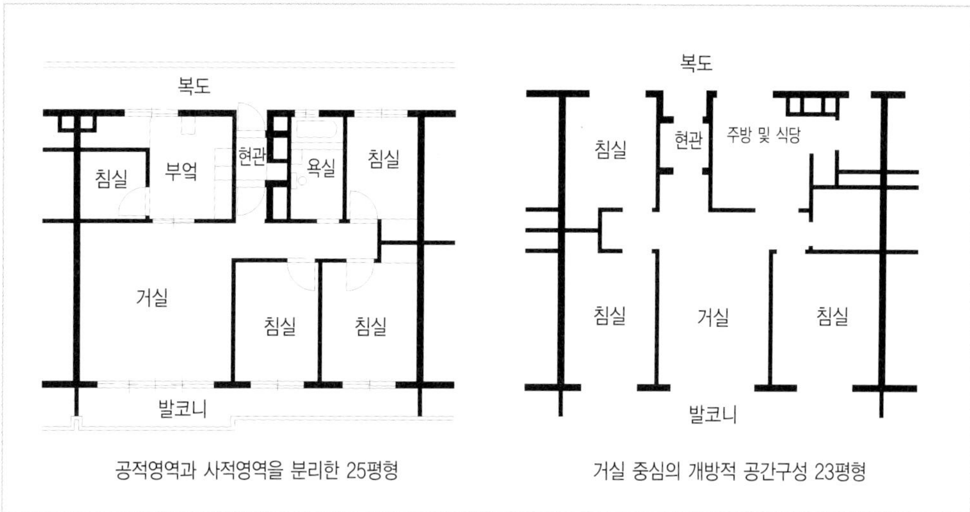

서울 주공 잠실5단지아파트(1976)

시 민간이 건설하고 있던 고층아파트의 인동간격이 40m 내외이었던 것을 70m로 넓히고 주동을 장방형으로 하여 거실을 모두 남향으로 설계하였다. 이러한 설계로 인하여 잠실5단지 내 아파트 거실에서는 혹한기를 제외하고는 거의 난방이 필요 없을 정도였다고 하지만 세장비가 길고 창문이 작아 후면에서는 채광에 문제가 있었다.

그러나 부엌과 거실을 포함한 다른 공간들은 벽으로 구분된 평면배치였다. 이러한 부엌에서 이루어지는 주부의 노동은 가족들의 일상사와 철저히 분리될 수밖에 없다. 즉 주부는 고립된 부엌에서 가족의 식사를 준비하고, 나머지 가족은 부엌과는 격리된 거실에서 신문을 읽고 TV를 보고 대화를 나누었다. 부엌과 거실의 시각적, 공간적 단절은 당시 가족 내에서 주부 혹은 주부의 작업이 가졌던 단절의 관계를 보여준다.[1] 그 당시 중앙일보의 "국민의식조사"(1975. 8.15)에서는 인간과 인간 사이의 단절이 심화되어 근린 이웃에 대한 관념이 약해졌으며, 마음을 터놓고 이야기할 상대는 가족 등 혈연적인 관계에 국한되며, 여가시간을 가급적 가정에서 보내려고 하였다고 한다. 가정의 절실한 문제가 가족건강, 자

1 최윤경(2003). 주택평면에 나타난 여성의 사회공간적 지위에 관한 연구. 대한건축학회논문집 계획계, 19(1), 86-87쪽.

녀교육, 가정의 안전, 생계유지 등으로 가족생활안전에 대한 욕구가 당시의 생활상의 단면을 드러내고 있다.

아시아선수촌아파트는 1층의 필로티 설치, 벽돌을 사용하는 등 외벽디자인의 변화, 엘리베이터홀의 돌출 및 계단실의 램프처리, 스카이라인의 변화 등 기존

스카이라인의 변화와 벽면 엘리베이터홀의 돌출

방 앞 발코니를 돌출시키지 않음

66평형

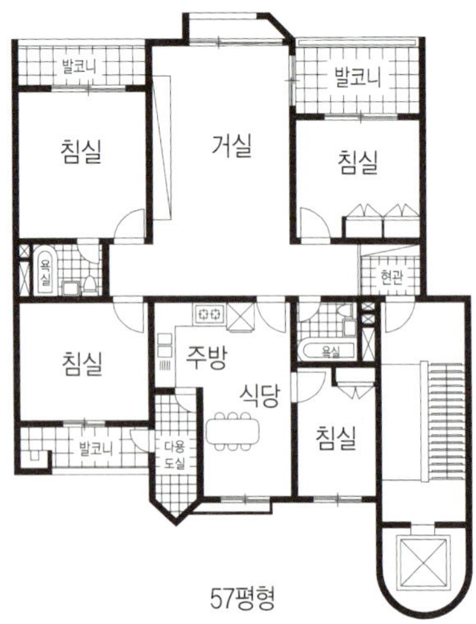

57평형

서울 아시아선수촌아파트(1986)

부산 망미주공아파트(1986)
자료 : 대한주택공사, 2002, 62-63쪽.

과는 다른 모습을 보여 주었다. 공적공간구성에서 일반아파트의 LDK구성에서 부엌과 식사실을 거실로부터 완전히 분리시켰다. 거실 쪽에 부엌을 배치하고, 외부를 향하여 식사실을 두어 외부로 난 창과 직접 면하게 하여 외부를 조망할 수 있을 뿐 아니라, 주동 후면 형태의 표정변화를 추구한 것으로 당시로서 매우 특이한 평면을 창출하였다. 거실 앞에는 발코니를 설치하지 않았고 방 앞의 발코니는 돌출하지 않게 하여 통일성과 단순함을 추구하였다.

1984년 대한주택공사에서는 그동안의 획일적이고 개발중심의 아파트에서 벗어나기 위하여 구릉지가 많은 부산지역에 경사진 지형과 수영만의 조망을 그대로 살린 새로운 개발형태인 테라스형아파트로 망미주공아파트를 계획하였다. 망미주공아파트의 테라스주택은 계단을 중심으로 양쪽으로 연결된 2세대 사이에 안방, 거실과 연결된 중정이 선큰(sunken)처럼 위치하고 있으며, 각 세대에 딸린 테라스는 데크와 잔디공간 및 화단으로 구성하였다. 이후 부산당감주공아파트(1994), 상갈주공아파트(2001) 등을 비롯해 국내 도입된 테라스형 주택들은 접지성과 자연성 등을 잘 살리고 있으나 아직까지 활성화되고 있지는 않다.

우리나라의 전통적인 가족구조인 노부모 동거가족의 생활공간인 3세대 가족형주택을 공동주택에 도입한 첫 사례는 1984년 목동

테라스형 평면

부산 망미주공아파트의 평면도

서울 상계신시가지 19단지

노인전용공간을 분리한 3세대 가족형주택

신시가지였으나, 건설도중 설계가 변경되어 무산된 후 1987년 상계신시가지 19단지에 시범적으로 공급되었다. 이 당시 3개안을 평면으로 제시하였다. 노인세대와 자녀세대의 전용공간을 완전히 분리하였을 뿐만 아니라 주방과 화장실도 별도로 설치하여 공간에서 두 세대간의 갈등을 줄이고자 하였다. 그렇지만 실내에 두 전용공간을 연결하는 출입구를 마련해 필요할 때 교류를 할 수 있게 하였다. 다른 안은 하나의 출입문을 사용하되 노인세대와 자식세대의 침실을 모두 남향에 배치하고, 노인세대 침실에는 별도의 독립욕실을 설치한 평면이다. 세대간 침실 사이에는 거실을 두어 각 세대의 프라이버시를 보호하고 있다. 나머지가 수직동거형 3세대 평면이었다.

1970년대 후반부터 연탄온돌에서 연탄보일러로 난방방식을 바꾸면서 평면에 변화가 생겼다. 안방이나 욕실의 난방을 위해 그 동안 폐쇄적이었던 부엌을 개방할 수 있게 되었고, 그에 따라 주방공간을 거실공간으로 흡수할 수 있게 되자 거실중심의 시원한 공간감을 극대화시킬 수 있는 평면구성이 가능해졌다.

1988년 이후 욕실이 2개 이상 적용되는 평형이 늘고, 미도아파트 55평형(1984)이나 한양8차아파트 64평형(1984) 등과 같이 대형아파트에서는 안방에 별도의 부부침실을 둔 사례도 보인다. 1960~1970년대 안방의 배치를 두고 갈등을 벌이던 아파트 평면은 1980년대 들어서면서 안방과 거실은 남향배치하고, 작은방 · 부엌 · 식사실 등은 북향배치하는 방식이 규칙처럼 굳어지기 시작하여 실배치의 고정화 현상이 두드러졌음을 알 수 있다.

단지개념의 정착

이 시기에는 아파트가 중산층의 새로운 주택유형으로 완전히 자리 잡으면서 주동의 고층화 현상이 두드러지며 중고층 혼합배치 유형이 나타난다. 또한 마스

서울 잠실 1,2,3,4단지(1975) 중층 중정형 배치 | 영역성을 높이고 이웃간 교류를 촉진하고자 최초로 중정형배치를 도입하였으나 보편화되지 못하였다.

자료 : 대한주택공사, 2002, 44-45쪽.

서울 잠실5단지(1978) | 우리나라 최초의 고층아파트이며 판상형 배치이다.

자료 : 대한주택공사, 2002, 46-47쪽.

터플랜 개념을 도입하였으며 근대적인 도시계획이론인 근린주구이론이 실행되었다. 따라서 이 시대는 우리나라에서 아파트라는 주거유형의 정착과 함께 본격적으로 단지의 개념이 시작되는 시기로 볼 수 있다.

1975년 잠실주공의 중층단지 이후 1977년 서울시가 아파트 층수제한을 12층에서 15층으로 높이자 잠실주공5단지아파트를 시작으로 본격적인 고층아파트(12~15층) 시대가 열렸다. 이후 저/중층 혼합, 중/고층 혼합 등이 나타났으며, 이때까지만 해도 건물은 남향 일자형 평행배치가 대부분이었으나 잠실주공5단지에 코어형 건물을 혼합배치하였다.

단지의 옥외공간으로는 주거동을 노선상가 형태로 하여 상점, 병원, 약국, 교회 등을 두었고, 놀이터, 체육시설, 학교 등이 지어졌을 뿐 녹지공간 조성에는 인색하였다. 아파트 옥외공간의 구성과 바닥 포장형태는 매우 단순하였으며, 녹지공간의 구성과 식수는 매우 빈약하였다.

이에 반해 이 당시 아파트들은 입주자의 기호를 충족시키기 위한 주거기능 및 성능향상에 기본 목표를 두기도 하였다. 그 중 일부로 진행된 것이 환경친화형 아파트의 시도이다. 부산 망미지구 주공아파트는 환경친화형 아파트를 추구한 단지설계의 첫 사례이다. 자연녹지지역이면서 수영만을 향한 구릉지에 고층아

단조로운 외관, 삭막한 옥외공간 | 1970년대 지어진 5층 아파트로서 현재 초고층아파트로 재건축이 진행 중이다(울산 산호아파트, 1978).

파트와 테라스하우스를 건설하였다. 경사진 자연대지에 순응하도록 단지의 저층부는 테라스형으로 계획하고 후면에는 고층아파트로 계획하여 스카이라인을 파괴하지 않도록 계획하였다. 자연환경을 최대한 이용하고자 등고선을 따라 판상형 주거동을 배치하고 경사가 가파른 곳에 테라스 주택을 배치하여 단지경관을 제고하였다. 자연지형을 이용하여 단지에서 발생하는 우수를 집수한 생태연못을 만들기도 하였다. 이것은 이후의 구릉지역 재개발에 있어 좋은 사례가 되었다. 대구 가든테라스는 주상복합형 아파트로 데크(deck)를 이용하여 저층부에는 상업시설, 위에는 마당을 가질 수 있도록 계단식으로 계획하였다.

1980~1984년에 이루어진 과천신도시 개발은 수도권의 인구분산과 무주택 국민 및 공무원에 대한 주택공급의 일환으로 1~11단지 13,522호의 신시가지가 조성되었다. 이것은 단지의 개념이 도입된 아파트 단지로 '턴키베이스(turn-key base)' 방식을 시도해 각 지구별로 특색을 부여하였다. 7.5~45평 규모를 다양하게 건설하였고 스카이라인을 고려하여 정남향과 동남향으로 배치하였다. 또한 1982~1983년 개포동에 1,060세대의 13~15층 규모의 단지가 건설되었다. 1982~1984년에는 1백만 평의 고덕지구에 17,500가구에 대한 대규모단지 개발사업(new town in town)이 시행되면서 환경영향평가제도가 처음 도입되었다. 이어서 1983~1986년에 서울시가 목동 신시가지 아파트를 현상설계 하여 건설

출입통과형 주거동

1층 전용정원

보행광장

저층과 고층의 혼합배치

서울 목동 신시가지아파트

이 이루어지는데, 여기에 도입된 배치는 NS평형배치로서 통과형 주거동이 최초로 계획되었고, 꺾임형, 병렬형, 중정형의 배치가 다양하게 혼합되어 있는 배치, 차량동선과 보행동선의 분리를 위하여 주차공간과 보행공간의 고차조성, 보행광장을 두었으며, 1층 전용마당을 갖는 주택과 복층주택 등의 새로운 계획개념이 사용되었다. 목동신시가지아파트는 단지통합 이미지계획을 실시하는 등 옥외공간계획개념이 뚜렷하였다.

아시아선수촌아파트(1986)는 작은 마을의 개념으로 주거단위의 그룹을 설정

타일벽면과 피로티형 통과도로

보행자전용도로

서울 아시아선수촌 아파트

하여 공동체를 형성하고 건물간의 폐쇄공간을 둠으로써 연속된 보행자 동선과 개방된 공간을 확보하였다. 이 아파트는 7개의 ㄷ자로 된 주거동의 그룹핑이 중앙의 오픈스페이스를 둘러싼 형태로 가운데 차도를 중심으로 동쪽에 4개의 그룹이 배치되어 있고 서쪽에 3개의 그룹과 중심시설이 있다. 보행자도로는 동서쪽이 차도로 분리되어 있으나 각각의 보행자도로는 중첩되지 않고 주동의 전면과 후면을 감싸고 필로티를 통하여 이웃한 공용마당과 연결되며 학교까지 확장된다. 이 보행동선은 어린이놀이터 및 보행광장과 연계되어 일반적인 통행이외에 산책, 운동, 아이들의 놀이터로 이용되고 있다.

이 시기에 대부분의 아파트를 지을 경우 건축법 제9조2의 지방자치단체의 조례가 정한 기준에 따라 공해방지 또는 조경을 위한 식수, 기타 필요한 조치만 취하였다. 현재의 아파트 옥외공간과 비교해 볼 때 주민을 위한 옥외공간에 대한 배려가 부족했지만 배치나 옥외공간에 있어서는 근린주구론을 도입하는 등 나름대로 노력을 하고 있었음을 볼 수 있다. 이 당시를 아파트 옥외공간 형성의 '태동기' 라고 구분하기도 한다.

3. 공동주택의 확산

1980년대 후반부터 공동주택 거주의 편리함과 경제성을 확신한 주거소비자는 공동주택시장으로 대거 몰렸다. 이에 부응하여 정부는 '주택건설 200만 호 사업', '신도시개발사업' 등을 강력히 추진하였다. 이와 더불어 공동주택과 관련한 건축법을 완화하여 공동주택의 대량공급을 꾀함으로써 우리나라에 공동주택이 확산되는 계기가 되었다. 1988년 올림픽 특수 덕에 국제수지가 큰 폭의 흑자를 기록하면서 아파트 값이 치솟았다. 이를 막기 위해 노태우 정권은 1989년 분당 · 일산 신도시계획을 발표했지만 그 이후에도 아파트가격 상승세는 이어졌다. 특정지역으로 주거소비자가 몰리자 그 지역의 아파트가격이 폭등하고 그들만의 독특한 문화를 형성하기도 하였다.

경제생활의 안정과 부동산투기

✿ 사회변화

1980년대는 경제성장에 의한 생활안정기였다. 1962~1987년에 걸친 25년간 8.3%의 경제성장률을 보였을 뿐만 아니라 국민생활면에 있어서도 커다란 변화가 있었다. 중앙일보에서 실시한 "국민의식조사"의 1980년도와 1985년도 내용의 일부를 비교해 보면 대체로 중류계층의식이 높아지고, 소비지출면에서는 교육비의 부담이 커졌으며, 점차 문화 · 오락비의 비중이 높아지는 경향이 나타났다. 1980년대의 "한국여성의식구조에 대한 연구 결과"를 보면 가정생활에 대한 여성의 만족도가 증가되었으며 이는 가정생활이 안정된 것을 의미한다고 볼 수 있다. 또한 여성의 가사노동 시간이 줄었고 여가 활용시간이 늘어났다. 가계의 소비지출 중 엥겔계수는 도시가구의 경우 1980년에 42.9%이던 것이 1986년에는 35.8%로 낮아졌다.

1988~1990년의 무역수지 흑자, 그에 따른 통화팽창 등으로 부동산 붐이 다시 일고 지가와 주택가격이 급등하기 시작했다. 1992년 대선에서는 한 대통령 후보

「꿈의 도시」 희망은 남아 있다(신도시는 지금)

– 상략 –

1989년 신도시조성 발표 당시 정부가 내세웠던 슬로건은 입주 희망자들을 설레게 하기에 충분했다. 분당은 수도권의 중심상업지역으로서 자족기능을 갖춘 신도시–중산층을 위한 쾌적한 교외 주거지역으로 개발하며, 일산은 예술문화시설이 완비된 전원도시–자급자족의 기능을 갖춘 수도권 서북부의 중심도시로 개발한다.

중동은 경인 공업지역 중심에 위치한 도시근교 주거지가 되며 부천시를 신업무지역으로 조성한다. 평촌은 안양권 업무지역을 유치한 신시가지로 건설할 것이며, 산본은 새로운 중심업무지역 조성, 수려한 자연환경을 갖춘 전원도시개발을 목적으로 한다.

– 중략 –

신도시에는 1996년까지도 병원이나 백화점 등 기초적인 편익시설이 완비되지 않았고, 고속도로 통행료납부 시비 등으로 분당 · 일산의 신도시주민들은 소위 "주민협의회"를 구성하여 조직적인 대정부투쟁을 벌이기도 했다. 수시로 나타나는 도로나 가로등, 하수도 등의 부실시공과 비용부담문제는 지방자치제의 시행과 겹쳐 사업시행자와 해당지자체 간의 시설 인계인수문제가 되어 1997년까지 해결되지 않았다.

그러나 5개 신도시건설사업은 "그 이전보다 규모가 좀 큰 택지개발사업"이라는 정도의 인식으로 진행된 1기 신도시사업이었고, 건교부는 그 이후 10년간 "신도시"라는 용어를 거론하는 것마저 금지당하는 아픔을 겪어야 했다. 급하게 공기를 맞추는 과정에서 혹한기 시공과 바닷모래 사용 등으로 부실시공 시비가 끊이지 않았고, 시범단지아파트는 학교공사와 주변지역의 도로포장이 마무리되지 않고 버스노선도 개설되지 않은 상태에서 입주가 시작되어 건교부는 입주민들로부터 거센 항의와 비난을 감수하여야 했다.

그러나 5개 신도시 건설을 통해 공급된 주택물량은 29만 3천여 가구였으며 이는 수도권 전체 주택수의 10.7%에 이르는 것으로 부동산 가격안정 및 주택난완화에 적지 않은 효과를 낳았다.

–하략–

자료 : 박원재 · 박희제, 동아일보(1995.04.12); 서종대, 건설교통부 신도시기획단장(2003.12.17).

가 아파트 반값을 공약으로 할 정도로 주택가격의 상승이 큰 사회문제였다. 이에 따른 사회적 불안을 해소하기 위해 정부는 1988년 8월, 이른바 '8.10 조치'로 불리는 투기억제책 및 이후 토지공개념 입법 추진 등 한편으로는 부동산 투기억제조치들을 취하였지만 결국은 주택가격안정을 위한 주택공급확대정책을 취하게 된다. 이의 일환으로 분당, 일산 등 수도권 내 5개 신주거도시(분당, 일산, 중동, 평촌, 산본) 개발이 시작되거나 가속화되었다. 이러한 배경에서 1990년에만 70만 호의 주택을 건설하는 기록을 남겼다. 이와 같은 상황은 결과적으로 200만 호 건설계획(1988~1993)을 1년 앞당겨 달성하는데 기여했지만 건설인력난의 심화, 주요 건축재료의 부족 및 그에 따른 부실공사문제, 또 택지가격의 급등 등 주택건설산업에 여러 가지 문제를 제기하기도 하였다.

주택정책

공동주택 확대기의 주택정책은 주택투기억제와 주택경기활성화 대책이 반복적으로 이루어졌다. 조세정책을 적극적으로 활용하여 주택경기에 따라 주택시장의 과열방지와 부양을 도모하였다. 또한 1970년대, 1980년대 초와는 달리 정부에 의한 주택공급이 확대되어 주택건설비중이 민간위주에서 공공부문위주로 전환되었다. 이 시기에는 주택의 양적 성장보다는 질적 개선에 정책목표를 두어 분양가 상한제를 폐지하거나 주거환경개선을 위한 조치 등을 시행하였다. 저소득층의 주택문제를 사회복지차원의 문제로 인식하여 최초로 영구임대주택 25만 호 건설을 계획하여 1990년 2월 영구임대주택에 입주가 시작되었다. 1988년 4월 부동산 투기에 따른 주택시장 과열을 잠재우기 위하여 '200만 호 주택건설계획'[2]에 의하여 주택공급확대를 적극적으로 추진하였다.

제6차 경제개발 5개년계획 기간에는 지금과 같은 공동주택 분양방법과 주택금융제도를 확립한 시기이다. 주택청약부금제도를 시작하고(1989.3), 20배수 우선청약제도(1991)의 도입, 서울시 민영아파트 동시분양(1992.8) 방식을 도입하였다.

2 이로써 정부는 소득계층별 주택공급체계를 확립하였다. 도시영세민의 주거환경개선을 위하여 사회복지차원에서 영구임대주택을, 기업의 생산성 향상을 위하여 저소득 무주택근로자를 대상으로 근로복지주택과 소형분양주택을, 중산층 이상에 대하여는 주택수급이 자율적으로 이루어지도록 시장기능에 일임하는 것을 원칙으로 하였다.

1990년대의 신경제개발 5개년계획 기간 중에는 민간부분의 자율성을 제고하기 위해 민간의 주도로 추진하는 재건축, 재개발 및 주상복합건물의 건축을 활성화하기 위한 관련제도를 개선하였다. 투기억제책을 지속적으로 추진하였으며, 수도권을 제외한 지역에 분양가 제한을 폐지하는 등 공동주택의 질적 수준 향상을 위한 다각적인 노력을 하였다. 건전한 임대문화를 정착시키기 위하여 주택임대사업자 제도(1993.11)를 도입하는가 하면 분양아파트의 분양을 보증하기

확대기 주택정책의 목표 및 내용

시대분류	경제발전 5개년계획 기간별 주택정책의 목표	주택정책 / 법령
세계화 · 제6공화국 (1988~1992)	제6차계획(1987~1991) • 소형주택중심의 건설물량 확대 • 임대주택 건설 역점 추진 • 저렴한 택지공급의 확대 • 택지가격의 지속적 안정 • 내실 있는 주택금융제도 개선 • 주택규모 소형화, 공급체계 정비	부동산투기억제 종합대책 발표(1988.8.10/1992.2.12) 분당 · 일산 신도시개발계획 발표(1989.4.27) 도시 저소득층주민의 주거환경개선을 위함 임시조치법(1989.4) 종합토지세(1989.6.16) 민간아파트 분양가 상한제 폐지, 원가연동제 실시(1989.10.13) 채권입찰 상한제(1989.11.3) 아파트 표준건축비 고시(1989.11.4) 주택임대차보호법 개정(1990.1.1) 노후아파트 재건축 사업 첫 승인(1990.4.10) 20가구 미만 공동주택 재건축 규제(1991.1.15) 신도시아파트 공급계획발표(1991.4.23) 주택건설기준 등에 관한 규정, 규칙(1991)
국제화 신경제 정책 · 제6공화국 (1993~1997)	신경제 5개년계획(1993~1997) • 매년 50~60만 호를 안정적으로 공급 • 공공주택자금의 지원수준/조건개선 • 주택건설과 택지개발을 민간주도로 전환 • 관리강화-재고주택의 질적수준 향상 • 건전한 임대문화 정착 • 공동주택의 질 향상	임대주택법, 임대주택건설촉진법 전문개정(1993) 서울지역 동시분양아파트 30배수로, 다시 50배수로 적용(1995) 주택할부금융제도 도입(1995.6.12) 주상복합아파트 분양가 자율화(1995.6.28) 오피스텔 건축기준완화: 난방, 싱크대, 가스배관 설치 허용(1995.7.19) 주택시장 활성화대책 발표(1995.11.7) 단독 및 연립주택, 철골조아파트 분양가자율화(1996) 부동산투기억제 대책 발표(1997.1.21) 수도권 이외 지역 아파트분양가 규제폐지(1997.5.28) 서울지역 동시분양 아파트청약 20배수제적용(1997)

자료 : 임서환, 2002; 류제동, 2005; 손세관, 1997; 건설교통부 홈페이지; 조선일보 홈페이지; 국토 50년, 1996, 재구성.

위하여 주택분양보증제도(1993.7)를 실시하여 선분양제도의 문제점을 보완하기도 하였다.

✿ 주생활상

종전의 단독주택 생활을 바탕으로 하는 주의식과 주생활양식과는 달리 편의성, 효율성, 경제성 위주의 아파트 주거형태는 그 속에서 생활하는 일반 거주자들의 주의식 변화를 가속화하였다. 아파트 주거 공간의 형태와 주생활양식을 연관하여 가족생활의 대표적인 변화를 살펴보면 다음과 같다.

첫째, 아파트의 적극적인 공급으로 핵가족화가 가속화하게 된다. 핵가족 생활 중심으로 계획된 아파트 단위세대의 내부 공간은 대가족 생활의 공간적 요구를 만족시키기가 용이하지 않을 뿐만 아니라, 아파트의 대량공급으로 주거 마련이 용이해지자 대가족은 점점 분열되고 핵가족은 점차 증가하여 핵가족이 우리의 보편적 가족형태로 정착하였다.

둘째, 아파트 주거에 대한 '주택 투기' 는 여성들의 경제권을 증대시키는 수단으로 작용하였다. 주택시장은 여성들의 경제 활동의 '장' 으로 변용되고 결과적으로 여성들의 경제관에 변화를 가져왔다. 1987년의 조사에 따르면 우리나라 아파트 거주가구는 평균 2.7년마다 이사하는 것으로 나타났다. 1980년대에 들어 우리나라의 대중주거인 아파트에서 '집' 이란, 가족의 역사가 깊게 배어 있는 정서적 의미보다는 가전제품처럼 '사는 기계(living-machine)' 와 같은 의미로 쉽게 사고파는 경제 상품화하는 현상으로 나타났다.

셋째, 거실과 식사실과 같은 가족 공동의 공적공간과 침실 등 개인의 사적공간에 대한 분리가 뚜렷해지고, 각 공간의 목적에 적합한 공간 장식에 대한 의식이 싹트기 시작하였다. 그 결과 주택의 각 실은 다목적 활용보다는 거주자들의 개성 표현의 장소로 자리 잡는다.

공동주택 평면의 다양화

평면계획

1970년대에서 1980년대 초까지가 우리나라에 아파트 주거유형이 정착된 시기라면, 1980년대 중반 이후는 대규모 단지중심의 양(量) 위주의 건설공급시기라고 할 수 있다. 이 시기에는 주거를 둘러싼 사회·경제적 여건이 더욱 복잡하고 다양해졌으며, 지속적인 경제성장에 의해 주거소비자의 경제력 상승에 걸맞는 다양

복층형 아파트동 외관

복층형 세대 입면

1층 외부공간의 다양한 방식의 개인정원화

계단식의 스카이라인

서울 올림픽선수기자촌 아파트(1988)

한 아파트 계획이 시도되었다. 1980년대의 아파트는 입주자들의 개성이나 기호의 차이, 다양한 주요구에 부응하기 위하여 주문식 평면형의 개발보급(개포 선경아파트, 부산 수서동 선경아파트, 상계동 주공아파트 일부 등)과 융통형 평면(상계 주공2단지 일부, 고양 능곡 주공아파트 일부 등), 선택사양(option)제도 등이 실시되어 평면구성이나 주동 및 배치형태의 획일성 탈피를 위한 노력을 하였다.

올림픽선수기자촌아파트는 6~24층 높이의 건물을 혼합배치하였다. 40평형은 전후면 3칸으로 하고 화장실을 1개로 하면서 부엌과 식당을 분화시킨 구성을 하고 있으며, 거실에 인접한 방은 미닫이문을 설치하여 거실의 연장된 공간으로 융통성 있게 사용할 수 있도록 하였다. 67평형을 복층형으로 하여 아래층은 거실, 부엌, 식당과 같은 공적인 공간과 안방으로 하고, 상부층은 방들로만 구성하였다. 특히 거실 상부층을 개방하여 단독주택의 개념을 도입하였다. 그러나 거실(9.8평)을 중심으로 배치하다 보니 5개방의 크기가 2.72~4.57평으로 작은 편이어서 우리의 생활과는 적합하지 않았다. 이에 반하여 57평형은 단층형으로 거실은 비교적 좁지만(8.1평) 방의 크기가 3.27~6.1평으로 공간활용도가 더 나은 것으로 나타났다. 난방은 열병합에 의한 지역난방방식을 채택하였다.

기존의 5층 또는 10층 이상의 고층아파트 이외에도 20층 이상의 초고층아파트

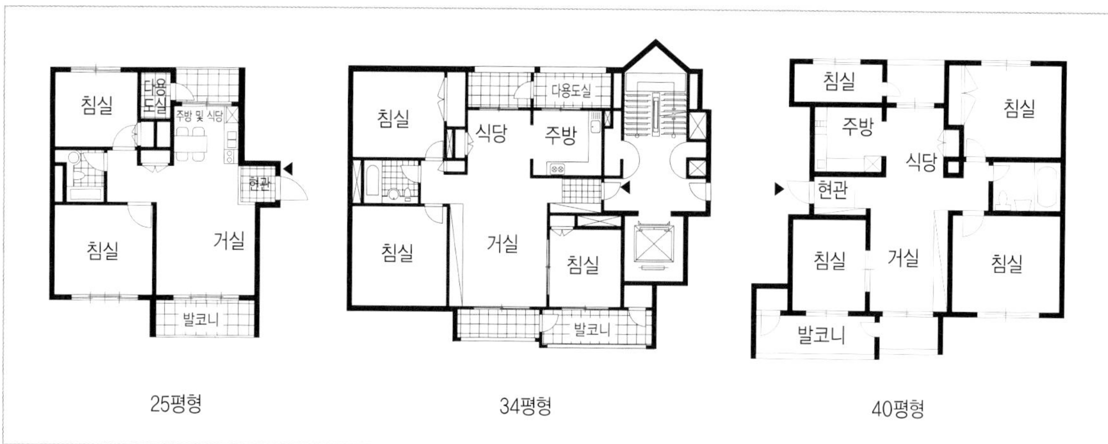

서울 올림픽선수기자촌 아파트 평면

가 건설되었으며, 배치형태가 다양해지고 기존 아파트의 단조로운 외관에서 벗어나 아파트 건물 등의 높이를 다르게 처리한 계단식으로 스카이라인의 변화를 주었고 저층과 고층아파트를 적절히 혼합배치하는 등 주거환경을 개선하려는 노력 등이 나타났다.

우리나라 아파트 평면은 2베이(two bay: 전면에 두 공간을 배치하는 것)가 주를 이루었다. 고밀개발의 압박이 강화되는 1980년대 중반부터 대한주택공사 내

분당 시범현대아파트

부에서 단위주택의 전면폭 축소를 통한 용적률 증대전략이 본격적으로 논의되었으며, 이후 전면폭 축소를 지향하는 단위평면 계획이 일정기간 지속되었다. 그러나 전면폭 축소는 수요자의 주거선호도를 떨어뜨린다는 비판이 제기되어 1990년대 중반 이후 전면폭 최소화 노력은 퇴조하게 된다. 1990년대 초 신도시 1기에서도 일반적인 구조가 2베이였고 일반적인 아파트 기본구조는 2베이를 바탕으로 건설되었다. 40평대 이상의 대형아파트에서 3베이까지 건설되었고 70평 정도의 초대형아파트에서 4베이 이상을 볼 수 있다.

분당 시범단지에서는 단지배치계획의 다양화, 중층 · 고층 · 초고층의 혼합과 지붕모양의 변화와 함께 스카이라인 변화, 색채의 다양성 및 외관의 다양화 등 많은 면에서 진일보하였다. 평면계획에서는 가동칸막이벽체를 설치하여 실 사용을 선택할 수 있도록 한 개념이 일부 적용되었고, 박스형 코어를 이용해 전면의 칸수를 증가시키거나 후면실 배치의 변화를 시도하였으며, 주거내부공간에 차별성을 주기 위한 옵션제도도 실시하였다.

다용도실의 후면 발코니화

1980년대에 거실-식당-부엌이 연결되어 개방된 LDK평면형이 등장하였다. 종전 주택의 모서리 공간을 차지하던 부엌이 식당, 거실공간과 결합하여 가족단란의 기능을 갖게 된 것이다. 이제 적극적으로 가사작업을 분산할 수 있게 되었다. 이 시기에 난방방식의 변화가 있어서 1980년대 초까지 연탄온돌이 주된 난방방식이었으나 후에 연탄보일러와 기름보일러로 변환되는 과정에서 보일러실을 주택 내에 새로이 설치하였다. 이때부터 보일러실을 포함한 외부공간에 대해 다용도실 대신 후면발코니로 부르게 된다. 이후 계단형 주거동에서 후면발코니와 별도로 분리한 다용도실

서울 개포동 경남아파트 2차 59평형(1984)

서울 수서동 삼성생명아파트 23평형(1997)

서울 홍제동 현대아파트 42평형(1998)

이 설치되기도 하였다. 후면발코니는 세대 내의 환기, 채광이 개선되는 효과를 얻을 수 있을 뿐만 아니라 서비스기능의 확장도 꾀하였다. 다용도실이 빨래나 식품세정 등 가사작업 보조공간이라면 후면발코니는 수납까지 고려한 공간이라 할 수 있다.

1980년 후반 계단형 주거동에서 전·후면 발코니 공간면적을 극대화하고 특히 후면발코니는 다용도실의 역할을 대신하였다. 1990년대 후반 분양가 자율화 이후 분양면적을 극대화하기 위하여 다용도실은 확실하게 후면발코니가 대체하게 된다. 그러나 아직 많은 거주자들은 평면에 표시된 것과는 상관없이 후면발코니를 다용도실이라 불러 가사보조공간의 필요성을 나타내고 있다.

옥외공간의 발전

1989년 급팽창하는 수도권 인구와 서울의 집값을 해결하려고 주택 200만 호 건설계획(1988~1992)이 수립되었고, 수도권의 일산, 분당 등 다섯 곳의 신도시를 건설 계획하였다. 이 사업을 조속히 완수하기 위해 정부는 건폐율과 용적률의 상향, 인동간격의 축소 등 건축법을 대폭 완화시켰다. 또한 신도시 아파트를 중심으로 옥외공간이 획일적으로 대량건설되자 정부는 각종 관련법규를 정비하

아파트 단지 옥외공간 관계 법령 및 법규의 변화

제정연도		1963	1972	1979	1991	2003
관계법령	-	공영주택법	주택건설촉진법			주택법
관계법규	-		주택건설촉진법 시행규칙	주택건설 기준에 관한 규칙	주택건설기준 등에 관한 규정	

자료 : 김대현 외 3인, 2005, 56쪽.

였다. 특히 '주택건설촉진법'을 지원하는 하위법인 '주택건설기준등에관한규정'의 제정과 '건축법'에서 '대지 안의 조경'이라는 독립된 법조문을 제정하였다. 그 결과 이 시기를 아파트 옥외공간 계획에 있어 발전기로 구분한다.

1990년대에 들어와 주택시장이 안정되고, 레저 등의 옥외활동에 대한 수요자의 관심과 지방자치단체의 환경부문에 대한 투자가 늘어나면서 주택단지 옥외공간 설계의 특성화 노력은 더욱 가속화되었다. 단지 옥외공간 설계의 특성화 배경요인은 수요자 위주의 공급환경의 변화, 주택의 거주성에 대한 수요자의 가치변화 및 악화된 주거환경에 대한 사회적 인식의 변화에서 찾아볼 수 있다. 일부 업체에서는 외부환경시설물 및 조경설계지침이나 아파트 주거환경 차별화전략 등을 수립하기도 하였다. 그러나 1990년대 중반까지 계획된 대부분의 아파트 단지는 건축규제의 허용범위 안에서 최대 호수 및 용적률을 확보하는데 주력하여, 이제까지 15층에 머물렀던 아파트 단지는 20~30층의 초고층 고밀도 단지로 변모하였다. 초기 마포아파트의 경우 용적률이 67%였던 반면, 1980년 둔촌아파트는 102%, 이전 마포아파트를 재건축한 마포 도화동 삼성아파트는 용적률 252%로 건설되었으며, 구의동 현대아파트 2단지는 용적률 397%, 이촌동 대림아파트의 경우 용적률이 399%로 개발될 정도로 고층화, 고밀화가 이루어지고 있었던 것이다. 그리고 토지의 효율성 측면에서 판상형보다는 탑상형 · 절곡형이, 주거동 배치도 병렬형보다는 중정형 · 직교형이 많아 나타났다.

올림픽 선수기자촌아파트는 저 · 중 · 고 · 초고층을 혼합배치함으로써, 필요만큼의 용적률을 확보하고, 넓은 오픈 스페이스(open space)를 확보하였다. 또한 단지내부의 초고층 주동의 배치에 있어서 초고층주동의 거대성과 고밀성을 완화시킬수 있는 디자인을 제시한 우수한 사례로 평가받고 있다. 주호까지의 진입형식은 계단실형이며, 접지성을 높이기 위한 주동입구 디자인과 발코니 디자인을 눈여겨 볼 수 있다.

주거단위는 가구(街區)와 가로공원으로 구성되는데, 가구조직은 건물에 둘러싸여 있으며 그 내부에는 지하주차장, 지상주차장, 유아놀이터 등으로 반공공(半公共) 공간을 계획하였다. 동선계획은 단지가 보행권 내이므로 단지 안으로

1층 주호앞 정원과 텃밭

주동 사이 주민들의 운동 · 휴식공간

외부공간의 보차공존

동의 클러스터 배치

서울 올림픽선수기자촌 아파트

의 통과교통을 억제하기 위하여 주진입을 외부순환도로에서 해결하도록 설계하고 내부순환도로는 중심시설의 서비스 및 진입을 해결하도록 설계하였으며, 주거지 주차장의 입구는 직접 순환도로에 연결시키거나 가로공원 입구부분에 국한시켜서 가로공원내의 통과교통을 최소화하였다.

가로공원은 방사형에 의해 형성된 오픈스페이스 중 개방된 공간으로 특별한 보차분리 없이 계획하였는데, 보차공존으로 계획한 의도는 공간의 효율적 이용을 도모하고 외부공간을 활성화하기 위한 것이며 노폭의 설정, 노선의 우회, 보행중심의 포장재료 등으로 자동차의 저속운행을 유도하여 위험을 제거하고 여러 가지 활동이 동시에 일어날 수 있는 옥외 공용공간을 만드는 것을 의도하여 계획된 것이다.

해운대 빌리지(1993)는 경사지형의 대지에 해운대의 조망을 유지하기 위하여 경사지 상단부에는 고층을 배치하고, 하단부는 저층 건물을 배치하여 두 건물 사이에 공용마당을 구성하였다. 공용마당은 저층과 고층 건물이 45도 각도로 엇물리면서 배치되도록 하여 협소한 대지면적을 최대한 이용하여 단독주택과 같은 분위기를 조성하고 있다. 이와 같이 고층과 저층 사이에 위치하고 있는 중정은 부분 부분이 레벨차를 가지면서 계단으로 연결되고, 각각의 계단은 좁고 단

외관

중정

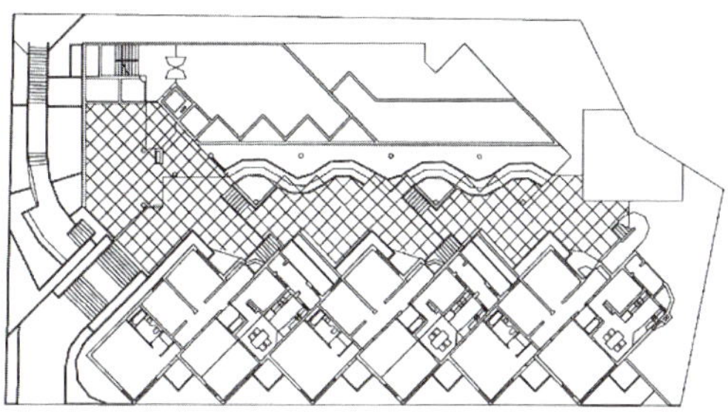

평면도

부산 해운대 빌리지

자료 : http://blog.naver.com/akcjsfn13?Redirect=Log&logNo=40024551097

독주택지의 언덕을 오르내리는 골목길과 같은 느낌을 주도록 의도되어 공동주택이면서 단독주택이 늘어서 있는 주택가 골목길을 연상하도록 구성되어 있고, 중정 내부는 주거동을 45도 각도로 틀어놓아 생기는 ㅁ자형 마당이 중첩되어 있으며, 작은 마당의 중첩은 레벨차를 갖고 있어서 서로 다른 마당이 골목과 같은 계단으로 연결되어 있다.

지하주차장의 설치가 강화되면서 지상부의 옥외공간에 휴게공간, 운동공간, 조경시설 등이 다양하게 도입되고 조경시설물의 재료도 철 일변도에서 나무 및 플라스틱, 고무 등의 첨단재료로 대체되는 변화가 나타난다.

그러나 대부분의 단지에서는 지방자치단체의 조례가 정한 기준에 따라 공해방지 또는 조경을 위한 식수 등 기타 필요한 조치만 취하였다. 여전히 아파트 옥외공간 대부분은 주차장과 자투리 공간을 이용하여 어린이 놀이터 등 법적 요건을 채우는데 만족했을 뿐이다.

상계 주공4단지아파트(1988)는 25층 아파트로서 중간층에 공중공용공간을 설치하였다. 공중공용공간은 16~18층에 이르는 3개층, 2세대 폭으로 설치되어 있는데, 설계의도와는 달리 현재는 폐쇄되어 사용하지 않고 있다. 초기에는 아이들의 놀이터 등으로 사용되기도 하였으나 이웃한 세대에게 소음과 진동 등이 문제가 되어 폐쇄하였으며, 주민들 사이에서 공용면적만 증가시켰다는 불만이 높다. 그러나 이 사례는 우리나라 최초의 초고층 아파트에 공중공용공간을 설치하였다는 점에서 평가할 만하다. 분당시범단지 현대아파트(1989~1992) 역시 30층의 초고층아파트에서 16층 부분에 거주자들을 위한 공중휴게공간을 설치하였는데, 상계동 초고층아파트와는 달리 작은 방으로 구획하였다. 실제 이 공간은 초고층아파트에서의 급수설비 때문에 중간층에 물탱크가 2세대 폭으로 설치되는 설비층이 형성되는데, 이 설비층의 물탱크 설치공간을 이용하여 소규모로 구획된 공중공용공간을 설치한 사례이다. 휴게공간이 소규모로 분절되어 있는 것도 계획상의 의도보다는 벽식 아파트가 갖는 구조적인 특성 때문이다.

공동주택 확산기 아파트의 계획특성

아파트 개요

아파트	개 요	계획특성
올림픽선수기자촌 아파트	건설년도: 1988년 세대수: 5,540세대 층 수: 6~24층 평형: 25~64평	• 배치 – 방사형배치(진입부에 6층, 24층 배치) • 건물의 건축미가 특징 • 복층형주거 – 공적/사적공간의 분리 • 1층세대에 전용마당을 계획
상계 주공아파트 19단지	건설년도: 1989년 세대수: 1,764세대 층수: 15층 평형: 23~28평	• 3세대 동거형 공동주택(동거형, 인거형) • 동거형 : 노인세대 전용욕실 설치 • 인거형 : 노인세대와 자식세대가 출입구, 주방, 화장실 완전 분리
상계 주공4단지 초고층 아파트	건설년도: 1988년 세대수: 192세대 층 수: 25층 평형: 18~25평	• 공중 공용공간 – 16~18층의 3개층 2세대 폭 • 필로티 – 접지성과 개방감 확보, 통과형 주거동 • 클러스터형 배치
분당 시범단지 우성아파트	건설년도: 1992년 전용면적: 다양	• 최초의 최상층 복층주택 • 하층의 평면은 일반층의 전용면적 85㎡형 단위주택 평면구성과 동일 • 인동간 주차장 상부공간을 활용하여 보행광장 및 어린이놀이터를 계획
해운대 빌리지	건설년도: 1993년 세대수: 18세대 층 수: 5층 평형: 57~70평	• 특정계층을 대상으로 한 빌라형 • 경사지형의 이용 및 공용마당 계획 • 경사지 상단부에 고층을 배치, 하단부는 저층 건물을 배치, 두 건물 사이에 공용마당을 구성 • 주거동을 45도 각도로 틀어놓아 ㅁ자형 마당이 중첩
잠원 한신 행복아파트	건설년도: 1996년	• 고층형(18층)에 테라스형(1-4층)도입 • 주호동의 층고변화, 필로티 계획

자료 : 이현호, 1997. 178 · 191쪽 재구성; 장성수, 1994.

단지특성

- 초고층 · 고밀화
- 주거동 형태 및 배치 변화(탑상 · 절곡형, 중정 · 직교형)
- 마포재개발 : 보차공존형도로, 예술품이 있는 휴게공간 등 기존의 설계와 다른 개념으로 조성
- 아파트 주거환경 차별화 방안으로 소비자의 욕구에 맞는 단지환경조성에 중점
- 주민들의 휴식 및 만남의 장소
- 전통의 정취 및 시골마을의 분위기 단지
- 자연이 있고 인간미 있는 옥외공간
- 이국적인 멋의 테마 아파트 단지
- 다목적 광장
- 피트니스 파크
- 헬스공간
- 주민들의 만남공간
- 단지 중앙광장, 보행몰

4. 공동주택의 성숙

1997년 말 우리나라의 국제통화기금(IMF) 외환위기 사태는 주택시장에 큰 파장을 예고하였다. 지금까지 '짓기만 하면 팔리는 시대'가 지나고 주택건설업자는 새로운 마케팅 전략을 수립해야 했으며, 주거소비자의 주거요구를 적극 받아들여 아파트 차별화전략에 집중하였다. 획일성으로 설명되었던 아파트에서 다양성으로 표현되기 시작한 것이다. 이 당시 아파트의 특징은 개성화, 개인화, 고급화, 다양화, 실의 세분화, 전통성 추구 등으로 나타났다.

외환위기와 수요자중심

사회상

1990년대는 1970년대의 고도성장 이후의 사회적, 경제적 위기를 겪는 급변의 시기였다. 1990년대 중반에는 한때 1인당 국민소득이 1만 달러가 넘어 경제협력개발기구(OECD)에 가입하기도 했다. 그러나 각종 특혜를 통한 소수기업 우대 정책과 이에 따른 정경유착, 재벌들의 무분별한 확장 등은 결국 한국형 성장모델의 한계로 연결되고 말았으며, 1997년 말 국제통화기금의 관리체제로 들어가면서 경제 · 사회 전반의 패러다임을 송두리째 바꾸었다.

1990대 중반 이후에는 미분양률을 최소화 하고자 하는 업체의 의도와 분양가 자율화에 따른 업체별 차별화 전략으로 아파트 건설은 단순한 주택공급 차원이 아닌 아파트산업으로 발전하였다. 1998년의 분양가 자율화 정책에 따라 건설회사는 아파트차별화 전략으로 기업브랜드의 이미지가 아닌, 순수제품 이미지를 나타낼 수 있는 독자적인 제품브랜드를 이용하였다. 브랜드 아파트가 도입되자

브랜드 로고의 예

주거소비자는 아파트에 대한 상품가치를 찾게 되고, 건설사는 브랜드를 내건 차별성과 우수성을 강조하는 등 아파트에 대한 인식이 많이 달라졌다. 주택수요자도 건설사가 공급하는 주택을 무조건 선택하는 것이 아니라 기호에 맞는 주택을 선택하려는 경향이 두드러졌다. 이때부터 유명연예인의 이미지를 내걸고 아파트를 상품화하여 광고하는 시대가 되었다. 실제 광고하는 연예인에 따라 아파트의 분양률이 달라지고 품격이 결정된다는 주거소비자의 성향을 반영한 것이다. 그러나 몇몇 연구결과를 보면 아직까지는 브랜드아파트의 브랜드별 차별성보다는 평형별로 계획내용에 차이를 보이고 있지만 이러한 건설업계의 노력은 우리 주거의 미래를 밝게 해주고 있다. 이 시기에는 독신자아파트, 주상복합아파트, 재택근무형아파트, 3세대아파트 등 다양한 수요층을 설정하고 그에 맞는 평면을 개발한 맞춤형아파트가 등장하였다.

1994년 김영삼 정부에 의해 세계화가 추진되어 1994년 말에 2,000만 명 정도에 그쳤던 인터넷 이용자들이 1995년에는 3,000만 명 이상으로 급증했고 인터넷 열풍이 우리나라를 휩쓸기 시작했다. 정보화에 따른 변화는 생활 속에 반영되어 초고속 인터넷 환경은 대형아파트 건설업체의 마케팅 전략과 정부의 초고속망 시대를 대비하려는 정책과 맞물려 초고속정보통신건물 인증제도가 나오게 되었다.

새천년을 맞이하여 주택건설에 또 하나의 새로운 패러다임이 추구되었다. 2000년대에는 환경에 대한 관심이 증가하여 친환경에 관한 관심이 다양한 형태로 우리문화에 영향을 미쳤다. 하나의 예로 웰빙(참살이) 문화를 생각해볼 수 있

2000년 이후의 주택건설산업의 차별화전략

테 마	설계요소	디자인 적용	
첨단정보화	전기 · 설비	• 초고속 인터넷 보급-화상회의, 생활서비스 • 디지털 통합보안시스템	• 홈오토메이션
환경친화	옥외	• 옥상, 발코니에 조경시설 • 1층 필로티 • 단지내 녹지공간의 확대	• 생태공원 • 전면 지하주차장화 • 숲속 조깅코스
	실내	• 실내마감재 : 자연재료, 항균재료 • 중앙정수처리 시스템	• 산소방 • 자연환기시스템
개성화	외관	• 커튼월 마감 • 곡선형 건물 • 다각형 형태	• 유선형 단지배치 • 튜브형 아파트
	평면	• 거실의 중앙배치(3베이 일반화) • 부부전용공간 규모 증가(안방-드레스룸-욕실 연계) • 완전맞춤형 • 부엌-식당 남면화, L-DK유형	• 가변형 벽체 • 각 실별 독립된 발코니 설치 • 보조공간의 다양화
	마감재	• 중간옵션제	• 플러스옵션(리모델링부스 설치)
	층	• 1층 전용정원	• 옥상테라스, 최상층 박공거실, 복층
대규모화	층	• 초고층화	• 복합배치
	단지	• 다양한 레저시설, 편의시설	• 호텔식 서비스
무장애 공간화	단지	• 도로턱 제거, 경사로 기울기 완화, 유도블록	
	마감재	• 미끄럼방지 타일	
	설비	• 레버형 손잡이 • 좌석식 싱크대	• 계단 하부조명

다. 우리사회에 '웰빙' 이 문화의 한 형태로 정착하면서부터 사람들은 육체적, 정신적 건강의 유기적인 결합을 통해 풍요로우면서도 행복한 삶을 추구하였다. 웰빙족은 자기만의 시간에는 문화행사를 찾거나 여행, 등산, 독서, 레저스포츠 등 취미생활을 즐기는 웰빙 문화의 라이프스타일을 가지고 있다. 이들은 주거에서도 환경친화적인 요소를 찾았고 이는 당시 하나의 문화코드로 자리 잡았다. 이에 맞추어 정부는 환경친화적인 주거단지를 유도 · 촉진하기 위하여 '우수주거환경인증제' 를 시행하여 2001년 12월에 4개 아파트를 선정하였다. 환경에 대한 관심이 계속 증가함으로써 자연보호, 의무적인 재활용과 함께 폐기물 관리는 주택 디자인의 중요한 요소가 되었고 건강에 대한 의식이 높아짐으로써 주택의 외부환경적 요소가 강조되었다.

✿ 주택정책

외환위기 발발 직후 주택구매 및 주택수요가 크게 위축되었다. 선분양제도하에서 주택건설업체는 사업자금의 많은 부분(약 37%)을 계약금 및 중도금으로 충당하여 왔으나 신규분양의 부진, 중도금 연체, 금융기관 융자금의 회수 및 고금리 적용 등으로 사업추진에 어려움을 겪었다. 주택건설업체의 대량도산은 금융기관 자금대출에 대한 보증기관인 주택사업공제조합이나 주택금융신용보증기금의 부실화를 초래하였다. 1998년 국민의 정부는 이를 타개하기 위하여 아파트 건설을 최대한 촉진시키고자 규제완화 입장을 취하여 1998년 주택분양가규제(1998)와 민간부문의 소형주택건설 의무비율을 폐지하였다. 주택건설부지를 확보하고자 많은 자연녹지지정을 해제함으로써 토지공개념은 실질적으로 사문화되기도 한 기간이다. 이 기간에 분양가 전면 자율화, 도시 및 주거환경정비법(2002)이 발효됨에 따라 이 기간에 획기적으로 공동주택의 발전이 도모되기도 하였다.

2000년대 들어 주택보유세를 강화하는 등 주택소유의 집중을 막음으로써 모든 계층의 주거안정을 꾀하였다. 참여정부는 자본의 분배를 원칙으로 출발하여 투기억제와 건설추진을 동시에 추진하여 주택가격을 안정시키고 소유율을 늘리고자 하였다. 김포, 파주 등 신도시 건설계획을 발표하고 소형평형 의무비율을 다시 강화하였다. 주택건설촉진법이 폐지되고 주택법(2003)이 제정되었으며 최저주거기준을 설정(2004)하여 저소득층 주거의 질적 향상을 꾀하고 있다.

아파트 투기의 역사

1971년 대한주택공사가 한강을 매립해 조성한 반포지구에 강남 최초의 아파트가 건설됐다. 1970년대 초반 아파트 시장의 황제는 한강변에 대규모로 세워진 동부이촌동의 한강 맨션아파트였다. 도심과의 거리와, 아파트 단지 앞으로 버스가 다니느냐에 따라 가격이 결정됐다. 1974년 한강맨션아파트의 평당 가격은 40만 원대. 철근 원자재 파동과 석유 파동으로 아파트 값은 크게 올랐다.

1970년대 후반 부동산 시장에 두 가지 재미있는 변화가 생겼다. 첫째는 노인 복덕방이 대졸 출신의 학사 부동산에 밀려 퇴장한 것이다. 둘째는 복부인의 등장이다. 1977년 여의도아파트 청약률이 1백대 1을 넘어서면서 과열양상을 보이자 국세청이 프리미엄을 받고 분양권을 되판 투기꾼을 적발했다. 투기꾼 중에는 주부들이 많았는데 초기엔 토지부인으로 불렸다. 이들은 유행가 가수의 노래 '아파트'를 들으며 아파트 사재기에 나섰다.1970년대 후반 아파트 1번지는 여의도아파트였고, 평당 1백만 원대였다.

1980년대 초반 아파트 가격을 높인 주범은 저금리였다. 1982년 장영자씨의 어음사기사건으로 금융시장이 엉망이 됐으며, 정부가 이를 수습하느라 시중에 많은 돈을 뿌려 은행금리가 한 자릿수로 낮아졌다. 전두환 정권은 강남의 아파트 투기를 막기 위해 서울 서부지역의 목동을 개발하겠다는 계획을 발표했다. 1982년을 기점으로 집값의 주도권은 여의도에서 압구정동으로 넘어왔고, 압구정동 아파트는 평당 250만 원대였다.

1980년대 말~1990년대 초반 서울시의 집값을 주도한 곳은 강남구 일대였다. 압구정동 · 청담동이 대표적인 곳이었으며, 평당 1천만 원대를 돌파했다. 1985년 '플라자 합의'(G5 재무장관들이 뉴욕 플라자 호텔에 모여 미국의 무역수지 개선을 위해 정부의 협조개입으로 일본 엔화와 독일 마르크화의 평가절상을 유도한 것) 이후 3저 시대의 도래와 1988년 올림픽 특수 덕에 국제수지가 큰 폭의 흑자를 기록하면서 아파트 값이 치솟았다. 이를 막기 위해 노태우 정권은 1989년 분당 · 일산 신도시계획을 발표했지만 1991년 초까지 상승세는 이어졌다.

1997년말 IMF 이후부터 2000년까지 집값이 안정됐다. 하지만 정부가 경기부양을 이유로 아파트 분양가 자율화, 양도세 완화, 강남지역 재건축사업 등을 추진하자 강남지역 아파트 값이 상승했다. 2001년 은행 금리가 5% 이하로 떨어지면서 아파트값은 급격히 상승했다. 2002년 부동산 시장의 화제는 단연 강남구 도곡동의 삼성타워팰리스였다. 30억 원이 넘는 1백 평대 아파트가 선을 보였다.

자료 : http://www.greatvancouver.com/

확대기 주택정책의 목표 및 내용

시대분류	경제발전 5개년계획 기간별 주택정책의 목표	주택정책 / 법령
정보화 국민의 정부 · 제 6공화국 (1998~2002)	외환위기 이후(1998~2002) • 규제완화 • 양적, 질적 개발 • 시장중시 제도 • 주택건설 촉진 • 공동주택의 관리 강화	소형주택건설 의무 비율 폐지(1998.1) 민영주택 25.7평 초과 분양가 자율화(1998.1.30) 토지시장개방: 외국인 토지취득허용(1998.5.26) 분양가 전면자율화(민영주택 25.7평 이하)(1999) 주택임대사업 외국인에게 개방(1999.1.28) 분양권 전매 제한 폐지(1999.2.8) 청약배수제, 무주택세대주 우선분양제도 폐지(1999.5) 서민주거안정 대책(1999.5.31) 대한주택보증주식회사 설립(1999.6.3) 주택분양권 전매 허용(1999.8.27) 국민기초생활보장법: 주거급여제도 신설(1999.9.7) 공공임대주택 임차인대표회의 구성허용(2000.1.12) 국민임대주택 20만 호 건설 및 서민 전 · 월세 안정대책(2001.7.26) 소형주택의무비율제도 재도입(2001.12.3) 공동주택관리령 개정(2002) 리모델링 근거 마련(2002.3.25) 국민임대주택 50만 호 등 장기임대주택 100만 호 건설 발표(2002.4.3) 중산층 · 서민층 생활안정지원 확대: 10년간 국민임대 100만 호건설 (2002.10.10) 도시및주거환경정비법(2002.12.30)
참여정부 · 제6공화국 (2003~)	참여정부 (2003~) • 중산층 서민층의 주거안정 • 주택가격 안정 • 주거복지 확립 • 모든 계층의 주거안정 • 부동산시장 안정	투기과열지구내 분양권 전매금지(2003.5.8) 김포 · 파주신도시 건설계획 발표(2003.5.9) 부동산 안정 종합대책(2003.5.23) 재건축아파트 소형평형 의무비율 강화(2003.9.5) 주택시장안정종합대책: 1세대 다주택자 양도세강화, 강북뉴타운개발(2003.10.29) 주택법(2003.11) 무주택 우선공급비율 확대: 50% → 70%로(2004.1.14) 부동산시장 안정대책 발표: 주상복합아파트 분양권 전매제한, 주택거래신고제(2004.2.4) 최저주거기준 설정(2004.3) 다가구 매입 임대주택(2004) 한국주택금융공사 모기지론 출시(2004.3.25) 주택거래신고제 시행(2004.3.30) 인천 송도 토지거래 허가구역 지정(2004.8.8) 종합부동산세 도입(2005) 8.31부동산대책(2005.8.31) 인구주택총조사에서 저소득층주거실태조사 실시(2005)

자료 : 임서환, 2002; 류제동, 2005; 손세관, 1997; 건설교통부 홈페이지; 조선일보 홈페이지. 이용만, 2002; 「부동산정책」, 감정평가연구원 재구성.

✿ 주생활상

1990년대 이후 현재까지 아파트 단위세대의 공간계획에서 나타나고 있는 여성들의 주된 가사작업 공간에 대한 배려는 부엌의 첨단시설화, 가사작업의 즐거움을 위한 부엌 내 라디오 등 문화가전제품 설치, 최소 크기 부엌의 최대 효율성, 다용도 발코니의 보조부엌, 장독대 설치 등이다. 그러나 전형적인 단위세대의 평면에 나타나고 있는 공간 배치를 보면 여성들의 가족 내 지위 향상, 사회 활동에 대한 의식 등 여성의 사회적 지위는 변화하고 있음에도 불구하고 여성들의 주된 작업공간인 부엌의 위치는 1970년대 서구 주거의 무조건적 모방으로 인한 개방된 LDK보다는 가사작업 공간에 대한 시선차단을 고려하고 있다. 또한 여성들의 가사작업 장소가 가족들의 공동생활의 공간으로 변화함에도 불구하고, 가사작업 공간과 이와 연결된 식사 공간은 채광, 전망 등의 고려 순위에서 여전히 밀려나 있는 상태이다. 이렇듯, 현재 우리나라의 전형적인 대중주거인 아파트는 공간배치에 있어 주택 설비, 기술 등에 제약을 받지 않지만 여성들의 주된 주거 공간은 가사 작업의 자동화, 첨단화와는 관계없이 1960년대 초기의 근대 주거 태동기 상태로 남아있는 부분이 다분히 많다. 이러한 현상으로 보아 우리나라 여성들의 주거 내 생활은 기술적 뒷받침으로 가사 업무의 기능적인 측면에서는 향상되고 있으나, 근본적인 공간의 배치 측면에서는 가사작업 공간에 대한 차별화는 여전함을 알 수 있다.

울산 한라에이스빌 34평형

다용도 발코니

이 당시 또 하나의 새로운 아파트형태인 초고층주상복합아파트가 나타났다. 주상복합아파트는 건축기준에 따라 기복을 겪으면서도 상업용에서 주거용으로, 대형 고급화에서 중소평형 위주의 실속형으로 각각 진화해 왔다.

공동주택 평면의 고급화와 브랜드화

✿ 평면계획

1990년대는 아파트 유형이 '양에서 질로의 변화', '다품종 소량생산'으로 다양화되기 시작하였다. 1980년대 말 토지가격의 급등은 초고층아파트의 등장을 촉진하여 1980년대 중반에 이르러 지방도시까지 12~15층 아파트가 점차 주류를 이루었다. 1990년대 분양가 인상 및 자율화, 인동거리규제와 용적률 규제가 완화되어 20~25층의 초고층아파트가 일반화되었다.

전용면적 85㎡, 3베이, 3L-DK형
전형적인 우리나라 아파트평면

1990년대에 보편적인 평면은 1980년대 중반에 출현한 것이다. 전용면적 85㎡ 이하의 국민주택규모에 계단실 주동형으로 하여 두 가구가 엘리베이터를 사용하는 배치방식, 욕실 2개, 전면을 3칸으로 구성한 3L-DK형, 현관과 거실을 분절하는 구성방식 등을 그 특징으로 볼 수 있다.

그동안 주동 진입방식(복도식→계단형), 화장실 수(1개→2, 3개), 실배치에서 변화를 보였으나 거의 대부분 평면에서 안방과 거실, 부엌/식당의 위치가 동일하며 L-DK를 중심으로 침실이 배치된 획일적인 구성방식이어서 평면의 고정화 현상이 매우 심화되었다. 단위평면의 전면 폭이 커진다는 것은 일정 규모에서 단위평면의 깊이가 작아진다는 것을 의미하며, 이는 개발밀도(용적률) 측면에서 매우 불리한 것이다. 그럼에도 불구하고 최근 들어 '전 세대 남향배치'가 보편화되면서 남향에 배치되어 외기창과 접하는 단위실 수가 증가해 왔으며, 최근에는 4베이까지 등장하는 것은 주택공급업체들이 거주자들이 선호하는 공간욕구를 반영한 결과이며, 거실박스형 코어(엘리베이터와 계단실이 병렬로 배치)의 채택으로 전면 혹은 후면의 칸 수 조정이나 실 크기의 조정이 이루어짐으로써 형태의 변화가 가능해진 것이다.

대전 법동 보람아파트 24평형(1993) 대전 송촌 금성백조 24평형(1997) 동탄신도시 신일해피트리 24평형(2005)

전면 칸의 변화

이러한 3베이, 4베이 구성방식은 1998년 안목치수가 적용된 이후 면적이 넓어지면서 전면 2칸 구성방식에 비해 후면에 있던 침실이 전면으로 이동하여 향이 유리한 방이 증가하는 것이다. 이외에도 거실이 현관과 분절됨으로써 현관-거실로 이어지는 시선축의 길이가 길어진다는 점, 거실이 중앙에 위치함으로써 3침실형 평면이 갖는 넓은 느낌의 공간감이 확보된다는 점, 그리고 단위평면의 전면 폭이 커지고 깊이가 작아짐에 따라 주거공간 전체가 채광이 좋아진다는 점 등에서 개방적이고 넓은 느낌의 확보에 유리한 효과들을 갖고 있다. 따라서 전면의 칸 구성방식이 증가하는 경향은 개방적이고 넓은 느낌의 공간감을 선호하는 욕구가 반영된 결과라 해석할 수 있다. 2000년대 이후로는 20평형대에서조차 3베이 평면공급이 주를 이룬다. 이는 일조권이나 아파트의 향을 중시하는 우리나라 전통적 주의식을 반영한 결과라 할 수 있다. 3베이 설계로 주택의 동/서폭이 넓어지자 길어진 후면 동/서폭을 수용하고자 현관에 전실이 나타나기도 하였다. 이들 아파트는 전면의 폭을 넓게 하여 3개의 실을 배치하고 후면에 부엌, 화장실, 침실 등을 배치하며 전면과 후면 사이에 복도를 구성하는 평면이 주를 이

용인 동일하이빌 61평형(2002)

4베이

울산 대우푸르지오 49평형(2004)

3.5베이

루고 있다. 이는 예전과 달리 동/서폭이 남/북 폭보다 길어지는 효과로 채광성, 통풍성이 좋아지게 되며, 서비스면적이 많아져 전용실마다 외기에 면한 발코니를 갖게 하였다. 이같은 가로형 평면구성방식은 전면 쪽에서의 조망성, 실내에 진입하였을 때 개방감이 극대화 되며 채광성, 통풍성에도 유리하게 작용할 수 있다.

가족구조 변화에 따른 실변화도 있었다. 핵가족화와 소인수가족이 증가하면서 아파트 평면에서는 침실 수가 감소되거나, 주택규모에 따라 침실 수가 고정화되는 현상이 나타났다. 20~30평대는 3침실, 40평대 4침실이 보편화되었다. 또한 대형평형에서는 안방의 기능이 강화되어, 단위세대의 규모가 커질수록 안방영역은 후면의 방과 일체화하여 부부침실과 안방의 기능으로 분화하고 있으며, 실 구성방식에서 전면배치가 증가하는 방식을 보이고 있다.

1980, 1990년대 관행으로 굳어진 안방 남향배치, 부엌 북향배치 계획이 2000년대 들어 변화를 시도하고 있다. 부엌 겸 식당을 거실과 통합하여 남향으로 나란히 배치하는 사례들이 나타나고 있다. 부부침실을 북향에 배치하는 대신 자녀나 노인을 위한 침실은 남향에 배치하기도 하며, 평형이 커질수록 부모세대와 자녀

부산 가야KT아파트

세대 간의 독립된 공간구성을 중시하는 경향도 나타나고 있다.

전면 길이의 증가로 발코니의 수와 면적이 증가하고, 발코니 설치 위치에 따라 기능이 분화되고 있다. 뒷발코니는 다용도실로 일반화되었고, 전면 발코니는 광폭발코니[3]로 하여 실내정원을 꾸미기도 한다. 각 실 앞의 발코니는 침실과의 통합을 전제로 확장이 가능하도록 발코니 바닥면을 방의 높이와 동일하게 하여 개조가 용이하게 함으로써, 수요자의 공간확장 요구에 대응하려는 경향들이 보편화되었다. 2005년 12월부터는 발코니개조 합법화가 이루어져 분양 시에 발코니 확장을 선택하도록 하였다. 결과적으로 아파트 주거형식에서 발코니 부분은 주택의 전후면을 둘러싸면서 수납 · 세탁 · 가사작업 · 조경 등을 위한 보조공간의 성격도 있지만 실내공간을 확장하기 위한 필수적인 공간이 되었다.

3 발코니에 화훼공간을 설치할 경우 발코니 깊이를 2m까지 늘릴 수 있는 제도가 시행됨에 따라 면적변화형이나 돌출형의 발코니 등 새로운 유형의 발코니가 선보이며 주거동의 입면변화에도 다소 기여하였다.

거주자들의 전망에 대한 욕구가 높아지자 주변에 강이나 산을 끼고 있는 경우 조망권을 좋게 하기 위한 아파트 평면개발이 이루어지고 있다. 우선 소비자의 고층 선호가 증가하고 있으며, 3면 조망이 가능한 발코니가 나타나는가 하면, 양면이 외기에 접하는 개방형 거실도 나타난다. 그러나 일반적으로 현재 아파트의 발코니 부분은 실사용면 확대를 위해 새시를 설치함에 따라 본래의 기능을 상실하고 실내주거 환경수준을 저하시키며 단지 전체 차원에서의 용적률 상승과 경

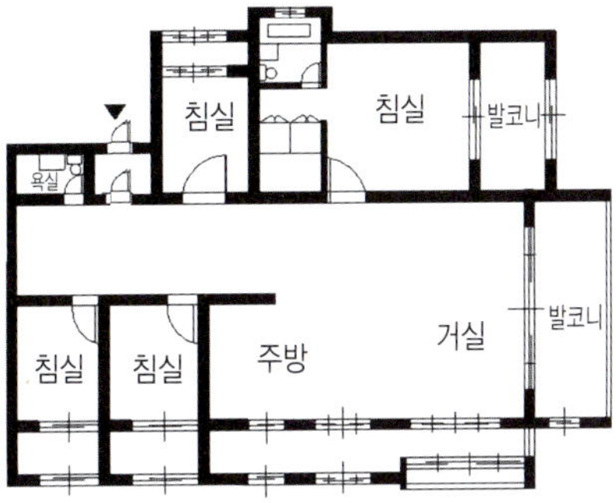

일자형 주동의 가장자리에 위치한 세대에 한해 부분적으로 안방과 연결된 측면발코니배치(오산 e-편한세상)

측면 발코니

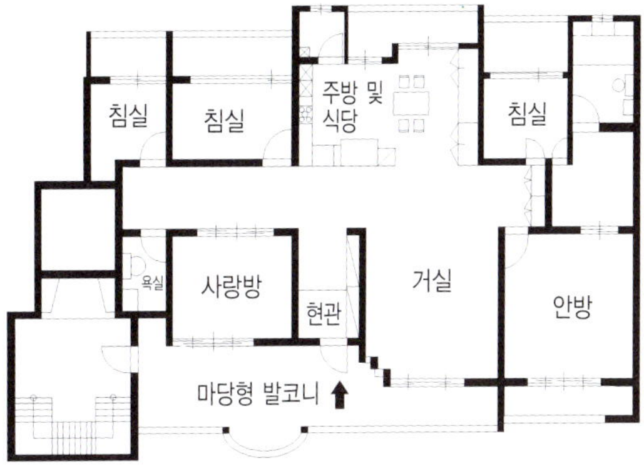

전실에 비해 큰 규모로 구성되는 마당형 발코니배치(경기도 광주우림아파트)

광폭발코니

관성 저해라는 문제점을 야기하고 있다.

이 시기에 또 하나의 눈에 띄는 흐름이 초고층 주상복합아파트의 등장이다. 초기 주상복합아파트는 저층부 상가, 중간층부 오피스텔, 고층부 아파트 형식으로 이뤄졌다. 당시 건축기준은 주거면적을 전체 건물 연면적의 50% 미만으로 제한하고 있어 주거보다는 상업 용도가 중심이었다. 따라서 주상복합아파트는 주거시설을 찾는 수요자들의 관심을 끌지 못했다. 1993~1994년에 잠실 석촌호수 주변의 신동아타워, 한라시그마, 한빛프라자 등이 대표적인 경우이다.

초고층 주상복합아파트

이후 주상복합아파트는 주거동과 비(非)주거동을 분리시켜 짓는 두 번째 시기를 거치고 주거면적 비율이 70%(1995년), 90%(1998년)으로 점차 높아지면서 세 번째 시기로 발전했다. 상업동과 주거동을 나눈 것은 동선을 분리함으로써 아파트 거주자에게 쾌적성을 보장하는 것이다. 서울 여의도 대우 트럼프월드나 도곡동 삼성 타워팰리스가 대표적인 사례다.

초고층아파트의 단위주택 평면의 형태는 일자형 아파트 형태인 벽식구조가 골조구조로 전이되면서 다양한 평면형태로 차별화되었다. 이러한 형태들은 자연경관을 적극적으로 수용한다는 개념하에 단위주거가 최대한 외기에 면하도록 한 계획개념이다. 더불어 단위세대 평면은 일반 아파트에서 나타나지 않는 특수형으로 다각정방형, 가로다각형, 세로다각형, 굴절형 등 다양한 형태가 등장하고 있다.

다양한 건물형태에 따라 거실의 위치도 다양해졌다. 판상형아파트로 거실을 중앙에 배치하던 단일방식에서 벗어나 거실중심의 개방형 공간구성과 침실들로부터 거실을 분리시킨 거실분리 공간구성방식 2가지가 공존한다. 이는 거주자들의 주거개념의 변화와 발맞추어 거실 기능의 독립성을 추구하고자 하는 설계자들의 의도가 작용한 것으로 보인다. 특히 2면 직각 개방형의 코너에 배치되는 거실분리 구성은 탑상형이 갖는 형태적인 특성이 반영된 것이다. 거실 외에 가족실이 등장하고 거실 내 홈오피스(home-office) 공간이 설치되기도 하였다.

현관 진입 후의 매개공간으로서 현관전실 내지는 현관에서 주방으로의 직통동선을 시도하였다. 현관에는 벽을 따라 다기능 수납장을 설치하여 수납공간 확보를 극대화하였다. 욕실을 고급화하기 위하여 파우더룸이나 드레스룸과의 연계가 두드러진다. 마사지 기능이 있는 욕조를 설치하고 욕실의 공간이 확대되면서 휴게기능 또한 확대되었다. 주방에는 식기세척기, 전기오븐, 전자레인지, 냉장고 등 주방기기류의 빌트인 시스템(built-in system)이 증가하고 보조부엌의 설치가 보편화되었다.

주거공간 내 중심부분에 보조부엌, 다용도실, 식당, 홈바(home bar) 등을 배치하여 기타 주변공간들의 영역을 구분짓는 실구성 방식도 사용하고 있다. 이는 거실까지의 동선축을 길게 함은 물론 공간의 축을 이루는 역할을 담당하기도 한다. 이러한 매개공간들로 영역을 구분질 수 있었던 요인은 현관 진입방향의 변화 또는 긴 가로형이거나 긴 세로형의 평면형태에서 오는 깊이감 등에서 기인되고 있으나, 일반아파트에서 모든 실이 거실을 향해 열려 있는 공간감에 젖어 있었던 거주자들에게는 새로운 스타일이 될 수 있었다. 평면구성상 매개공간의 특성을 보면 복도를 통한 각 실의 연결, 부엌 또는 식당의 중앙배치, 서비스 출입구 등의 3가지로 나타나고 있다. 이러한 현상은 초고층 주거가 탑상형과 다양한 코어형태로 계획되어 있어 코어의 위치와 진입부의 계획에 따라 각기 특성이 있는 매개공간으로 나타난 것이다. 그 특성을 보면 다음과 같다.

첫째, 복도를 통해 각 실을 연계하는 특성은 전면 3베이 이상이 외부에 접하는 경우이다. 각 실의 배치가 길어져서 현관에서부터 각 실들을 연결하는 동선이 길어지는 현상이 불가피하며, 또한 복도는 각 실을 이어주는 전형적인 방법으로 나타난다. 단위세대 내부공간이 연결형일 경우 평형이 커질수록 침실이 거실 등의 공동생활공간에서 분산 배치되고 통로를 중심으로 내부공간이 연결되는 유형이 많이 나타나고 있다.

둘째, 식당이 중앙부에 배치되는 경우는 일반적으로 탑상형일 때이다. 부엌이 거실과 연계되어 전면에 배치되는 경우 현관에서 직접 부엌을 통로공간화하여 거실로 진입하는 특성이 나타나고 있다. 이것은 주거 내부동선이 식생활 공간을 중심으로 이루어지는 생활양식의 변화양상이 반영된 현상으로 볼 수 있다.

지금까지 살펴본 바와 같이 아파트라고 하면 획일화, 익명성 등이 떠올랐지만 이러한 현상은 1990년대 말에서 2000년대 들어 빠르게 변화하기 시작하였다. 철골조로의 구조 변화, 다양한 단지배치나 조경, 각종 전자·통신기기와 첨단설비 등 아파트는 첨단화, 디지털화, 개성화되었다. 따라서 2000년대 아파트는 초고

타워팰리스 73평형(2001)　　타워팰리스 124평형(2001)

다양한 형태의 주상복합아파트 평면-타워팰리스(2001)

층화, 자동화, 정보화, 고급화로 대변된다. 또한 가족구성의 다양화도 아파트평면의 다양화에 한몫을 하였다. 독신가족의 증가로 인한 원룸아파트, 노령화로 인한 노인아파트, 3세대아파트, 같은 직종의 사람들이 모여 사는 동호인아파트, 재택근무형 아파트 등 다양한 아파트가 나타나 변화한 사회상을 반영하였다.

울산 대우 삼산푸르지오 34평형(2004) | 보일러실, 조리공간, 세탁공간으로 사용되고 있는 보조부엌

✿ 다용도실의 보조부엌화

1998년 아파트분양가 자율화 이후 각 건설업체는 기존의 아파트 평면과는 차별화된 평면을 개발하기 위한 여러 가지 방안을 모색하였다. 부엌 후면에 위치한 발코니 공간을 확장하거나 시설을 보완하여 보조부엌이라는 공간을 제공한 것도 차별화전략 중 하나였다. 이는 실용성과는 무관하게 주택수요자의 주목을 받게 되었으며 가사지원공간은 새로운 변화를 맞았다. 보조부엌은 기존의 가사지원 공간인 다용도실이나 후면발코

울산 약사동 삼성래미안2차 34평형(2004)

용인 구성 동일하이빌 II 61평형(2002)

다용도실 보조부엌

니에서 이루어지던 세탁 및 수납기능을 갖게 됨은 물론 실내에서 하기 곤란한 음식 조리까지 가능한 공간이 되었다.

서울 길음동 래미안 길음2차아파트(2005) | 외관의 단조로움을 극복하고자 노력하였다.

테마형 옥외공간 등장

1998년 아파트분양가 자율화 조치가 취해진 이후, 아파트단지는 이전의 아파트단지 분위기와 다른 환경친화적 단지, 건강형 단지, 전통형 단지, 실버형 단지 등 다양한 주제를 차별화전략으로 내세운 테마형 아파트단지로 건설되고 있다. 아파트단지 옥외공간은 대규모 주제공원과 광장을 도입하거나 녹지공간의 개선 및 확대를 통해 옥외공간을 공원처럼 꾸미고 있으며, 주민교류 시설의 확대, 보행자 전용로 및 외곽 산책로 조성, 주민 체육시설의 다양화, 수경시설의 도입, 진입광장의 조성, 세련된 옥외시설물의 도입 등 아파트 단지 옥외공간에 다양한 변화가 일어나고 있다. 과거의 아파트는 획일적인 건물형태와 단지로 인하여 단조로운 옥외공간을 형성했으나 주거동의 높이를 각기 달리하여 외관상 단조로움을 피하고 '주5일근무제' 확대와 웰빙 개념의 도입으로 산 · 공원 · 녹지라는 입지요건이 강조되기도 하였다.

주차장을 지하화하여 지상을 공원처럼 꾸미기도 하고 중앙공원을 중심으로 주거동을 배치하여 입주민들간의 커뮤니티를 자연스럽게 유도하기도 하였다.

상업용지에 주상복합아파트 건립이 허용되면서 아파트는 초고층화, 고급화되었다. 이에 발맞추어 공용시설 및 외부시설도 다양화, 고급화되었다. 식재가 단순히 시각적인 기능에만 머물지 않게 하여 건강과 관련된 시설과 요소를 도입하였다. 피트니스센터, 조깅트랙, 골프연습장뿐만 아니라 지압로나 산책로 등 다양한 운동공간이 만들어져 주거의 질을 높인 웰빙아파트라 불렸다. 이외에도 아파트 공동체에 대한 관심이 높아지자 일반화된 중앙광장 외에 커뮤니티룸, 입주민 공용공간, 실내 운동공간, 취미실, 놀이방 등 다양한 공용시설을 제공하고 있다.

공동주택의 성숙기에 공급된 단지에서 몇 가지 외부공간의 특성을 파악할 수 있다. 아파트단지 진입공간이 달라지고 있다. 다양한 환경조형물, 대형 수목의 식생 혹은 세련된 구조물 설치로 입구에서 영역표시 및 이정표 역할을 하여 영역감을 주었다. 진입로 주변에는 작은 광장을 마련하여 만남과 대화의 공간 설치 및 분수나 벽천 등의 수경시설을 도입하였다. 대형수목을 식재하여 건설초기부터 풍부한 녹지공간을 만들 뿐만 아니라 주거동 입구화단에 전원의 정취를 느낄 수 있도록 유실수와 화목류 및 다년생 초화류를 식재하였다. 이때 사용하는 시설물의 디자인이나 재료가 세련되고 다양해졌다. 특히 어린이 놀이터나 보행동선에 대한 개선 노력을 볼 수 있다.

최근의 아파트들은 '생애주기형 아파트', '사이버(cyber) 아파트', '마천루형 아파트', '자연형 아파트' 등으로 불리고 있다. 특히 전원적, 생물과 어우러진 그리고 원초적인 자연의 공간이 있는 자연경관을 재현한 자연형 아파트는 우리시대의 화두가 되고 있는 지구 환경문제를 생각할 때 지속가능한 아파트의 전형으로 나타날 것이다.

주택에서 전통성의 재현은 지속가능한 아파트 건축과 더불어 새천년의 화두이다. 특히 전원형 아파트, 자연형 아파트, 생태아파트 등에 대한 관심과 더불어 우리의 전통적 감성을 고취할 수 있는 외부공간 조성기법은 많은 실험과 연구를 진행하고 있다. 아파트에서 전통성을 재현하고자 하는 노력은 이제 시작단계이다.

주민미디어센터

주민연회실

도서실

주민 커뮤니티 시설(서울 신정동 동일하이빌)

아파트 내에 설치된 단지 조형물(울산 문수로아이파크아파트)

화목류로 산뜻하게 단장된 주동입구(대전 전민동 삼성아파트)

차별화된 옥외공간의 바닥포장과 정원화(분당 파크뷰)

다양한 공간과 조합된 휴게공간(서울 문래동 LG빌리지)

다양한 아파트단지 진입공간과 조경

성숙기 공동주택 단지 특성

- 다양한 테마공원 및 광장
- 녹지공간의 개선 및 확대
- 주민교류시설 확대
- 보행자 전용로, 주차장의 지하화
- 주민체육시설
- 수경시설
- 진입광장 도입
- 세련된 옥외시설물
- 주거건물과 공간 내에서 전통성을 재현

새로운 형태와 재료로 만들어진 어린이 놀이터(울산 문수로아이파크)

필로티(piloti)의 운동기구(서울 동부센트레빌)

전원의 개념을 도입하여 생태연못을 설치(서울 동부센트레빌)

정자를 도입한 휴게공간(분당 파크뷰)

다양한 외부공간

21세기 다양한 임대주택

최근 개인중심의 사회적 현상에 따른 1~2인 가구 증가와 65㎡ 이하의 소형주택재고비율이 계속 감소하여 소형주택 및 원룸, 기숙사 등의 수요가 증가하자 2009년 5월부터 정부는 도시형생활주택 공급을 추진하였다. 이를 통해 도심 내 소형 및 임대주택의 공급을 촉진하여 사업자의 부담을 경감하면서 신속하고 저렴하게 서민주거를 안정시키고자 하였다. 정부는 이들 수요에 신속히 대처하고 저렴한 주택공급을 위해 각종 주택건설기준과 부대시설 등의 설치기준 및 적용을 배제 · 완화시켰다.

1~2인 가구 증가추세 및 소형주택 감소추세

구 분	변화 추세
1~2인 가구	('85)183만가구 → ('95)382만가구 → (2005)669만가구 → (2020)895만가구로 증가할 것으로 예상됨
65㎡ 이하 주택재고비율	('85)53% → ('95)42% → ('05)40%
초소형주택(32㎡ 이하)	80년 573천호(10.8%) → '05년 252천호(2.0%)
소형주택(60㎡ 이하)건설비율	'01년 41.7% → '07년 26.2%

자료 : 국토해양부(2010). 도시형 생활주택 가이드. 2쪽 재구성

도시형 생활주택은 국토의 계획 및 이용에 관한 법률에 따른 도시지역 내에서 주택법 제16조에 따라 사업계획승인을 얻어, 국민주택규모(1세대당 주거전용면적 85㎡이하)에 해당하는 주택을 도시지역 내에서 300세대 미만의 규모로 건설하여 공급하는 주택이다(2011년 3월에 도시형 생활주택 가구수 제한을 150가구에서 300가구로 완화한 주택법 개정안이 국회를 통과함에 따라 150가구 이상 도시형 생활주택 단지 내에 관리사무소, 경로당, 놀이터 등 부대 · 복리시설 설치가 의무화되었다). 이것은 단지형연립주택, 단지형다세대주택, 원룸형 주택으로 구분한다.

- 단지형연립주택은 연립주택[주택으로 쓰이는 1개 동의 바닥 면적(지하 주차장 면적 제외) 합계가 660제곱미터를 초과하고, 층수가 4개 층 이하인 주택] 중 원룸형 주택과 기숙사형주택을 제외한 주택을 말한다. 다만, 건축법에 따라 건축위원회의 심의를 받은 경우에는 주택으로 사용하는 층수를 5층까지 건축할 수 있다.
- 단지형다세대주택은 다세대주택 중 원룸형 주택과 기숙사형주택을 제외한 주택을 말하며, 건축위원회의 심의를 받으면 주택으로 사용하는 층수를 5층까지 건축할 수 있다.
- 원룸형 주택은 세대별 주거전용면적이 12㎡ 이상 50㎡ 이하로 세대별 독립된 거주가 가능한 주택이다.

단지형

송파구 원룸형 도시형 생활주택
자료: 미디어 다음

주택평면은 소인수가족의 다목적 생활공간을 확보하기 위하여 개방적 평면으로 계획된다. 주로 1~2인의 젊은 소인수가족 세대를 대상으로 하기 때문에 교통이 편리한 곳에 위치하며 실내는 풀옵션으로 옷장, 침대, 신발장, 책상, 냉장고, 멀티에어컨, 세탁기, TV겸용모니터, 가스쿡탑 등이 기본으로 제공되어 붙박이 가구시대가 도래되었음을 알린다.

이와 같이 현재 1~2인 중심의 도시형생활주택이 활성화되고 있으나 양적인 공급뿐 아니라 거주자의 선택의 폭을 넓혀 주는 다양한 평면 개발과 1인 거주의 외로움과 같은 정신적인 문제나 심각한 개인주의로 인해 나타날 수 있는 사회문제들을 대비해 정신적 유대감을 고양할 수 있는 커뮤니티 시설이 확보된 도시형 생활주택을 계획하여야 할 것이다.

도시형 생활주택의 유형별 특징

	단지형	원룸형	기숙사형*
전용면적	세대당 85㎡ 이하 (연면적 660㎡ 이하) 4층 이하(심의허가 시 5층 개축 가능)	세대당 12~50㎡	세대당 7~30㎡
특징	다세대주택의 용도로 지정	– 욕실, 부엌 설치 – 지층 설치 금지	– 취사장,세탁실,휴게실 공동사용 – 지층 설치 금지

* 기숙사형 주택은 2010년 7월 주택법 시행령에서 삭제되었다

인천 남동구 구월동 도시형생활주택 '아델라이' 아델라이는 전용면적 6.5~9평형대부터 다양하게 구성돼 있으며, 지하 2층에서 지상 17층 규모. 도시형 생활주택 116가구와 오피스텔 44실로 구성. 빌트인 냉장고, 드럼세탁기, 에어컨, 붙박이 옷장, 화장실까지 풀옵션으로 제공한다 .

자료: 매일경제(2011.8.11)

도심 주택공급 확대 추진

• 도시형 생활주택: 건설기준, 공급절차 등이 완화된 도시형 생활주택*(단지형 다세대, 원룸형 · 기숙사형 주택) 제도 도입('09.5)

 * 도시지역에 건설하는 20~149세대의 소형(85㎡ 이하) 공동주택

- 전세대책('09.8) 일환으로 활성화 방안 시행('09.11)

 * 국민주택 기금 지원, 주차장 기준 완화, 면적제한 완화, 진입도로 기준 완화, 복합건축 허용, 용적률 산정방법 변경 등

• 도시 재정비: 재건축 소형평형 의무비율 완화('09.1), 사업기간 단축(3년→1년 6개월)을 위한 절차 간소화('09.1), 임대주택 의무 폐지 및 용적률 상향 허용('09.4) 등 제도개선

- 전국 총 10곳(수도권 7곳)의 재정비촉진지구를 신규 확보하고, 기반시설 설치비 508억 원 재정 지원(전국 15곳)

 * '09년 말까지 전국에 총 76곳(수도권 55곳)의 재정비촉진지구를 지정

 * '08년 말까지는 14곳의 시범지구를 선정하여 90억원 재정 지원

• 역세권 개발: 역세권에 소형주택 공급을 위해 고밀복합형 재정비촉진지구를 신설하고, 우선사업구역 제도 도입('09.12)

자료: 국토해양부 (2010). 2010년도 주택종합계획.

참고문헌

강정욱, 김기호(2009). 소형 도시형생활주택 공급에 관한 연구. 한국도시설계학회 2009년 추계 학술대회 발표논문. 113-125.

공동주택연구회(1999). 한국 공동주택계획의 역사, 세진사.

공동주택연구회(1997). 도시집합주택의 계획 11+44 발언.

국회도서관(1980). 한국경제연표(1945~1979).

김경순(2001). 여성의 삶의 관점에서 본 공동주거 디자인 방향에 관한 연구 – 중산층 주부의 가정생활의 변화를 중심으로. 중앙대학교 박사학위논문.

김대현 · 김대수 · 신지훈 · 김순분(2005). 아파트 단지 옥외공간 변천 및 요인 연구. 한국조경학회지, 32(6), 52-67.

김선중 · 지은경(1985). 아파트의 단위평면구성의 변천에 관한 연구 I. 한국가정관리학회지, 3(2).

김정아(2000). 정보화 사회의 주거, 도시 변화와 개발 방향에 관한 연구. 이화여자대학교 석사학위논문.

김현숙(2003). 1987년 이후 서울지역 국민주택규모 아파트 평면의 내부공간 특성 변화. 가톨릭대학교 석사학위논문.

대한건축학회편(1977). 주거론, 기문당.

대한주택공사(1997). 주택단지 옥외공간의 설계특성화 방안에 관한 연구. 대한주택공사 부설주택연구소.

대한주택공사(1979). 대한주택공사 20년사.

대한주택공사(1996). 한강외인아파트 리모델링 자료.

류제동(2005). 주택정책변화와 노후주택정비의 개선방안 연구 – 재건축과 리모델링의 정책변화를 중심으로. 성균관대학교 석사학위논문.

문석 · 김영하(1999). 우리나라 공동주택의 설계기준에 관한 연구. 대한건축학회논문집, 15(2), 127-134.

민경석(2004). 한국부동산정책의 변화와 강남지역 주택시장에 관한 연구. 연세대학교 석사학위논문.

박남희 · 이준민(2006). 브랜드 아파트의 평형별 평면계획 내용분석. 대한건축학회논문집 계획계, 22(3), 53-62.

박미영(2004). 웰빙 문화에 따른 패션스타일 경향에 관한 연구. 세종대학교 석사학위논문.

박영순 외(1998). 우리 옛집 이야기 – 한국 전통주택의 실내공간, 열화당.

박은예(2003). 아파트 실내 마감재 변화에 관한 연구 : 1970년 이후 실내마감재를 중심으로. 건국대학교 석사학위논문.

박인석 · 강부성 · 박철수(1999). 한국 공동주택 단위평면 계획원리로서의 개방적 공간구성. 대한건축학회논문집, 15(12), 71-82.

발레리 줄레조(2003). 길혜연 역. 한국의 아파트 연구, 아연출판부.
서울시(1970). 와우지구 시민아파트 사고경위 및 대책.
세진기획(1998). 서울특별시 및 분당. 일산 아파트 백과 – 상권(강남), 세진기획.
심영섭 · 김두식(2003). 초고층아파트의 평면구성 특성에 관한 연구 – 서울 및 수도 20개 사례를 중심으로. 한국실내디자인학회 논문집, 41호, 112-120.
심종욱(2003). 공동주택 단위세대 평면계획의 변화요소에 대한 연구-서울 및 수도권 아파트 단지를 중심으로. 홍익대학교 석사학위논문.
오선영(2000). 아파트 평면에서 현대적 의미의 사랑방 공간 도입에 관한 연구. 중앙대학교 석사학위논문.
유영진(1969). 한국공동주거형의 발전. 건축, 13(2). 23-40.
이규인 · 강인호(1999). 한국집합주택에 있어서 전용공간 중시경향이 설계에 미친 영향과 의미. 대한건축학회논문집, 15(7), 97-104.
이성미(2004). 대중매체를 통해 본 한국의 아파트주거문화 특성. 연세대학교 석사학위논문.
이영석 외(1999). 주거환경을 정비한다. 발언
이원 · 박영기(1988). 주생활 반응에 의한 주공간 변용에 관한 연구 – 대구지역의 단독주택을 중심으로. 대한건축학회논문집, 4(4), 163-166.
이은민(2004). 브랜드아파트의 단위평면 특성에 관한 연구. 연세대학교 석사학위논문.
이주희(2006). 아파트 보조부엌의 유형별 공간 이용실태 및 요구. 울산대학교 석사학위논문.
이현호(1997). 공동주거의 역사적 발달과정에 관한 연구 – 유럽, 일본, 한국의 아파트를 중심으로. 서울대학교 박사학위논문.
인택환(2005). 공동주택 관리체계의 문제점과 개선방안에 관한 연구. 세종대학교 석사학위논문.
임서환(2002). 주택정책 반세기, 세림기획.
임용민(2004). 최근 초고층 주거의 단위공간별 특성에 관한 연구 – 평면조합방식을 중심으로. 한국주거학회논문집, 15(3), 1-9.
장성수(1994). 1960~1970년대 한국 아파트의 변천에 관한 연구. 서울대학교 박사학위논문.
장성수(1994). 우리나라 아파트의 변천 양상. 현대주택, 11월호, 152-157.
장성수 외(1995). 공동주택 생산기술의 변천에 관한 연구. 대한주택공사 부설주택연구소.
장아름, 모정현(2010). 1인 주거 중심의 도시형 생활주택 계획안. 한국주거학회 2010년 추계 학술발표대회 논문집. 161-165.
조성희 · 박수빈(2004). 주택의 물 사용 공간계획을 위한 주문화 연구 – 조리 · 세탁 · 목욕 행위를 중심으로. 대한건축학회논문집, 20(9), 29-40.
조종수(2004). 서울지역 고층집합주거 건축계획의 흐름과 특성에 관한 연구. 대한건축학회논문집 계획계, 20(8), 39-48.
주거학연구회(2005). 넓게 보는 주거학, 교문사.

주남철(1994). 한국주택건축, 일지사.

지성수(2004). 우리나라 미래아파트 실내디자인 변화전망에 관한 연구. 한국실내디자인학회논문집, 13(2), 38-45.

최윤경(2003). 주택평면에 나타난 여성의 사회공간적 지위에 관한 연구. 대한건축학회논문집, 19(1), 81-88.

천현숙(2002). 아파트 주거문화의 특성에 관한 사회학적 연구 - 아파트 주거의 확산 요인을 중심으로. 연세대학교 박사학위논문.

천현숙(2005). 한국의 아파트 평면이 걸어온 길(1960-2005). 주택저널, 4월호.

천현숙(2005). 우리 주거의 변화를 담아낸 아파트 단지. 주택저널, 200호.

천현숙(2005). 한국의 주거, 아파트의 어제와 오늘 그리고 미래. 주택저널, 200호.

서민 아파트 마련. 金相敦시장 언명, 도로도 넓히고, 조선일보 1961년 2월 3일자 3면.

건설교통부 홈페이지 http://www.moct.go.kr/

서울시 홈페이지 http://www.seoul.go.kr/

조선일보 홈페이지 http://www.chosun.com/

http://www.kia.or.kr/kia_image/html/01_02_01_01_03.htm

http://blog.naver.com/liskangel/140014542845

* 각종 도면은 문헌자료에서 구할 수 있는 경우 기존자료를 이용하였으며 최근의 것은 해당 아파트의 분양 카달로그를 참조하였음.

V

현대 농촌주거와 삶

1960년대 이후 급속한 산업화는 농촌에서 도시로 인구를 집중시켰고, 도시의 성장·팽창을 야기함으로써 도시와 농촌사회에 급격한 변화를 가져왔다. 1970년의 경부고속도로 건설, 1970년대 도시 인근의 산업단지·공단조성은 도시로의 인구 유인요소로 작용하여 1970~1980년 10년간 도시의 인구증가율이 전국평균 인구증가율의 3배가 넘었다. 이러한 도시중심의 산업발전과 변화는 자족적인 한국의 농촌을 도시와의 관계 속에서 단순히 식량을 보급하는 배후기지의 역할을 담당하는 곳으로 전락시켰다. 따라서 도시와 농촌 간의 사회·문화·경제적 격차를 초래하게 되었고, 농촌은 생활면에서도 도시에 비해 상대적으로 그 발전과 변화의 속도가 늦었다.

도시와 농촌의 격차가 커짐에 따라 정부는 농촌의 발전과 변화를 유도하는 정책을 수립하였다. 특히 1970년대 초부터 추진되어 온 새마을운동으로 주택개량사업과 취락구조개선사업이 실시되었다. 그 결과 오랜 세월을 주변 지형에 순응하여 자연발생적으로 형성된 농촌마을과 주택의 모습과 생활에 커다란 변화가 일어났다. 또 시대적으로 새로운 가전생활용품의 등장과 건축 기술·재료·설비의 변화와 함께, 도시로 인구이동에 따라 대가족생활에서 핵가족생활로 농촌 주민의 생활양식이 달라졌다.

이처럼 농촌주거는 정부사업의 추진 전에는 오랜 기간동안 전통적인 삶을 담는 그릇으로 지속되어 왔으나, 정부주도의 정책의 영향으로 특히 단독주택이, 농업이라고 하는 산업, 농촌이라고 하는 지역을 수용하면서 변화하여 왔다.

이번 장에서는 전통적인 농경사회의 주거를 이어가는 연속선상에서 한국의 농촌주거가 어떻게 변화하여 오늘에 이르고 있는지, 농촌지역이라고 하는 특수성하에서 주거의 변화가 내부생활자적 측면에서 이루어진 것인지 혹은 외부적 요인에 의해서 이루어진 것인지를 살펴보고자 한다.

1. 한국농촌의 변화

근대화 이후 우리나라 농촌사회는 인구의 급격한 감소, 도시 근로자에 비해 상대적으로 낮은 소득으로 경제적 열세, 순수영농에서 겸업농으로 전환하는 현실에 있다. 정부는 도시와의 현격한 차이를 줄이고자 하는 농업·농촌정책을 지속적으로 펴왔고, 특히 주거환경을 중심으로 생활여건의 차이를 극복하고자 시도하였다. 이에 오늘날 농촌주거를 이해하기 위한 배경으로 주거를 둘러싼 사회적 현실을 살펴보고자 한다.

농촌 인구의 변화

1970년에 우리나라 총인구의 44.7%를 차지하고 있던 농가 인구비가 2009년에 와서는 6.4%로 현격하게 줄어들고 있다. 농가 세대수 역시 1970년에는 44.5%를 차지하였으나 지속적으로 감소하여 2009년 전체 세대의 7.1%를 차지하고 있다. 이러한 인구 및 세대관련 통계수치는 전체 주택수에서 농촌주택이 차지하는 비율이 매우 낮다는 것을 보여준다.

이러한 농촌인구 감소의 원인은 대도시를 중심으로 고도의 경제성장이 이루어지면서 도·농 간의 소득격차가 발생하게 되고, 이로 인해 농촌의 생산인구층이 도시로 유출되었기 때문이다.

또 농가의 가족수의 변화를 살펴보면, 1970년에는 5.8인이었던 것이 2009년에는 2.6인으로 점차 줄어들었다. 가족수로 볼 때 농촌주거 역시 핵가족을 수용하

농가인구와 세대수의 변화

연 도	농가인구/총인구(%)	농가세대/총세대(%)	호당 가족수
1970	44.7	44.5	5.8
1975	37.5	35.8	5.8
1980	28.4	27.0	5.0
1985	20.8	20.1	4.4
1990	13.3	15.8	3.8
1995	10.8	11.6	3.2
2000	8.6	9.7	2.9
2005	7.1	8.0	2.7
2009	6.4	7.1	2.6

자료 : 농림부, 2005; 농림수산식품부, 2010.

고 있음을 알 수 있고, 전체 우리나라 주택시장에서 농촌주택이 차지하는 비중은 10% 미만이다. 우리나라 주택정책이 주로 도시의 공동주택 중심으로 추진될 수밖에 없는 현실을 보여 주고 있다.

농가소득의 변화

'선진 조국을 만들어 나가자' 는 구호 아래 1970년대에 새마을운동이 추진되어 농민소득은 1975년 도시민의 101.6%가 되어 농촌은 경제적으로 살기 좋은 곳이었다. 그러나 새마을운동사업이 쇠락한 1980년에는 농민소득이 도시민의 84.0%로 하락하고 2009년에는 66.0%로 나타났다. 현재 농가의 소득은 도시근로자의 소득과 비교해 볼 때 매우 낮은 수준이며 불안정한 상태에 있는 것을 알 수 있다. 이런 경제여건을 고려하여 정부에서는 농촌주민의 주거환경에 대한 지원정책을 펴왔다.

영농형태의 변화

산업화에 따른 농가의 영농형태의 변화를 살펴보면, 1965년에는 전업농가의 비율이 전 농가의 90.7%이었으나 2009년에는 58.0%로 감소하였다. 겸업농가 중에서도 1종 겸업농가와 2종 겸업농가의 비를 보면 1980년 이후에는 농업 외 수입이 농업수입을 능가하는 2종 겸업농가가 1종 겸업농가보다 증가함을 알 수 있다.

이것은 쌀/밭농사의 순수영농만으로 농가소득의 경제여건이 어려워 축산, 시설농업을 겸한 복합영농으로 전환되고 있음을 알 수 있다. 즉, 겸업농의 출현과

도 · 농 간 호당 평균 소득비교

(단위: 천 원)

연 도	농가소득(A)	도시근로자가구소득(B)	A/B(%)
1970	256	381	67.1
1975	873	851	101.6
1980	2,693	3,205	84.0
1985	5,736	6,046	94.8
1990	11,026	13,182	83.6
1995	21,803	22,933	95.1
2000	23,072	28,643	80.6
2005	30,503	38,840	78.5
2009	30,814	46,664	66.0

자료 : 농림부, 2005; 농림수산식품부, 2010.

농업형태별 농가

연 도	계(%)	전업농(%)	겸업(%)	
			1종 겸업	2종 겸업
1965	100.0	90.7	–	9.2
1971	100.0	85.2	6.1	8.7
1975	100.0	80.6	12.5	6.4
1980	100.0	76.2	13.7	10.1
1985	100.0	78.8	8.6	12.5
1990	100.0	59.5	22.0	18.4
1995	100.0	56.6	18.5	25.0
2000	100.0	65.2	16.3	18.6
2005	100.0	62.5	13.0	24.5
2009	100.0	58.0	12.6	29.4

자료 : 농림부, 2005; 농림수산식품부, 2010.

더 나아가 대규모 기업농이 출현하게 되며, 이런 영농형태의 변화는 농작업을 수용하는 농촌주거 변화에 영향을 주게 된다. 예를 들면 기계화 영농으로 대규모 기업농의 경우 농기계를 수용하기 위해 곡물저장창고 시설을 건축하기보다는 대규모 농기계 보관창고를 건축하는 방향으로 바뀌게 된다.

농촌주거 환경개선 정책의 변화

농촌주거 환경에 대한 정부정책 추진과 그에 따른 주택개량 및 생활개선내용은 시대에 따라 변화해 왔다. 1960년에는 낙후된 농촌 주거환경을 기능적 · 위생적으로 개선하였고, 1970~1980년대는 새마을운동으로 취락구조개선사업과 노후 불량주택을 근대적인 주택으로 개선하는 일을 대대적으로 진행하였다. 1990년대부터는 농촌주민의 의사를 존중하면서 도시민과 동등한 수준의 쾌적하고 농촌문화를 지속하는 자원으로 주거환경을 개선하였다.

시대별로 살펴본 농촌주거환경 개량사업

시 기	1960년대	1970년대	1980년대	1990년대	2000년대
정책	← 농어촌 근대화정책 →	← 새마을운동, 주택개량 및 취락구조개선사업 →		← 농어촌 발전 정책 →	← 농촌 관광사업 →
목표	낙후된 생활환경개선	노후/불량 주거환경개선	주택개량 위주 개선	열악한 생활환경 현대화	농촌관광자원으로 주거환경의 경관개선
내용	지붕 및 담장 개량 마을안길 확 · 포장 공동빨래터 설치 기능/위생적 부엌개량 (생활지도사 계몽 역할)	1960년대 내용 지속 새마을사업-마을회관/놀이터/창고 설치 농촌주택개량사업(표준도) 취락구조개선사업	1970년대 내용 지속 부엌 개량과 입식화 현관도입, 마루 내부화 취락구조개선 감소 1980년대 후반의 자의적 주택개량(표준도 강제성 없고 비용지원)	부엌 · 목욕실의 개량 및 내부화정착 도시민 유입목적의 문화마을 조성사업 자의적 주택개량 지속	자의적 주택개량 지속 경관 고려 마을/주택개선 지역성, 전통성이 표현된 숙박시설로의 주택 개량 농촌체험 마을환경 조성
기여	낙후 농촌주거 개선의 시작	새로운 근대주택건축과 마을조성 시작	강제적인 취락구조 개선 사업 및 표준도 쇠퇴	도시민과 동등한 수준의 농촌주거 환경 제공 필요 인식	농촌의 문화 자원으로 주거 개량의 인식 변화

2. 전통생활과 농촌주거

근대화 정책과 농촌주거 환경개선

1960년대까지 우리나라의 농촌주택은 전형적인 초가집과 전통적인 삶으로 조선시대의 연장선상에서 일제시대를 거쳐 지속되고 있었다. 서구적 개념의 근대화 시각에서 농촌주택은 낙후한 모습이었고 시설 · 설비가 충분하지 못하며 비능률적 · 비위생적인 상태를 면하지 못하였다. 이런 배경 속에서 1960년대의 농촌근대화 정책이 추진되었고, 1967년 「농촌지붕개량촉진법」이 공포됨으로써 1960년대 농촌의 생활환경개선사업이 시작되었다.

주택은 전면개량보다는 부분적인 개량이 실시되었다. 지붕 및 담장 개량, 마을의 안길 확 · 포장, 공동 빨래터를 설치하였고, 주택내부로는 재래식 부엌을

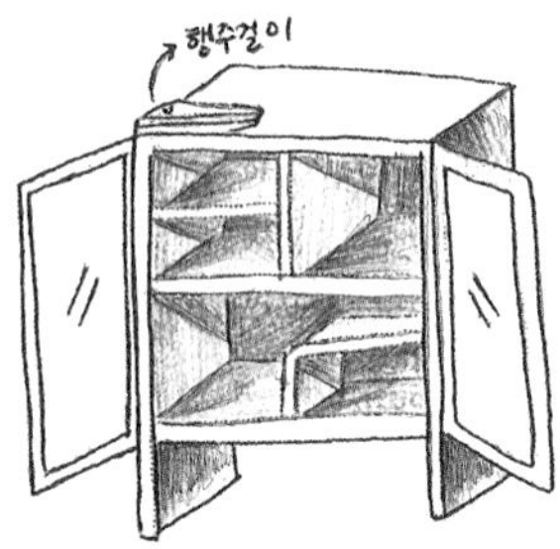

찬장 찬장 위 한 모서리에 부채모양의 접이식 행주걸이를 장착하여 행주건조대를 만들었다.

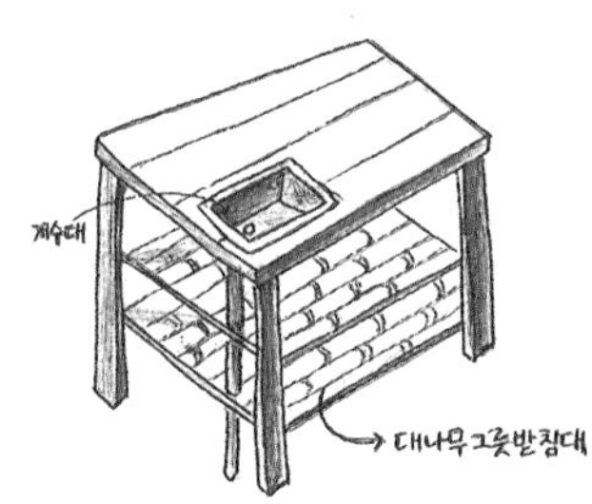

개수대 나무로 제작된 작업대 일부에 함석을 이용하여 만든 개수대와 씻은 그릇을 대나무로 만든 선반에 엎어서 보관하였다.

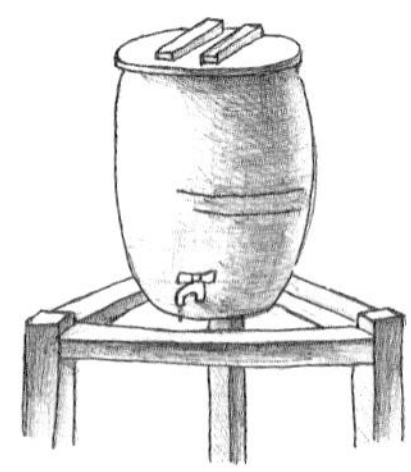

물독받이 우물에서 길어온 물을 저장하는 독에 수도꼭지를 부착하였다.

농촌생활지도사 지도하에 제작된 부엌가구
자료 : KBS 영상자료 "시간의 징검다리"에서 발췌, 스케치

위생적·능률적(기능적)인 부엌으로 만들기 위한 초보단계인 입식형의 개수대·수납장 도입과 변소개량 등에 역점을 두었다. 특히 부엌 중심의 생활환경개선을 위하여 농촌진흥청의 생활지도사를 중심으로 계몽과 지도가 이루어졌다. 당시 생활계몽에 대한 문화영화 '개량부엌 만들기'에 구체적인 방법이 제시되었다. 예를 들면 부엌에 나무로 제작한 작업대에 함석판으로 싱크를 만들고, 부엌에 상수설비가 없으므로 수도꼭지가 부착된 물독을 설치할 수 있게 하고, 음식물과 그릇을 수납할 수 있는 찬장을 제작하는 것이었다.

냇가에 설치된 공동빨래터에서 마을 사람들이 모여 빨래를 하고 있다.

이와 같이 1960년대에는 농촌에 깨끗하고 위생적이며 기능적인 환경을 조성하고자 지붕, 담장, 안길, 빨래터를 중심으로 개선정책이 시작되었고, 생활에 편리한 부엌개선을 위해 가가호호 방문하여 부뚜막 개량과 작업대 설치를 제작지도할 농촌생활지도사를 중심으로 계몽이 시작되었다.

농촌주택과 주생활

산업화되기 이전 한국의 농민들은 식량을 공급하기 위한 농사일 뿐 아니라 생활에 필요한 많은 것들을 자급자족형태로 공급하였다. 당시 농촌주택은 잠을 자고 생활하는 공간만이 아니라 자급자족의 일을 하기 위한 공간이 있었다. 마당, 축사, 헛간, 창고, 광 등이 이러한 생활을 지원하는 공간들이었다.

농촌주택은 1960년대까지만 해도 평면형태와 구조체 면에서 안채, 바깥채(아래채, 사랑채) 및 농용부속건물(광, 축사, 변소, 창고, 헛간) 등으로 구성되었다. 안채는 몸채로서 안방, 마루(대청), 건넌방, 부엌 등으로 구성되었다. 이런 공간들은 농민의 계층에 따라 다소 차이가 있었지만 일제시대 이전부터 존속하여

1960년대까지 큰 변화 없이 지속되었다.

건축방식은 모두 목조 단층건물(구조)이고, 외벽은 돌이나 흙벽돌을 쌓아 흙으로 마무리하거나 나무기둥과 흙으로 마감 처리하였고, 내벽은 흙만을 바르거나 몰탈로 마무리를 하고 그 위에 벽지를 발랐다. 지붕은 초가로 볏짚을 이은 것

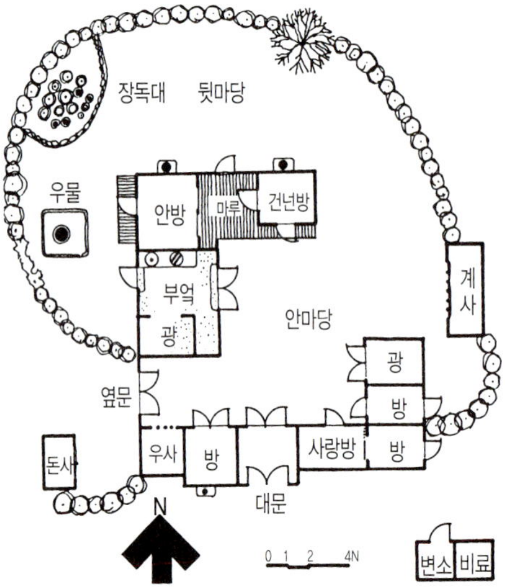

경기도 일반농가주택의 안채 | 'ㄱ'자형으로 안방과 건넌방사이에 마루가 위치하며, 부엌 한쪽에 부엌방이 배치되었다. 바깥채(부속채) 역시 'ㄱ'자형으로 부속사 일부가 포함되었고, 바깥마당에 축사, 변소/퇴빗간이 배치되었다.
자료 : 이재우, 1986, 64쪽.

안채 양옆으로 부속공간이 배치되었다

주택의 외관

흙벽과 초가지붕의 전통 농가
자료: 이재우, 1986, 184쪽.

한국민가의 경제수준에 따른 유형구분

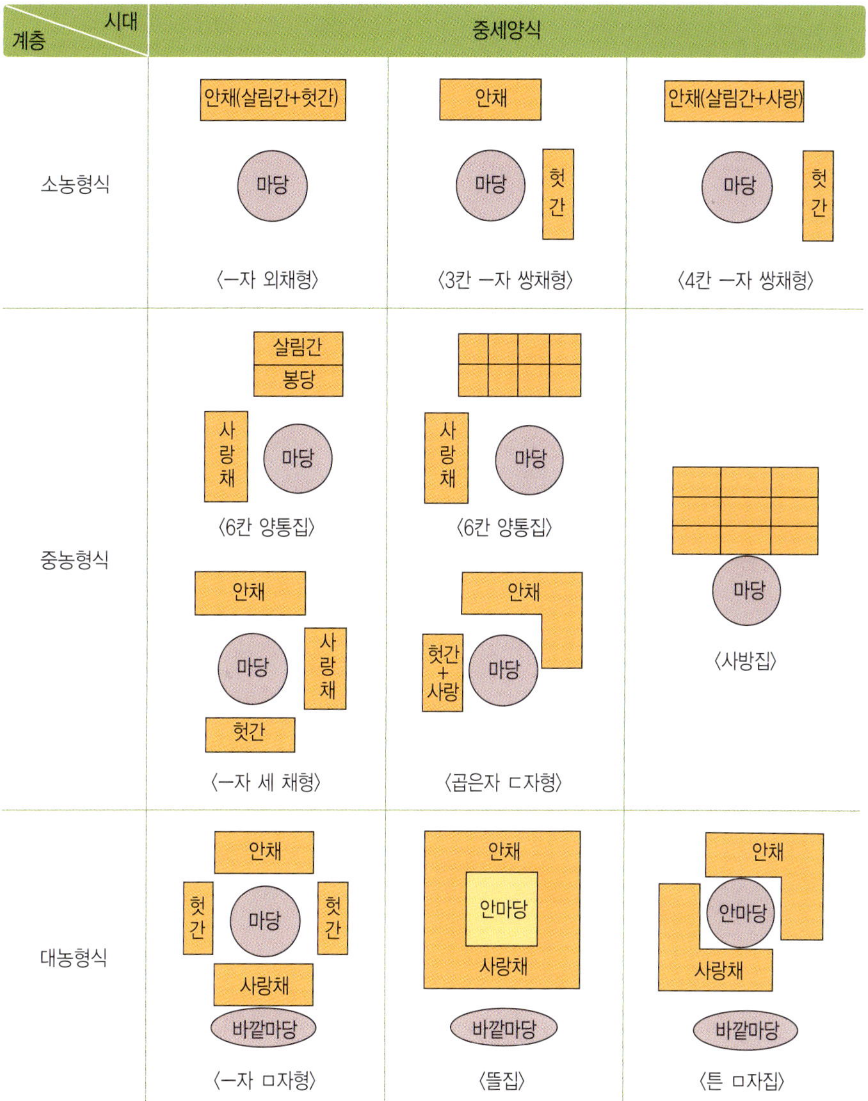

경제수준은 주택의 규모와 구성에 영향을 준다는 관점에서 농가주택을 소농, 중농, 대농의 경제수준에 따라 주택을 분류하였다. 지역적으로 안채, 바깥채의 공간구성과 배치가 다르며, 주거규모와 구성면에서 볼 때 소농→중농→대농으로 갈수록 주거규모가 커지면서 채의 분화가 다양하게 진행되었다.

자료 : 강인호 · 한필원, 2000, 47쪽.

이 일반적이었다. 농가주택의 구조에서 오는 부엌과 주거공간의 바닥높이에 있어서는 단 차이가 있으며, 온돌과 마루가 설치된 목구조이었다는 점에서 조선시대의 민가와 크게 다를 것이 없었다.

옥외공간, 부속공간과 주생활

옥외공간은 주로 건물의 외부에서 농작업, 농산물 건조, 갈무리 등이 행해지는 '작업공간' 이며, 여기에는 안마당과 같은 사적 공간과 바깥마당과 같은 공적 공간이 있다. 특수한 농기구의 보관이나 연료의 저장 등 노천의 '수납공간' 도 이에 포함된다. 그러나 이러한 옥외공간은 그 공간성이 매우 유동적이며, 일반 서민의 농가주택의 경우는 서로 공용 또는 변용되는 경우도 있다.

그리고 각종 기구의 수납, 곡물의 저장, 가축사육용 축사, 농업용 목적을 위해 만든 퇴비간(잿간) 및 분뇨를 거름으로 사용하는 푸세식 변소 등의 부속공간이 있고, 이들 공간은 농가주택에서 필요불가결한 공간들이다.

또 마당 한쪽에 한국 특유의 장독대가 있다. 여기에는 조미료(소금, 고춧가루 등)나 김치, 장아찌 등이 들어있는 항아리를 지표면보다도 조금 높게 놓아둔다. 고추장, 된장, 간장 등은 발효와 보관상의 필요로 햇볕이 잘 들며 사용하기 편리하게 부엌에서 가까운 곳에 두었다.

안채, 바깥채 공간과 주생활

지역에 따라서 안채를 큰채로 바깥채를 사랑채 혹은 아랫채로 칭하기도 한다. 옥내공간은 주로 가족의 기거 생활인 취침, 취사, 식사, 단란, 육아, 접대 등의 일상생활을 영위하며, 생활의 재생산 행위가 이루어지는 '주공간(住空間)' 이다.

안채는 각 방의 호칭은 지역에 따라 달랐으나 일반적으로 안방(큰방), 건넌방(작은방), 대청(마루), 부엌(정지) 등으로 구성되어 있다. 안방은 '주부의 거처공간이며 부엌과 인접해 있고, 부엌 천장은 안방에서 이용할 수 있는 '다락' 으로 되어 있으며 반2층 형식으로 물건을 넣어둔다. 또 안방과 건넌방은 온돌구조로 되어 있다. 대청(마루)은 여름철에 식사, 손님접대, 바느질, 경조의식 등이 행해지는 공간이다. 바깥채는 안마당의 바깥쪽에 있는 건물로서, 일반적으로 남자용 거처실 또는 객실에 해당하는 사랑을 두지만 일부에서는 토방과 헛간, 광 등을 두고, 부속사로 이용되는 경우도 있다.

전통 농가에서 안채 앞 수돗가를 사이에 두고 부속사(축사, 광, 변소)가 배치되어 있다.

전통농가에서 빨래는 마당의 수돗가에서 하였고 자녀들이 목욕, 물장난을 하는 곳이기도 하다.

부엌 뒷문에서 가까운 장독대에 각종 장류와 밑반찬을 보관하였다.

마루에서 돌상을 차리고 잔치를 한다.

전통 농가의 모습

전통농가에서 마당은 내부공간의 연장이었다. 마당에 멍석을 깔고 차일을 친 후 회갑상을 차려 의식을 진행한다.

특히 전통 농촌주택의 부엌공간은 안방과 연결된 다락이 부엌의 천장이 되는 단면구조이며, 안방의 난방을 위한 온돌구조와 취사 열원을 동시에 제공하는 아궁이로 인해 부엌의 바닥 면이 안방 바닥면보다 60cm 정도 낮아 부엌일을 하는데 비능률적인 구조로 되어 있었다. 이러한 부엌공간의 단면구조는 전통적인 농가주택의 목구조 형식뿐만 아니라 주택개량을 했던 시멘트블럭의 조적조 주택에서도 반복되었다. 부엌공간의 내부는 주로 흙(바닥, 벽)과 나무(천장)로 마감

마루에 차려진 상청(喪廳)
자료 : 김광언, 1988, 92쪽.

재래부엌의 흙 부뚜막 윗부분에 벽장과 다락이 돌출되었고, 솥이 걸린 부뚜막에서 허리를 구부린 자세로 취사작업이 이루어졌다.

되어 신을 신고 생활하였다. 아궁이는 흙으로 부뚜막을 꾸며 솥단지를 걸고 주로 취사작업을 하였다. 그릇이나 채소는 우물가에서 씻거나 개수통에 물을 받아 부뚜막에 놓고 사용하였고, 음식을 만들거나 도마질 역시 허리를 구부린 자세로 부뚜막 위에서 했다. 이런 부엌일의 어려움은 1960년대 후반기에 농촌지도사의 계몽활동에 힘입어 변화되기 시작하였다. 입식작업대의 시작이라고 볼 수 있는 개수대, 물독받침대가 농촌지도사의 지도로 가정에서 직접 제작되기도 하였지만, 수도가 연결되지 않아 여러 가지 불편한 점이 여전히 남아 있었다.

3. 새마을운동과 농촌주거

새마을사업과 농촌주거 환경개선

노후하고 불량한 농촌의 주거환경은, 특히 1970년대 초에 시작된 '새마을운동'이 당시 내무부의 주관하에 농촌주거 환경개선사업으로 다양하게 추진되어 본격적으로 개선되기 시작하였다. 초기에는 주택개량에 큰 변화를 가져오지 못하였고, 단지 1960년대 사업의 연속선상에서 새마을가꾸기사업으로 지붕개량, 하수구 설치, 진입로와 마을 앞길의 확장 등 생활환경의 기초를 정비하는 성과 정도였다. 그러나 1976년부터는 내무부 주도하에 표준

새마을사업의 일환으로 지붕을 초가에서 함석, 슬레이트로 개량하였다.

설계도를 개발 보급하여 노후하고, 불량한 농어촌주택의 전면개량사업과 취락구조개량사업 등의 종합적인 개선사업이 활발히 추진되었다. 1980년대는 정치·사회적 불안정 등으로 인해 전반적으로 주거환경 개선사업의 상대적 정체기였다. 이 시기는 1970년대의 전면적인 주택개량에서 다시 주택 내부시설의 부분개량으로 사업이 전환되었고, 이 사업은 주로 내무부와 농촌진흥청에서 꾸준

농촌개발정책과 주거환경 개선사업

시 기	농촌 개발정책	주거환경 개선사업 내용	비 고
1970.1	• 농촌근대화촉진법 공포		• 농업진흥공사 설립
1970. 1~1971. 6	• 새마을가꾸기사업	• 지붕개량, 담장개량, 부엌개량, 마을안길 넓히기, 농로개선, 마을회관, 창고, 놀이터 등 환경개선 사업추진(전국 33,267마을 대상)	• 내무부에 전담부서 설치(1971. 8.) • 새마을운동의 전국적 파급을 천명(1971. 9.)
1972. 3	• 새마을사업 추진의 기본방침 제시	• 기존 환경개선사업에 정신개발 및 생산소득사업 등 종합적 개발사업으로 확대	• 추진실적에 따라 지원사업과 대상 마을을 선별하여 개발
1973	• 잘살기운동 전개	• 전국 마을을 3계층으로 구분하고 자조·협동이 갖춰진 마을 집중 지원 • 마을의 협동적 생산 및 소득증대사업에 비중 둔 새마을운동 중앙협의회 설치(1972. 3.)	• 농수산부, 문교부, 농협에 새마을운동 전담부서 신설(1973. 9.)
1974	• 새마을운동의 범국민운동 확대	• 농촌생활 환경정비, 새마을소득 증대, 도시새마을운동을 3대 역점사업으로 추진	• 전국 138개 군에 새마을 담당 부군수제 신설(1975.1)
1976	• 농촌주택개량 및 취락구조개선사업	• 농촌주택 개량, 취락구조 개선, 공동시설, 도로, 농로, 생산기반 정비, 소득개발사업 등	• 내무부, 도, 시, 군에 농촌주택개량 전담부서 설치
1979	• 새마을사업의 광역화 시도	• 마을권 개발사업, 마을간 협동권개발 사업, 읍·면 개발사업	
1981~1984	• 새로운 농촌 지역개발 방식 연구	• 지방 정주생활권의 설정 및 개념에 관한 연구 • 시범 군 정주생활권개발계획 수립을 통한 농촌개발방법론연구(내무부 지원) • 농촌지역 종합개발방법론 개발(농촌경제연구원)	• 제2차 국토종합개발계획(1982~1991)에서 생활권개발개념 수용

자료 : 최효승, 2000, 515쪽, 내용수정.

히 추진하였다. 한편, 1980년대부터는 정주생활권개념에 의한 새로운 농촌지역 종합개발방식의 정책화의 논의가 시작되었다.

취락구조 개선사업

취락구조 개선사업은 기존마을의 개조와 새로운 마을건설을 의미하며, 마을 기간시설을 건설함으로써 주택지의 개발과 정형화, 도로의 개설과 확장, 간이 상수도, 마을회관, 놀이터, 공동생산시설(창고, 축사, 작업장) 건설 등이 포함되었다. 이 사업의 특징은 주택개량사업을 중심으로 도로, 하수도 등 기반시설과 공동시설의 확충 및 주택을 신설하고 불량주택을 제거하는 것이었다. 그리고 주택은 지형에 따라서 도로(고속도로, 국도, 지방도 등)에 병행하여 횡으로 일선 또는 이선으로 배치하는 것을 기본으로 하였고, 취락의 유형 기능 등을 따져 마을이 갖는 각 요소와 지형, 방위, 도로조건, 전망 등을 고려하였다. 취락구조 개선사업은 1976년부터 주택개량과 취락구조 개선사업이 종합적으로 연계 추진되어야 한다는 인식하에서 시작되었다.

취락구조 개선사업 유형

- 신촌형(A형) : 새로운 택지를 조성하고 주택을 이전·신축하여 새로운 마을을 형성하는 방식
- 개선 및 합촌형(B형) : 기존 마을의 도로나 공공시설을 재비치하며, 일부 노후불량 주택의 개량과 함께 인근의 분산가옥을 합하여 정비하는 방식
- 정비형(C형) : 기존 마을의 골격을 유지하면서 5~6동의 불량주택을 정비하는 방식

합촌형의 예: 전주 군산간 도로변에 위치한 마을

✿ 농촌주택 개량사업

농촌주택 개량사업은 근대화된 농촌생활을 영위하도록 하는 주택건설에 그 목표를 두고 있었다. 이에 기대되는 개량주택의 모형은 건설재료의 생산공급이 용이하고, 규격화하여 표준화되고, 또한 조립식 건물구조로 내구·내수성이 있으며, 유지보수가 간편하고 경제적이어야 했다. 그러나 이러한 취지의 농촌주택 개량사업은 주택자체의 물리적인 구조물은 물론 주생활과 주민의식 구조에 이르기까지 큰 변화를 초래하였지만, 그 시행과정 및 결과에서 문제점이 지적되었다.

정부는 1976년 농촌주택의 수준향상을 위한 시범사업으로 규격자재를 개발, 공급하여 주택개량을 취락구조 개선사업과 함께 실시하였다. 그러나 사업확대에 따른 물량의 과다로 자재난, 기술난, 자금부족난을 겪어야 했다. 따라서 1978년에는 더욱 효율적인 사업수행을 위해 2년간의 시범사업을 토대로 표준설계도를 작성 보급하고, 이를 이용하여 주택을 개량하도록 권장하였다.

농촌주택 개량사업의 문제점

- 주택개량 융자금과 보조금의 현실화 필요
- 주택개량사업이 전시효과에 치중된 결과 반하향식 개량으로 불만사례 속출
- 농촌의 전통성, 지역성 및 주변 경관과의 조화를 무시한 획일적인 주택형 난립
- 거주인의 위생상 주거와 농작업 공간의 분리 및 난방 보온 등의 개선 필요
- 주택개량과 취락구조 개선을 함께 계획하여 단계적인 농촌주택 개량이 필요
- 지역 특성을 감안, 표준설계도 종류의 다양화 필요
- 부속사에 대한 고려의 부족

표준형 농촌주택

주택의 표준화 계획은 서민층의 경제적 부담을 덜어 주고 주거양식에 부합되

는 주택의 표준설계도를 작성하여 자재 및 부품의 규격화를 강구하는 한편, 주택의 규모 및 설비의 적정화를 유도하여 우리나라의 환경조건에 맞는 주택을 보급함으로써 주택난을 해결하기 위한 것이었다. 이에 정부는 1970~1986년 도시형과 농촌형으로 나누어 100여 종의 표준설계도를 작성하여 보급하였다.

농촌형 표준설계도는 1976, 1977년에 시범사업을 거쳐 1978년에 처음으로 보급하였고, 표준설계도에 의해 주택을 개량하도록 권장하였다. 새마을운동과 더불어 등장한 농촌의 표준형 주택은 초가집에서 새로운 형태의 양옥집으로 그 외관이 달라지기 시작하였다. 건축방식은 대부분 블록벽에 수성페인트칠을 하거나 외관을 보기 좋게 하기 위하여 정면에만 석재붙임이나 타일붙임을 하였다. 평면의 형식도 전통적인 홑집양식에서 겹집양식으로, 부엌이 평면의 뒷부분으로 후퇴하는 형식이었고, 중앙의 마루가 유리문 설치로 내부화되어 마루중심의 공간으로 변화하였다. 또한 농촌주택에 현관 및 욕실(화장실)과 같은 새로운 공간도 등장하였는데, 현관은 1972년에 도입되기 시작하여 1980년에 이르러서는 본격적으로 확산되었고, 2층형(1층: 거주공간, 2층: 수납공간) 평면은 1979년부터 출현하였다.

1978년에 개발된 농촌형 표준설계도는 총 12종으로서 15평 · 18평 각각 4종, 20평 · 25평 각각 2종을 개발하였다. 이 중 15평, 18평, 20평형은 각각 2종씩 자재를 규격화하여 대량생산이 가능하도록 했으며, 나머지 6종(15, 18, 25평 2종씩)의 평면은 일반자재로 건축하도록 되어 있었다. 표준설계도 12개 유형의 기본내용은 방 3~4개, 마루 1개, 부엌 1개와 욕실, 헛간, 다락으로 되어 있으며 변소는 옥외 별동으로 건립하도록 하였다.

평면계획 시 주거 및 작업공간의 합리적 배치와 마루, 방, 부엌의 연결동선을 단축시키고 부엌작업대를 입식화하여 주부들의 노동력을 절감하도록 하였고, 온돌방에는 반침을 설치할 수 있는 면적을 확보하여 건축주의 취향과 능력에 따라 시공할 수 있게 하였다(1978년의 표준주택안 12개 유형과 온돌방에 붙박이 반침공간이 배치된 1978년의 18평 나형, 1980년 현관, 욕실 · 화장실이 실내에 도입된 경기도 표준주택안의 평면도는 다음에 나오는 그림들 참고).

표준주택안을 그대로 또는 약간 수정하여 건축된 표준주택에서는 부엌면적이 특히 축소되었으므로 이의 보완책으로 부엌 뒷면과 담 사이에 챙을 잇대어 배치된 부엌부속공간인 제2부엌이 다수 등장하였다. 이 공간은 농촌주택에서 필요한 공간으로 농번기나 비일상적인 행사 시에 긴요하게 사용되었다. 농촌주택에서는 도시주택과 같은 입식 부엌공간만으로 부엌일과 가사를 모두 수용할 수 없기 때문에 부엌에 인접해 있으면서 외부에서도 직접 출입이 가능한 곳에 제2부

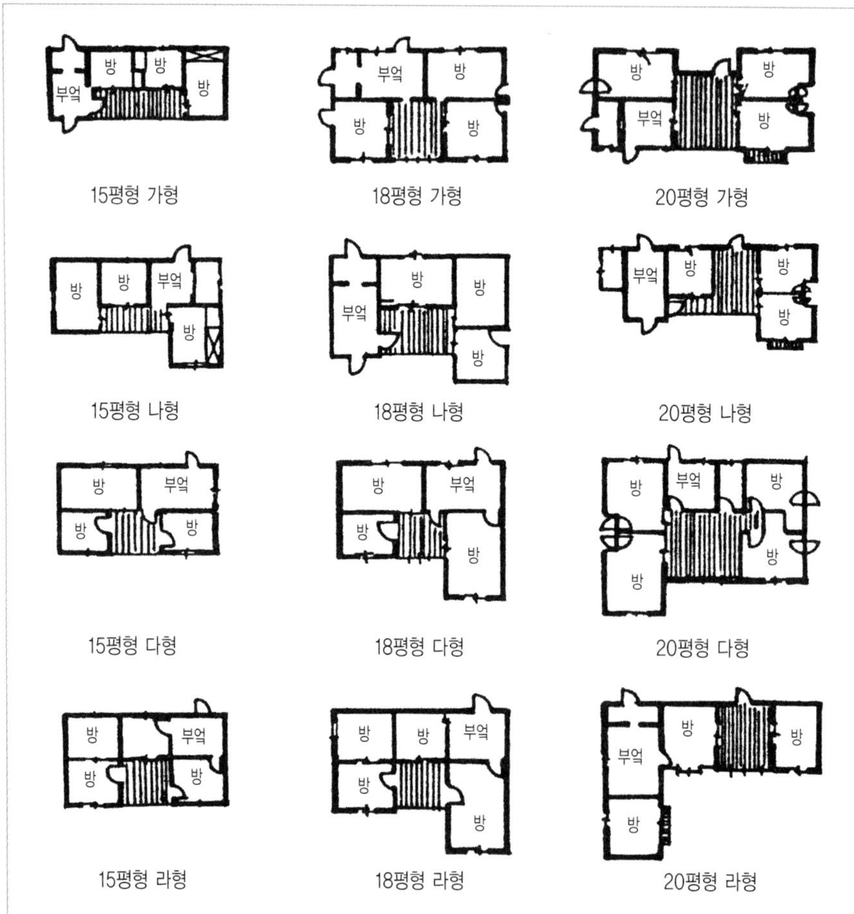

표준주택안 12개 유형(1978년)
자료 : 강순주 · 김상희, 2004, 201쪽.

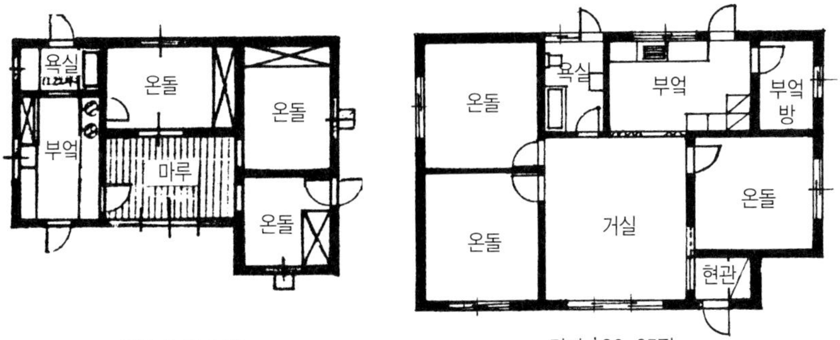

'78-18평-나형

온돌방에 붙박이 반침공간이 배치

경기-'80-25평

현관, 욕실 · 화장실이 실내 도입

표준주택안
자료 : 양세화, 1983, 29쪽.

억이 설치되었다. 이 공간에는 재래식 부뚜막, 수도시설, 평상, 수납시설, 빨래줄 등이 갖추어져 있어 농번기와 김장 · 장담그기, 가족행사 등 비일상적인 행사 때 식재료를 씻기도 하고, 음식준비 및 설거지 등 취사행위와 음식보관 장소로 이용되며 큰 부엌 살림살이의 수납과 우천 시 빨래건조 장소로도 사용되었다.

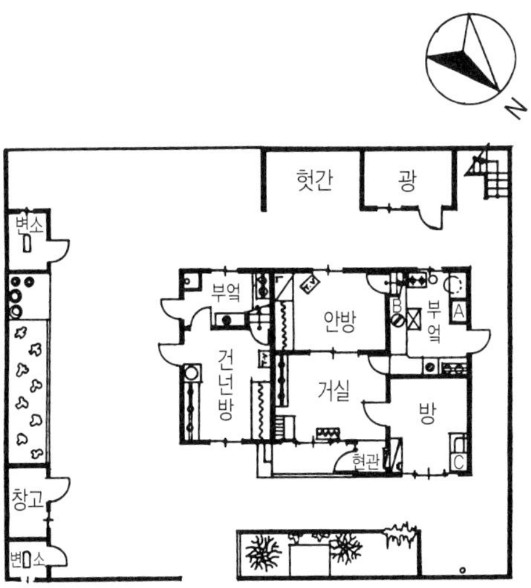

표준주택 개조사례 1 | 건넌방을 세 놓기 위해 부엌을 증축하여 외부로 통할 수 있게 하였다.
자료 : 유옥순, 1989, 140쪽.

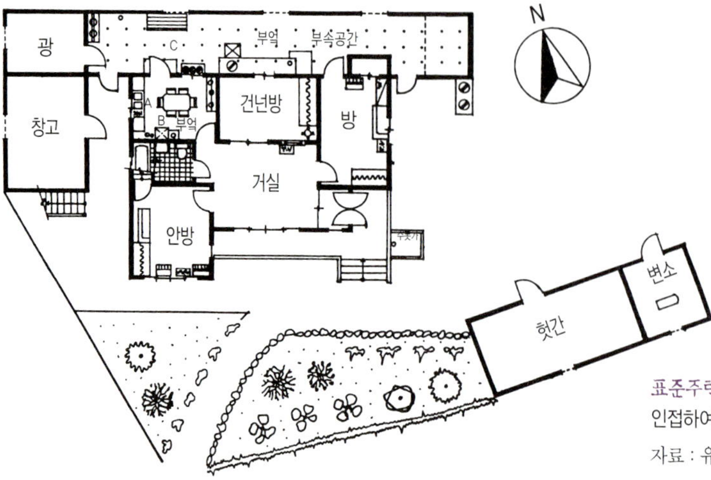

표준주택 개조사례 2 | 완전입식형 부엌에 인접하여 배치된 제2부엌공간

자료 : 유옥순, 1989, 142쪽.

기성제품이 설치된 입식화된 부엌

입식화한 부엌에 인접하여 뒤안에 배치된 제2부엌 겸 다용도실

개량주택과 주생활

개량주택은 기존의 재래 목조주택을 부분적으로 개조한 것이다. 장(옷장+이불장), 화장대와 같은 현대식 가구와 TV, 다양한 품목의 가전제품 등 주생활재를 수용하기 위해 안방, 마루, 건넌방의 공간을 확장하기 위하여 주택개조가 필요하였다.

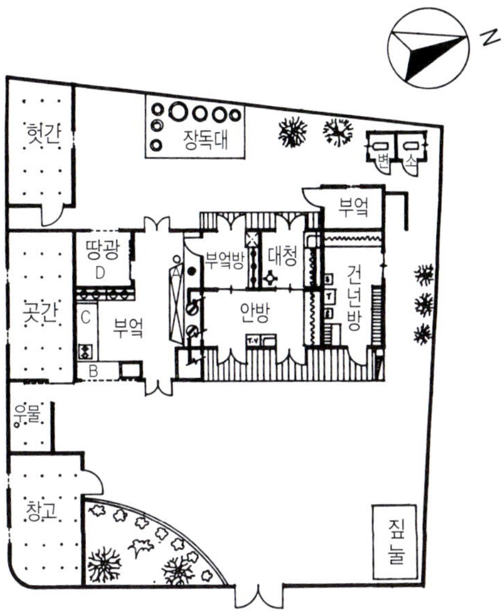

개량주택의 평면재래식 부엌내부 일부를 타일마감의 입식작업대 설치로의 개조
자료 : 유옥순, 1989, 137쪽.

개량주택의 앞마당 | 가사와 농작업 보조공간으로 사용하여 농산물과 빨래를 건조한다.

부엌내부 | 목조주택을 개조했기 때문에 기존 부엌의 살창이 그대로 있고 이곳에 타일마감의 입식개수대와 작업대를 설치하였다.

땅광 내부

개량주택의 내부공간은 안채, 바깥채, 부속사로 구성된다. 외부공간은 안채의 앞뒤로 마당과 뒤안이 뚜렷이 구별된다. 마당은 주로 다양한 농작업과 관련한 행위에 사용되고 있어 생활과 작업공간의 의미가 크고, 뒤안은 부엌과 관련한 취사활동의 보조공간으로서 장독대나 수돗간, 채전에 이르기까지 다양하게 이용되고 있다.

✿ 옥외공간, 부속공간과 주생활

옥외공간은 주로 건물의 외부에서 농작업, 농산물 건조, 갈무리 등이 행해지는 '작업공간' 이다. 이러한 마당공간은 개량주택에서 주거기능이 강화됨에 따라 과거에 비해 농작업의 기능이 축소되고 비농업 활동이 증가되었다. 따라서 거주자는 마당의 일부를 화단으로 꾸미는 경우도 있고, 농산물 건조 및 소규모 수확의 농작업을 위해 마당 일부를 시멘트 혹은 콘크리트로 포장하기도 하였다. 그리고 비일상시 의식 및 손님접대가 여전히 마당에서 이루어졌다.

시멘트 블록조의 단순한 구조체의 부속사 외관(전남 영광)

한편 부속사는 대부분 시멘트 블록조의 단순한 구조체로 농기구, 비료나 사료의 수납, 곡물의 수장, 축사 및 변소 등 농작업과 관련된 공간들의 복합체이다. 그러나 비농업적 활동이 증가됨에 따라 부속사 규모가 점차 감소하고 주거공간으로 전용되기 시작하였다.

✿ 안채, 바깥채 공간과 주생활

농가주택의 안채는 보통 안방, 건넌방, 마루, 부엌 등으로 단순하게 구성되었다.

안방

농촌주택에서 안방 혹은 큰방으로 부르는 이곳은 위계가 높은 사용자의 공간이며, 실제 생활을 주도하는 가장부부의 거주(취침)공간이자 전 가족의 식사, 접객, 가족단란(TV시청, 담소), 실내 가사작업, 제사 등의 행위가 이루어지는 다목적 공간으로 생활중심공간이다. 또한 안방은 주택 내에서 가장 중요한 공간으로서 공간적 변화가 활발한 곳이다. 현대식 가구가 유입됨에 따라 규모가 큰 TV, 장(옷장+이불장), 화장대와 같은 주생활재를 수용하기 위해 퇴나 처마밑을 증축하였다. 그러나 점차 안방에서 이루어지던 공간기능이 마루로 이전됨에 따라 안방의 개인생활의 프라이버시 기능이 강화되고 있는 반면, 세면 · 세족의 생리위생공간과 출생 · 사망의 신성공간, 그리고 가사노동공간으로서의 기능은 다소 감소하였다.

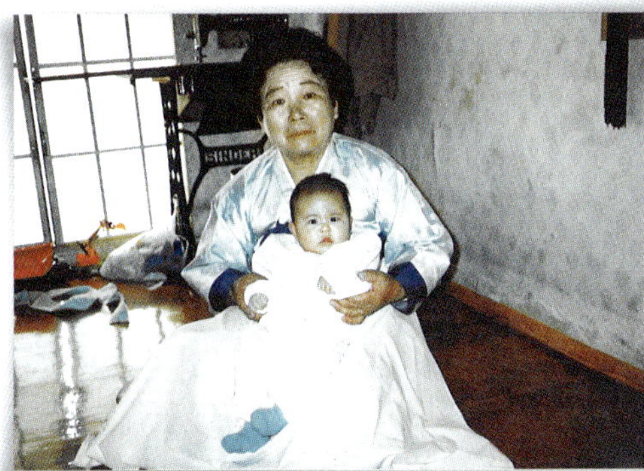

안방에서 할머니가 손녀를 돌보고 있다.

안방의 다과상 옆에서 할아버지가 손자에게 한문을 가르치고 있다.

건넌방 및 기타 방

지역에 따라 작은방, 머릿방으로도 불리는 이곳은 취침, 자녀교육, 가사작업이 이루어지는 다목적 공간이다. 부부가족일 경우 자녀들의 영역으로 개인실 성격이 강화되었고, 책상 등의 가구 및 비품이 늘면서 방의 크기가 커짐에 따라 퇴를 통한 실의 확장이 이루어졌다.

마루(대청)

마루는 가족의 공동생활공간으로 안방의 기능과 거의 유사한 다목적 공간이

재래주택의 지붕에 함석챙을 대고 마루를 연장하였으며, 마루 앞에 알루미늄 샷시문을 설치하여 마루가 내부화되고 마당과의 관계는 희박해졌다(전북 익산).

기존마루(1.2m)에 잇대어 폭이 넓은 마루(약 2.5m)를 증축하여 전면에 알루미늄 샤시 유리문을 설치하여 내부화되었다. 명절이나 가족모임 때 취사의 일부 및 식사, 가족단란 행위가 이루어진다.

나 주로 여름철에 사용되었다. 가족단란, 접객, 가사작업, 식사, 제사 등의 여러 기능을 수용하며, 주생활재로는 그릇장, 냉장고, 응접세트가 대표적인 품목이다. 그러나 마루의 혼용도가 점차 낮아지면서 가족단란 및 손님접대 공간으로의 기능분화가 이루어지고, 마루의 전면에 유리문을 설치하거나 분합문을 달아 마루의 거실화가 진행되었다.

목욕실

목욕실은 재래 농촌주택에는 배치되지 않았으나 농촌주택을 개량하면서 새로 계획된 공간으로서 세면과 용변 등 생리위생의 기능 이외에 부엌일이나 세탁행위, 비일상의 설거지, 식재료 다듬기, 씻기 등 일부 취사행위가 이루어졌다. 특히 변소, 목욕탕의 신·개축으로 설비 및 제반 시설이 갖추어진 화장실이 주택의 내부에 배치되기 시작하였다.

현관·셋방

마루의 거실화로 개조가 진행되면서 댓돌에서 진입이 어려워지자, 신을 벗고 출입할 수 있는 현관이 확보되기 시작하였다. 그리고 도시근교 농촌을 중심으로는 세를 내주기 위하여 셋방을 신축하거나 기존공간을 셋방으로 개축하였다.

화장실

재래식 변소를 주택 개량시 변기와 소변기를 설치하고, 바닥과 벽을 타일로 마감하였다.

개량된 화장실의 내부 스케치

부엌

지역에 따라 정지라고도 불리는 이곳은 취사생활의 중심공간으로 주택에서 가장 많이 개조가 이루어진 공간이었다. 구조의 변화에 의한 입식화보다는 부분적인 개조(Box 참고)가 이루어졌으며, 부엌과 마당의 연결이 여전히 중요시 되고 있다. 부엌에서 농작업이 일어나지 않고 난방방식이 재래식 아궁이에서 새마을 연탄보일러로 바뀌었으며, 수납공간이 입체화되고 취사설비가 변경되어 취사방식이 간편해진 점 등으로 부엌공간은 축소되고 내부화되는 경향이었다.

농촌부엌의 개량 및 개조양상

- 용도의 변경 : 부엌의 쌀광, 나뭇간을 방으로 개축
- 난방방식의 변경 : 나무아궁이, 연탄아궁이 → 새마을 연탄보일러로 변경
- 바닥높이의 변경 : 바닥면의 고저차 없앰
- 바닥재의 변경 : 바닥재를 흙 → 시멘트몰탈, 타일로 변경
- 취사설비의 변경 : 시멘트몰탈 개수통 설치 → 씽크대, 작업대 설치 → 가스레인지 설치

재래식 부뚜막을 타일로 마감하였다.

가스레인지를 설치하여 부뚜막을 높임으로써 취사와 난방 열원이 분리되기 시작하였다.

시멘트몰탈의 입식작업대를 설치하고 그 하부를 수납공간으로 사용하였다.

기존부엌에 기성제품의 입식작업대를 도입하였다.

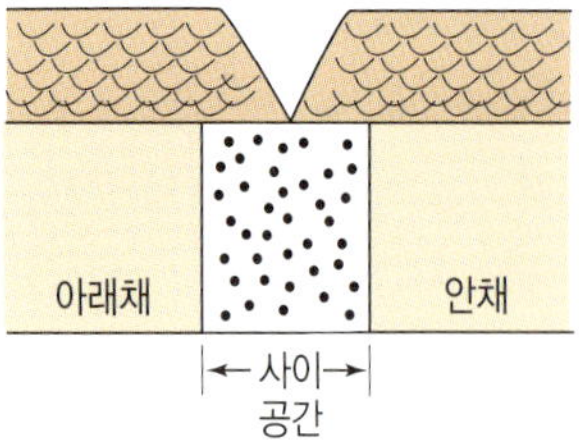

안채 처마와 아래채 처마가 맞닿아 만들어진 헛간인접 공간에 마늘, 우산, 빗자루, 자주 쓰지 않는 가구 등 다양한 생활용품을 수납하였다(전북 익산).

바깥채

지역에 따라 사랑채 혹은 아래채라고도 불리며 한 개 이상의 방을 주거공간으로 하고 농작업에 따라 곡물과 농기구를 수장하는 광, 축사, 헛간 등과 결합하는 경우가 많았다. 그러나 비 농업적 활동의 증가로 부속사 규모가 감소하고 이에 따라 순수 거주공간 만으로 독립된 살림채를 구성하는 경우도 나타났다.

4. 현대식 생활과 새로운 농촌주거

현대식 생활환경 조성사업과 농촌주거 환경개선

1990년대에는 UR협상과 WTO 출범 이후 농촌을 둘러싼 사회 · 문화 · 경제적 분야 등의 제반환경에 많은 변화가 있었다. 이러한 대내외적인 여건변화에 맞추어 여러 법적인 토대를 마련하여 마을단위로 전면적인 농촌주택의 신축과 개량이 이루어졌다. 「농어촌발전특별조치법」(1990)과 「농어촌정비법」을 근거로 정주권 개발사업, 문화마을 조성사업, 산촌 종합개발사업 등의 종합적인 마을정비 방식을 도입하였다. 「농어촌주택개량촉진법」(1995)이 제정되어 행정자치부의 부분개량사업은 농촌진흥청 사업으로 이전되었고, 행정자치부는 취락구조 개선사업과 패키지마을 조성사업 등을 추진함으로써 주거환경에 대한 개선의 질을 한층 높이고자 하였다. 또한 이농현상으로 점차 빈집이 증가하여 농촌의 경관과 안전차원에서 많은 문제가 발생하자 1997년부터 '빈집정비사업'이 실시되었다. 이 사업은 주로 불량주택을 철거하는 방식과 극히 드물지만 재활용 가능한 주택에 한해서는 매매, 임대를 하는 방식으로 시행되었다.

자주주택과 주생활

표준주택안은 융자금 혜택과 더불어 실적위주의 호수증가를 보였으나 표준주택안으로 건축된 주택에 대한 거주자들의 생활상의 불만, 융자금 신청문제 등이 급증하여 1987년부터 표준주택안의 보급이 중단되기에 이르렀다. 주택은 외부의 행정적인 규제가 없을 때는 거주자의 요구를 보다 더 반영하는 형태로 만들어지며 주택과 생활양식은 불가분의 밀접한 대응구조를 갖고 있다. 특히 농촌주택에서는 도시주택에 없는 생활요소인 생산활동과 이전보다 약화되긴 하였으나 아직도 일부 남아 있는 의례적 생활 및 마을 주민들과의 공동생활이 필수적이므로 도시주택과는 다른 형태로 지어질 수밖에 없다. 이러한 상황을 반영하여 거주자들의 필요성과 형편에 맞춰 나타나기 시작한 주택이 자주주택이라고 볼 수 있다.

이러한 자주주택은 1980년대 후반부터 활발히 건축되면서 평면구성 및 배치, 외형 및 재료 측면에서 많은 변모를 보이고 있다.

자주주택의 외관은 이전 주택과 차이가 있다. 벽돌조 2층에 적벽돌 치장쌓기를 하고, 지붕은 평슬라브가 주를 이루면서 적색기와를 얹은 모임지붕이나 눈썹지붕형태를 취하기도 한다.

주택의 평면구성에 있어서는 정형화, 대칭화의 경향이 강하며 외부공간과의 연계성이 약한 폐쇄적 공간구성이 대부분을 차지하고 있다. 이는 전통적인 농촌주택의 공간구성과는 전혀 다른 도시형 평면의 영향 때문이다.

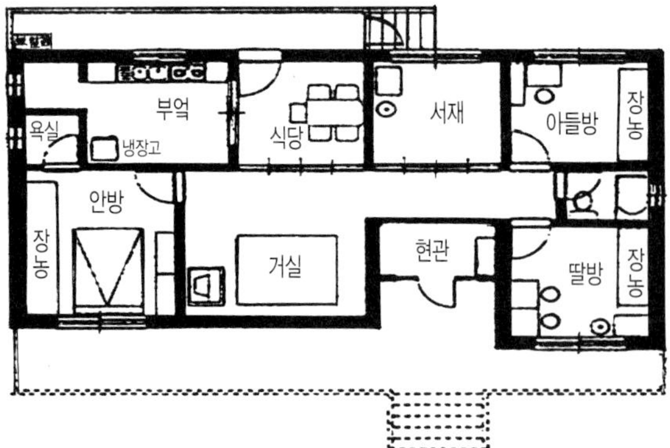

자주주택의 평면도
자료 : 엄인성, 1999, 51쪽.

적벽돌 치장쌓기와 눈썹지붕의 자주주택

도시주택과 비슷한 평슬라브 2층 주택

또한 농촌주택 2층화 경향도 점차 확산되었다. 이러한 경향은 전통적인 농촌주택이 외부공간(마당)과 밀접한 관계 속에서 정립되었던 것과는 반대로, 1층을 농산물 저장, 농기계 창고 등으로 활용하고 2층을 주택으로 사용하는 것으로, 대지와는 완전히 단절된 주택공간이 구성되었다. 이는 도시의 단독주택 중 작가주택이 오히려 전통적인 공간구성에 대한 복고적인 경향으로 중정형 주택이 확산되는 것과는 반대 현상으로, 이러한 주택의 변화추이도 눈여겨 볼 만하다. 이는

필로티로 개방

벽체 처리 및 흙으로 지은 담배건조장(충북 영동군 심천)

2층 주거용, 1층 농작업용 부속공간

1층 주택 | 본채 옆 대문간을 부속공간으로 조성(충북 영동군 심천)

농어민들의 생활이 농작업을 기본으로 하지만, 일부에서는 과거 농촌주택에 비해 대지가 작아져 부속사를 만들지 못하는 경우 발생하였고, 농기계의 대형화로 인한 대규모의 부속공간이 필요해서 1층 공간전체를 부속공간으로 처리한 것이다.

부속공간과 주생활

자주주택의 부속공간은 바깥채와 함께 배치되며, 대부분 한 개의 방과 그 옆에 축사나 헛간 또는 곳간 등으로 구성되었다. 바깥채는 소멸된 경우가 많은 반면에, 부속사의 규모는 농기계 종류의 증가(경운기, 트랙터, 바인더, 동력탈곡기, 콤바인, 이앙기, 분무기 등)와 대형화로 커졌다. 별동의 부속공간이 없는 주택에서는 기단부에 새시 유리창 처리를 하여 수납공간으로 활용하거나, 2층 주택에서는 1층을 창고로 활용하였다.

거주자들이 마당에서의 생산관련 작업이 현저히 감소하여 마당공간 일부를 정원과 텃밭으로 사용하였다. 그러나 거주자 다수가 화단조성의 욕구를 가지고 있는데 비해 마당 대부분을 부속사가 차지하고 있기 때문에 실제는 조성비율이 낮게 나타났다. 마당에는 수도시설과 외부에서 직접 출입이 가능한 곳에 농작업시의 갱의를 위한 공간을 설치하여 농작업 후 간단히 씻고 실내에 들어갈 수 있도록 하였다.

✿ 안채 · 바깥채 공간과 주생활

자주주택의 안채는 25평 정도로 면적이 증대되는 경향을 보였다. 안방과 마루의 크기는 5~6평 정도였으며 침대, 응접세트 등의 입식가구를 사용할 수 있는 규모가 되었다.

안방

전통적인 안방이 가지고 있던 복합적인 의미와 기능도 점차 상실되어 갔다. 안방에서 주로 행해지던 취침, 식사, 접객, 가족단란, 실내 가사작업, 제사 등 제 생활행위가 마루(거실)로 크게 이동하면서 안방은 가족세대 구성에 있어 최고 연장자인 부부의 사적 공간 내지는 식사, 응접 등의 행위를 배제한 가족단란 공간의 성격을 띠고 있었다. 안방을 구성하는 주생활재는 TV, 장, 화장대로 이전과 품목은 같지만 의생활 및 생활수준의 향상으로 더 큰 장을 두길 원하였고 문갑, 침대까지 도입되면서 이를 수용하기 위해 안방 규모가 더 커진 것이다.

안방에서 여러 생활 행위가 거실로 점차 이동하고 있는 경향에도 불구하고 여전히 차례/제사의 제례공간 기능이 상당부분 남아 있다.

마루(거실)

마루와 안방을 계절적으로 대응해서 사용해오던 주거방식은 점차 사라지고, 마루(주로 마루로 불리고 일부 거실로도 부름)는 현관과 연결되어 주택의 전면에 위치함으로써 홀의 역할을 겸하였다. 바닥난방 장치가 설치되고 그 크기가 커지면서, TV, 전축,

거실은 TV, 전축, 응접세트를 갖추고 규모도 커져 농촌주택의 중심공간이 되었다.

응접세트 등을 갖추어 놓았으며 안방에서 주로 행해지던 여러 생활행위가 마루로 이동하였다. 안방은 부부의 사적공간 내지는 식사, 응접 등의 행위를 배제한 가족 단란공간인 반면에, 마루는 공적공간으로 변모, 정착되었다. 즉 안방중심 생활양식에서 거실중심 생활양식으로 서서히 바뀌어 갔다.

또한 마루의 내부화에 의해서 안마당과의 연계성이 약화되었다. 부엌이 식사공간화 되면서 마루에서 이루어지던 농작업이나 가사작업 등은 사라지게 됨으로써 마루는 거실로서의 독자적인 기능을 수행하게 되었다.

부엌의 식탁 옆에 밥상이 있는 것은 겨울철에 안방에서 밥상을 차려서 식사를 하기 때문이다.

부엌

부엌이 입식화되면서 냉장고나 전기밥솥 등의 가전제품이 부엌에 집중적으로 놓여지고 취사동선이 단축되어 가사생활의 편리함은 크게 향상되었다. 이와 더불어 취사(LPG가스)와 난방열원(기름보일러)의 분리로 바닥난방이 설치되고 비닐수지(륨 종류)로 마감된 부엌에 식탁과 의자가 놓인 식사공간이 마련되었다. 제사지낼 때나 손님 접대, 식사를 제외한 가족간의 일상적인 식사는 계절에 상관없이 부엌의 식탁에서 이루어지는 경우가 많아졌다.

현재도 겨울철에 안방에서의 식사행위가 상당부분 남아 있는데, 이것은 전통적인 식사습관의 존속이라기보다는 겨울철 부엌난방의 연료절약을 위한 것으로 볼 수 있다.

욕실 겸 화장실

욕실 겸 화장실은 생리위생 기능만으로 한정되어 사용되었다.

1980년대 도시형 주택 평면의 공간구성과 매우 흡사하게 세면기, 욕조, 변기가 도입된 실내화장실을 두거나, 안방전용화장실을 설치하여 전용화 경향을 보이기는 하였지만 대부분의 주택에서는 외부화장실을 함께 설치하고 있었다. 이전에는 화장실은 외부에 설치하고 욕실만 실내에 배치해 세정의 기능과 함께 부엌일이나 세탁행위, 비일상적 행사 때 설거지, 식재료 다듬기, 씻기 등 일부 취사행위가 이루어졌으나, 점차 세면과 여름철 목욕, 용변 등 생리위생의 기능 등으로 화장실의 본래의 기능만으로 한정되었다.

다용도실

부엌이 입식화되면서 도시주택과 달리 면적이 넓은 부엌 및 보조공간이 요구되어 가사작업도 가능한 다용도실의 개념을 가진 공간이 많이 설치되었다. 또한 이곳에 세탁기를 설치하면서 일부 손세탁과 세탁물 건조 등이 이루어지기도 하고 부엌 살림살이 등을 수납하는 공간이기도 하다. 그리고 난방방식이 기름보일러로 바뀜에 따라 때로는 보일러실을 겸하기도 하였다.

현관

현관이 농촌주택에 도입된 것은 1970년대부터이나, 1990년대에는 대부분의 농촌주택에서도 현관이 정착되었다.

신발과 농작업용 장화가 놓여 있는 현관

부엌에 인접하고 외부에서도 출입이 가능한 다용도 공간 | 수도시설과 선반이 갖추어져 있어 빨래와 비일상 행사시 음식준비도 가능하다.

다락

부엌 위의 공간이 소멸됨과 함께 입식부엌의 확장공간으로서 다용도실이 발생했다. 일부지역에서는 욕실의 바닥을 거실 면보다 낮게 하여 욕실 상부에 비일상용 식기나 곡물저장용 다락을 만들어 방 또는 부엌에서 출입하면서 사용하도록 하였고, 간혹 지하실이 나타나기도 하였다.

농촌주거는 시대의 변화에 따라 지속된 측면과 변화한 측면, 그리고 부분적으로 지속 · 변화한 측면이 있다. 지속된 내용은 농촌주택은 단독주택 형태이고, 주택을 구성하는 요소로 안채 이외에 부속사 및 바깥채가 농작업으로 인한 필요성 때문에 계속 존재한다는 것이다.

변화한 것은 외형적으로 안채-부속사의 배치가 수평적 관계에서 수직적 관계로 나타난 점, 안채의 외관이 목구조 초가집에서 시멘트블럭의 표준주택, 슬라브 · 눈썹지붕의 양옥집으로 바뀐 것이다. 내부의 평면을 통해본 생활측면에서 현관, 화장실, 욕실, 다용도실 등의 등장으로 새로운 공간이 많아졌고, 마루(거실)·부엌의 실내화, 공간배치의 겹집화로 바뀌었다. 그리고 안채면적은 생활용품 및 입식가구의 증가로 면적이 커졌고, 부속사 역시 농기계의 보관을 위해 면적이 커졌다.

부분적으로 지속·변화한 것은 마당, 방의 기능, 부엌공간이다. 특히 앞마당은 농작업의 이유로 편리하게 시멘트·콘크리트 포장으로 바뀌었지만, 일부는 화단과 정원을 가꾸는 예도 있다. 안방은 식사 및 단란의 가족공용 기능이 내부화된 마루(거실), 식당으로 옮겨감에 따라 그 기능이 축소되었고, 건넌방과 기타방(사랑방)은 자녀 혹은 노인의 사용자중심의 개인공간기능이 강화되었다. 입식화와 내부화로 부엌은 식사를 할 수 있는 다이닝 키친형 공간이 되었고, 마루/거실은 계절에 관계없이 사용이 가능하고 가족공용의 공간기능이 증가하였다.

문화마을 주택과 주거환경 개선

문화마을 주택은 문화마을 조성사업에 따라 건축된 주택을 의미한다. 문화마을 조성사업은 농어촌 면지역의 중심(거점)마을 등에 집중 지원하여 생활환경을 현대적으로 정비하고, 생활환경과 소득이 조화된 농촌마을로 정비[1]함을 목적으로 하고 있다. 즉, 도시수준의 현대적 삶을 영위할 수 있는 쾌적한 농촌주거 환경조성사업이었다.

이 사업[2]의 문화마을은 사업시행초기 신규단지개발 위주였으나, 지역여건에 따라 기존마을 개발, 기존마을+신규단지 개발, 신규단지 개발 등 다양하게 추진되어 왔다.

1 문화마을 조성사업은 농촌의 중심마을을 집중 육성하여 농촌지역의 거점생활공간으로 개발하고자 하는 정책목표를 가지고 있었으며, 분산된 마을의 집단화를 통해 단기간에 집중투자함으로써 주거환경과 소득, 마을오수처리 등을 연계한 종합적인 개발로 농촌마을을 중소도시 수준의 생활환경으로 획기적으로 개선하고자 하는 정부의 의지를 담고 있었다.

2 사업의 기본방향은 정주권개발 대상면 내의 중심(거점)마을 등에 마을기반정비(마을 내 도로, 상·하수도, 전기·통신시설 등), 주택단지조성, 공동이용시설(어린이놀이터, 마을회관, 공동작업장, 공동주차장, 농기계보관소 등), 환경기초시설(마을하수도시설), 주택 등을 종합정비하고, 농업생산기반 조성 및 소득원 개발사업 등과 연계하여 추진하고 있다. 1991년 공주 계룡과 횡성 우천지구를 시범지구로 선정하여 추진을 시작한 이후 2003년을 기준으로 전국 190개 지구가 지정되었으며, 그 중 104개 지구의 공사가 완료되었다.

심천지구 문화마을 준공비

문화마을 전경

문화마을 내 안길

문화마을 주택 외관

충북 영동군 심천지구 문화마을

✿ 농어촌주택 표준설계도 재출현

마을조성과 더불어 조화된 주택건축을 유도하기 위하여 농림부와 사업위탁기관인 농어촌진흥공사(2006년부터 한국농촌공사로 개명)가 주최가 되어 표준설계도를 제작, 보급하였다. 문화마을 입주민에게 질적으로 일정수준에 도달하는 우수한 주택 건축을 유도하기 위해 설계도면의 서비스 차원에서 표준설계도가 1995년부터 다시 개발되었다. 1995년형부터 2004년형까지, 12평형에서 44평형

에 이르기까지 46종의 표준설계도가 개발, 보급되었다.[3]

평면구성의 계획방향을 보면 1995년형은 도시형 주택의 편리성과 전원주택의 쾌적성을 확보하는 데 공간구성 체계의 목표를 두었다. 이를 위해 진입, 수납, 작업, 휴식공간 등 각 공간의 기능의 분리와 유기적인 공간구성체계를 추구하여 생활공간과 주거공간의 분리에 의한 쾌적한 주거환경을 이루고, 기능의 단순화, 동선의 단축, 각 실의 독립성을 높였다.

1997년형의 평면계획방향은 1세대 단독가구 혹은 3세대의 대가족 유형을 새롭게 계획하였으며, 외관적으로 전통적 이미지를 담을 수 있도록 계획하였다. 그리고 창고를 포함한 2층형 계획을 시도하였다.

1998년형은 농어민의 수요가 가장 많은 30평형을 기준으로 하여 2~3세대(4~6인용) 1층형 2종과 2층형 2종을 개발하였다. 농산물의 건조공간으로 1층 현관, 거실 또는 다용도실과 연계하여 테라스 개념을 부가하여 활용할 수 있도록 하였다. 또한 거주용 물품수납은 붙박이장으로, 농작물 등의 수납은 별도의 부속공

3 1995년 20~38평형 20종, 1997년 12~44평형 8종, 1998년 30평형 4종, 2000년 26~29평형 4종, 2001년 26~30평형 4종, 2004년 30~38평형 6종이 개발되었다.

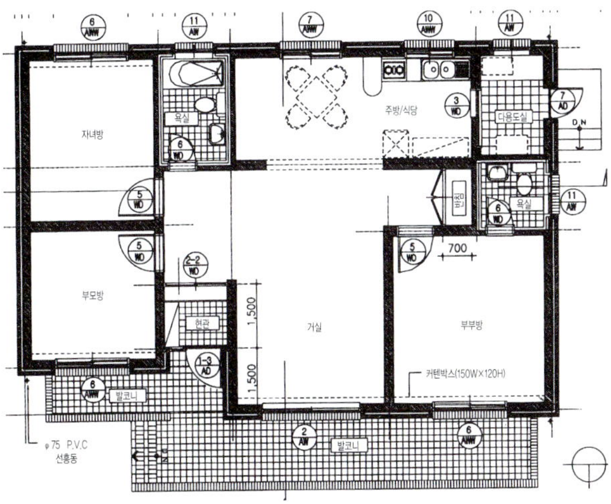

농진95-30-E(30평형) | '95 표준설계도 20종 중 선호도 1순위 유형으로 기능에 따라 각 공간을 분리 · 집약하여 구성하고 수납공간을 고려하였다.
자료 : 임병호 외 7인, 1996; http://www.karico.co.kr/sds/ruralhouse

간으로 계획하였다. 다용도실과 보일러실을 하나의 공간으로 구획하여 심야전기보일러 또는 기름보일러에 따라 다용도실의 크기가 조정될 수 있도록 계획한 것도 눈에 띈다.

2000년형과 2001년형은 26~30평형을 중심으로 개발하였다. 거실과 부엌·식당공간을 중심으로 배치하였고, 농촌의 생활양식과 가족구성의 변화에 능동적으로 대응하고 다양한 자재를 선택할 수 있도록 융통성과 다양성을 부여하였

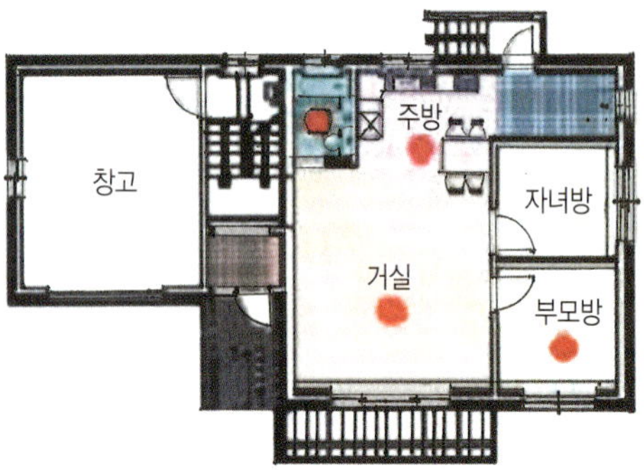

농진97-44(44평형) | 3세대 이상 대가족을 위한 스킵플로어형으로 창고와 주거공간을 2개 층으로 구분하여 독립성을 부여했다.
자료 : http://www.karico.co.kr/sds/ruralhouse

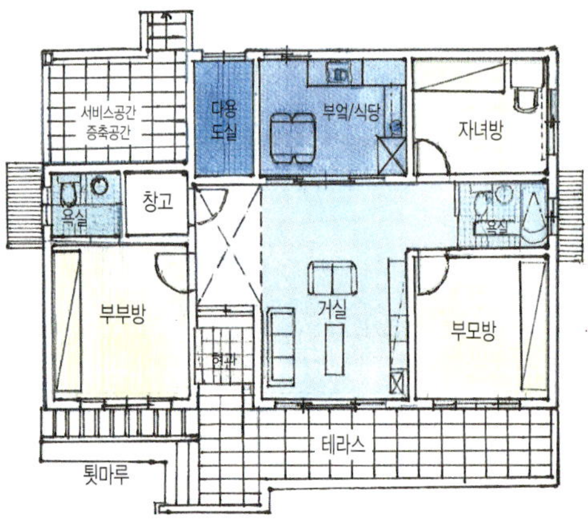

농진98-30-1-가(30평형) | 다용도실과 거실에 면한 서비스공간을 계획하여 건조공간으로 활용하도록 하였다.
자료 : http://www.karico.co.kr/sds/ruralhouse

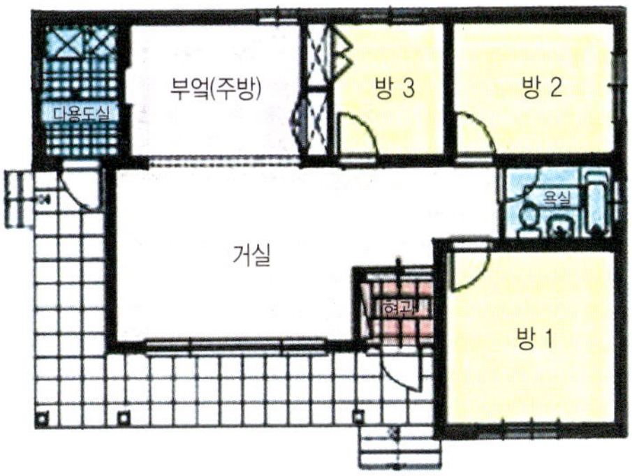

농기공2000-26-가형| 침실/가족공간 구분, 붙박이장 계획, 거실과 다용도실 앞 발코니공간 확보로 건조공간 활용성을 제시하였다.
자료 : http://www.karico.co.kr/sds/ruralhouse

다. 그리고 1997년형부터 제시된 거실과 안방의 툇마루 공간계획이 일부 유형에서 지속되고 있었다. 2003년형은 30평형 이상 규모로 개발되었으며, 농촌의 자연경관을 조망할 수 있도록 개방감 확보, 적극적인 외부공간의 실내 연계, 다용도로 활용할 수 있는 별도의 공간구성 등이 그 특징이다.

연립형 농촌 공동주택

농촌에도 1990년대 들어 도시의 연립주택유형의 공동주택이 일부 지역에 건축되었다. 농촌형 연립주택은 충북 영동군 양산면 송호리(1990)에 처음 도입되었다. 건립 취지는 주거환경 개선사업에 있어 적은 투자로 많은 사업효과를 얻기 위해서는 개별 주거단위 내부의 공간이용을 집약화하면서 단위 주호간 밀도를 높여서 단위면적 당 하부기반시설의 면적을 줄여 기반 조성에 투자하는 규모를 줄이자는 것이었다.

기본방향은 내무부가 주관하는 취락구조 개선사업의 A형 사업을 선택하되, 기존 자연부락에 실시하는 것이 아니라 새로운 택지를 조성, 신촌건설형의 주거단지를 조성하여 생활공간과 생산공간을 분리함으로써 내부공간은 생활전용으로, 외부공동공간은 농작업마당, 마을회관 등으로 활용한다는 것이다. 그러나

연립주택과 공동부속창고

연립주택외관

단지내 공동부속창고

충북 영동군 송호리 농촌연립주택 | 주택옆 공동부속창고 배치(1990년 건립 1동, 12세대)

사용 후 건물 외관이 시간이 지남에 따라 퇴색되고 단순히 도시형 연립주택의 형태가 그대로 도입되어 농촌형 연립주택이라는 이미지 구현에 실패했다. 당시 보급된 설계도는 농촌 실정에 맞지 않아 농촌생활을 반영한 설계도, 즉 불필요한 공동시설(샤워실, 문화시설 등)은 대폭 축소하고 이를 개별주택에서 수용하는 방안이 제기되었으며, 농촌형 공동주택 및 연립주택의 주거양식 및 공간형태, 외관 외부공간의 구성 등은 전면적인 검토가 필요한 것으로 나타났다.

몇 가지 문제점을 보완하여, 영동군 내 다른 3개 지역[4]에서도 공동주택 건립이

4 충북 영동군 추풍면 지봉리 12세대, 양강면 유점리(원동) 12세대, 학산면 공암리 18세대의 연립형 농촌 공동주택이 건립되었다.

연립주택 전경

연립주택 외관

연립주택과 공동부속창고

단지내 공동부속창고

충북 영동군 호탄리 농촌연립주택 | 1998년 건립, 2동, 30세대

진행되었으며, 영동군의 공동주택 건립 시범사업이 하나의 성공사례가 되어 타 지역으로 확산되었다.

그러나 무엇보다 공동주택의 단위 주거공간 내에 부속창고가 없었던 것이 농촌 실정상 가장 큰 문제로 제기되었다. 이에 제천 월월리 공동주택의 경우는 입주 후 부속창고가 없는 문제점을 해결하기 위하여 공동마당에 공동창고를 계획하였고, 개별 세대마다 일정규모씩 공간을 구획하여 분배 사용토록 하였다.

5. 도농의 공생과 과제

농촌관광과 농촌주거 환경개선

농촌 마을의 정비는 주로 상하수도, 도로 등 기반시설 위주로 사업이 이루어졌으나, 2000년대부터는 마을 정비사업이 농촌의 소득증대를 기본 목표로 하여, 마을정비 권역의 확대 및 1차산업에서 3차 관광 서비스산업으로 방향이 전환되었다. 농촌마을의 자연자원, 전통문화의 다양한 특성을 살려 소득을 향상시키기 위해 마을의 주거환경개선과 접목되었다. 농림수산식품부에서 오늘날 진행하는 녹색농촌체험마을이 바로 그 대표적인 사례이며, 2009년 이전에는 행정자치부의 '정보화 마을' 및 '살기 좋은 지역만들기사업', 문화체육관광부의 '문화역사마을사업', 농촌진흥청의 '농촌전통테마마을사업' 등 다양한 명칭이 바로 그것이다.

여러 마을정비사업은 2010년을 기준으로 녹색농촌체험마을사업은 유지되었으나, 그 외의 마을사업은 광역화 개념의 포괄보조사업으로 바뀌었다. 기존 마을정비사업은 행정구역 단위의 분산투자로 지자체 간의 소모적인 재원확보를 위한 경쟁 유발 및 사업간 유사·중복 등 문제점이 지적되었다. 이에 따라 200여개의 세부사업을 22개의 포괄보조사업으로 통폐합하여, 광특회계 성격에 부합하도록 광역경제권 중심의 선도 산업으로 전환하였다. 지자체는 포괄보조금제도 도입을 통해 시·도별 재원 한도 내에서 지역특성과 여건에 맞고 지자체가 원하는 사업을 자율적으로 기획하고 시행할 수 있게 되었으며, 지자체에게 재정운영의 책임성을 부여하였다. 이러한 포괄보조사업은 일반농어촌지역에 거주하는 지역주민들에게 최소한의 기초생활수준을 보장하고, 도시민의 농촌유입을 촉진함으로써 농산어촌의 인구 유지 및 지역별 특색있는 발전을 도모하고자 하

관광관련 농어촌 체험마을 사업 개요(2010년 12월 기준)

사업명	주 관	목 적	사업내용	마을 수	마을당 사업비
농촌마을종합개발사업 (2004~2007)	농림수산식품부	농촌마을 경관개선, 생활환경정비, 소득기반시설 등 종합정비, 쾌적한 농촌정주공간을 조성하여 농촌사회 유지 및 지역균형발전 도모	• 기초생활환경 정비 • 경관 개선 • 공동소득기반 조성 등	계획 : 1,000개 권역 조성: 185권역	권역당 40~70억 원 (국비 70%)
녹색농촌체험마을 (2002~2017)	농림수산식품부	도시민의 여가 수요를 농촌으로 유치, 농외소득 증대 등 농촌 지역활력 증진 도모	• 농촌체험기반시설 • 마을경관 조성 • 생활편의시설 등 지원 • 기타(컨설팅, 설계비, 주민교육, 홍보물 제작)	계획 : 850개소 조성 : 516개소	2억 원 (국비 50%)
어촌체험마을 (2001~2013)	농림수산식품부	어촌의 자연환경 · 생활문화 등과 연계한 관광기반시설을 조성, 어업 외 소득증대 및 경제 활성화 도모	• 관광기초기반시설(관광안내소, 진입로, 주차장, 샤워장, 화장실) • 컨설팅, 실시설계비, 주민교육 훈련 등	계획 : 112개소 조성 : 105개로	5억 원(국비 50%, 지방 45%, 마을자부담 5%)
아름마을 (2001~2004)	농림수산식품부	농촌의 체험관광기반 조성을 통한 농어민 소득증대 및 도시민의 건전 여가문화 진작	• 체험관광 기초시설 조성 • 상하수도, 마을안길 확 · 포장 등 생활기반시설 정비	계획 : 23개소 조성 : 23개소	10~27억 원 (국비 10억+지자체 자율부담)
정보화마을 (2001~2008)	행정안전부	농 · 산 · 어촌 지역의 정보이용 환경조성 및 지역경제 활성화	• 마을정보센터, 가구별 PC보급 등 정보이용환경 구축 • 홈페이지 구축 • 정보화지도자 육성	계획 : 400개소 조성 : 363개소	2억 원 (2009년부터 지방비 100%)
살기좋은지역 만들기 (2007~2009)	행정안전부	지역과 주민이 주도하여 지역의 부존자원을 활용, 쾌적한 생활환경과 소득기반 조성	지역별 마스터플랜에 따라 사업비 투자(생태, 문화, 관광형 등 9개 모델로 구분)	계획 : 30개소 조성 : 30개소	20억 원 (국비 100%)
문화역사마을 (2004~2009)	문화체육관광부	마을의 문화 · 역사적 소재를 발굴 · 육성, 관광자원화 하여 주민 소득증대 등 정주 만족도 제고	• 마을 발전 전략수립 • 경관개선, 상징물 설치, 관광상품 개발 등	계획 : 13개소 조성 : 13개소	10~30억 원 (국비 70%, 사업 규모별 차등지원)
농촌전통테마마을 (2002~2009)	농촌진흥청	농촌자원의 발굴 · 활용으로 도 · 농간 상생적 교류를 촉진하여 주민 소득증대와 지역활성화에 기여	• 체험 및 학습시설, 편의시설, 마을 환경 정비 • 마을 주민교육, 홍보 및 마케팅 등	계획 : 170개소 조성 : 170개소	2억 원 (국비 50%)
산촌생태마을 (1995~2017)	산림청	• 산촌지역의 풍부한 산림 및 휴양자원을 활용한 소득원 개발 • 산촌 생활환경 개선을 통한 주민 삶의 질 향상 및 지역 균형 발전	• 생활환경 개선, 마을경관 개선 • 생활소득기반 및 산촌체험시설 조성	계획 : 600개소 조성 : 270개소	설계비 72백만 원 마을조성 16억 원(국비 70%)

자료 : 농림수산식품부 농촌정책국 신임장관 업무보고 참고자료(2011. 5).

는 것이다. 이에 농산어촌 개발에 있어 각 개발단위별 추진방향을 설정하였다. 마을단위의 사업방향은 농촌활성화를 위해 지역주민과 이주희망 도시민이 공동으로 추진하는 신규마을조성과 기존마을 재개발 사업, 이주희망 도시민 등이 추진하는 신규마을 사업 등 기초생활 인프라를 확충하고 공동체 기반을 유지하는 것이다. 나아가서 소생활권역 사업방향은 지역특성을 감안하여 거점마을을 중심으로 여러 개의 마을을 권역화하여 전략적으로 개발하는 것이다. 읍면소재지는 인근도시와 농어촌 마을을 연계할 수 있는 중간 거점공간이다. 읍면소재지의 사업방향은 이러한 읍면소재지의 역할을 강화하기 위하여 교육, 문화, 복지시설 등을 적절히 확충하여 서비스 기능을 향상시키고, 주거밀집지역의 낙후 · 불량 주거지의 도로 · 상하수도, 주차시설 등 기반시설설치 및 경관개선 등을 추진하는 것이다. 따라서 기능별로 보면, 기초생활기반 확충(도로 · 교통, 상하수도, 재해대비, 마을정비, 복지시설, 문화시설, 운동휴양), 지역소득증대(농업기반, 소득기반, 체험관광), 지역경관개선(마을경과, 생태 · 환경, 도시경관), 지역역량강화(교육 · 훈련, 마을홍보, 부대비용)의 사업을 시 · 군의 합리적인 요구에 따라 거점 · 권역별로 집중개발을 할 수 있게 되었다. 이와 같이 농어촌마을정비사업은 농촌과 도시간의 네트워킹을 이루면서 상생하는 방향으로 나아가고 있다.

한편 농림부의 농업 · 농촌종합대책에서는 '경관협약'을 체결하여 농가소득을 보전하면서 국토 경관보전 등 농업의 공익적 기능을 활용하는 방안을 추진하였다. 농업인이 '경관협약'에 따라 마을 단위의 경관보전 및 관리계획을 준수하는 경우, 정부가 경관보전 직불제[1]로 지원하는 방안을 2005년부터 시행하였고, 포괄보조사업에서도 지역경관개선사업이 포함되어 있다. 이는 쾌적한 주거공간 조성과 농촌다운 자연경관 유지를 위한 것이다. 그 지원 내용은 첫째, 농어촌지역의 자연경관과 농촌다움을 체계적으로 유지 · 보전하기 위한 경관계획 수립을 위한 지원, 둘째, 농어촌지역의 불량경관의 정비를 위한 지붕 · 담장정비, 경관수목 식재, 마을보호수 정비, 경관 주택 등의 인프라시설, 민속자료 등의 정비사업 등의 지원, 셋째, 지역사회의 중심거점인 읍 · 면소재지의 체계적인 정비와 활성화를 위한 가로경관 및 간판정비 사업 등의 지원이다. 또 농가주택 개량 등

1 경관보전 직불제에서는 경관 작물(23종), 준경관 작물(9종) 중 지역게 맞게 지정하여 경관을 보전하고 있다. 경관작물로는 메밀, 코스모스, 해바라기, 국화, 수선화, 목화, 유채, 자운영, 헤어리베치 등이 있고, 준경관 작물로는 청보리, 밀, 보리, 이탈리안라이그라스, 호밀, 겉보리, 호맥, 흑찰보리, 연꽃이 있다.

을 통해 농촌경관에 어울리는 주거공간을 조성하기 위하여 보다 쉽게 농촌주택을 신 · 개축할 수 있도록 융자조건을 개선하고, 농촌경관에 어울리는 다양한 주택표준설계도를 1995년부터 71종을 개발 · 보급하였으며, 특히 농촌관광을 위하여 2004년 농어촌경관주택 표준설계도를 민박을 고려하여 개발 · 보급하였다. 농촌 빈집을 매입 · 철거하여 주차장, 마을광장 등 마을공동생활공간으로 활용하거나 캠핑장 등 농촌관광시설로 조성하였고. 나아가서 시대적 요구를 반영한 마을회관 개축을 모색하고 있다.

현재 농촌주택사업은 주거환경의 개선을 목적으로 주택의 '신축'과 '부분개량', '빈집정비' 등의 내용으로 추진되고 있다. 농어촌 주택개량사업은 노후 · 불량주택 개량자금의 융자지원으로, 신축주택은 50백만원/세대, 부분개량주택은 25백만원/세대의 융자금을 지원하는 것이며, 2010년 8,000동의 주택을 지원하였다. 2007년부터는 농어촌 취약계층을 위한 집고쳐주기사업이 농촌건축학회 주관하에 대학생 자원봉사활동의 형태로 추진되고 있다. 이는 농어촌 지역의 결손가정, 빈곤 · 저소득가정, 무의탁독거노인, 농촌 결혼 이민자 가정 등 농어촌 소외계층을 대상으로 화장실, 부엌, 지붕, 도장, 도배 · 장판 등 주택상황에 따라 가장 시급한 부분을 개보수하는 것이다. 2007년 37가구의 지원을 시작으로 2010년 165가구의 주택을 개보수 하였다. 그리고 최근 석면의 위험성이 널리 알려지면서 농어촌지역 주택 중 약 28.9%(2010 환경부 조사)를 점유하는 슬레이트 지붕재를 처리하기 위한 지원사업이 검토되고 있다. 또한 최근 베이비붐 세대의 은퇴 등으로 귀농 · 귀촌이 2000년 1,154가구에서 2005년 1,240가구, 2010년 4,067가구로 크게 증가하고 있다. 귀농 · 귀촌시 주거마련의 어려움을 해소하고자 '농어촌지역 빈집정보'를 도농교류 활성화를 지원하는 웹사이트 웰촌(welchon)에서 제공하고 있다. 빈집정보 제공을 통해서 귀농 · 귀촌이 더욱 활성화되고, 이를 통해 인구유입에 따른 농어촌의 활력이 증진될 것을 기대하며, 나아가 빈집 방치에 따른 미관해침, 붕괴우려 등 다양한 문제 해결을 기대한다.

농촌의 소득개발을 위한 하나의 방안으로 2001년 이후 농촌관광관련 사업이 각 부처별로 추진되었고, 주택에 대한 문제도 새로운 관점에서 접근하게 되었다. 기존의 중앙정부에서 추진하는 마을정비사업 외에 강원도, 전라남도, 경상북도, 진안군, 양평군 등 지방자치단체 차원의 마을정비사업이 진행되었다. 최근의 농촌마을정비사업은 주거환경개선사업에서 나아가 농촌관광과 연계한 사업이 부각되고 있으며, 정보화, 친환경농업 등 다양한 형태의 마을정비사업이 추진되고 있다. 즉, 농촌주택이란 농촌 주민의 거주민을 위한 공간이 아니라 도농 교류의 장소로 활용되면서 생활자와 방문객 간 생활상의 모순이 일어나기 시작했으며, 무엇보다 농촌관광 활성화와 맞물려 경관차원에서 문제점이 지적되었는데, 이를 해결하기 위한 새로운 개념이 제시되고 있다.

도시민 유입 노력과 주거환경개선

도시의 젊은 인력 등을 농어촌에 유치하여, 농산업의 핵심주체로 육성함으로써 농어업의 경쟁력 제고 및 살맛 나는 농어촌을 조성하려는 목적으로 2009년부터 농어촌뉴타운 조성사업이 시범적으로 실시되고 있다. 이 사업에는 고령 농어업인의 젊은 출향 자녀가 귀농하여 현지 젊은 농어업 인력과 함께 지역 농산업의 핵심주체로 성장토록 지원하는 맞춤형 인력육성지원 종합프로그램도 포함된다. 이 사업은 농업·농촌 및 식품산업 기본법(농업인력의 육성) 및 농어촌정비법(생활환경정비)에 근거한다. 2011년 현재 5개소 700세대를 대상으로 농어촌뉴타운 시범사업이 실시되며, 젊은 인재 유치를 위해 주거·자녀교육·농업경영기술 등을 종합 지원하려는 것이다.

주거환경사업은 부지조성, 도로, 상하수도, 전기·통신, 공원·녹지, 커뮤니티시설, 주차장 등 마을기반을 조성하는 것이다. 그리고 농어촌 주택건설 및 공급차원에서는 농어촌지역의 국민주택규모인 주거전용면적 기준 100m^2 이하 범위 내에서 60m^2, 85m^2, 100m^2 등 다양한 유형의 주택을 공급, 농어촌 경관을 고려 저층형(단층 또는 복층)으로 건축, 입주 수요를 감안하여 분양주택 또는 장기 임대주택으로 공급한다. 전남 장성의 유평지구와 전남 화순의 잠정지구는 분양과 임대주택으로 공급하고 있다.

한편 농어촌뉴타운 입주 희망자의 구체적인 해당 요건[2]을 보면 농어촌지역으로의 인구유입 및 활성화에 그 목표를 두고 있다. 물론 이와 유사한 전원마을조성사업, 문화마을조성사업 등이 실시되었으나, 농어촌뉴타운 사업은 마을기반의 조성이외 30~40대 젊은 인력을 유입하기 위하여 자녀를 위한 양질의 교육여건을 차별화하고 있다.

오늘날 농촌은 어린아이의 울음소리가 사라진지 오래고, 노인들만 남아 쇠퇴의 길로 가고 있는 것이 현실이다. 그러나 식량자원의 확보, 국토의 보전이라는 가장 본질적인 농촌의 역할을 생각해 볼 때, 도시화로 유출된 인구를 다시 유인하는 정부정책의 틀 속에서 농어촌의 주거 방향을 고민하는 것이 필요하다.

2 다음 중 어느 하나에 해당하는 자격을 갖추어야 한다. 첫째, 해당 지역에 귀농을 희망하는 도시 거주 만25세~만55세(고령 농어업인 도시거주 귀농희망 자녀 포함), 둘째, 창업후계농업인으로 신규 선정된 자(경영규모, 연령 조건 예외), 셋째, 해당지역 거주 만25세~만55세 농어업인, 넷째, 농수산물 가공 유통 및 식품산업 종사 농어업인(경영규모조건 예외), 추가적으로 본 사업에 대지 및 가족을 제공하여 생활근거를 상실한 자(경영규모, 연령조건 예외)이다.

농촌경관주택

'경관' 의 개념이 복잡하여 명쾌한 개념정의가 어려운 만큼 '농촌경관주택' 의 개념도 마찬가지이다. 건교부에서 제시한 준농림지역 등의 경관관리지침(건교부, 2001)에 따르면 경관관리를 위하여 고려해야 할 기본요소는 다음과 같다.

첫째, 높이로서 주변지형 여건과 조망권을 고려하여 주변 경관을 훼손하지 않도록 적절히 통제되어야 한다. 둘째, 스카이라인으로서 건축물이나 구조물 등 인공건조물의 연속적인 경관미를 살리기 위하여 주변 산세나 지평선 등의 시계가 차단되지 않도록 하여야 한다. 셋째, 형태로서 건축물이나 구조물의 형태가 주변경관과 조화되면서도 최대한 조형미를 갖추도록 설계되어야 한다. 넷째, 위치로서 건축물이나 구조물 등의 설치는 가급적 경관이 수려한 지역과 외부노출이 두드러져 경관유지가 어려운 지역은 최대한 회피하도록 하고, 불가피한 경우 높이와 형태, 색채 등 다른 요소들을 조절하여 경관훼손을 최소화하여햐 한다. 다섯째, 색채로서 건축물이나 구조물의 색채는 주변환경과 조화될 수 있도록 유도하여야 한다. 여섯째, 용적률로서 건축물의 용적률은 관련 법령이 정하는 범위 내에서 주변 도시기반 시설용량과 환경용량을 고려하여 적절히 제한하여야 한다. 마지막으로 기타 요소로서 경관형성을 위해 필요한 경우에는 건축물이나 구조물의 소재와 재질을 적절하게 선택하여야 하며, 옥외광고물의 설치를 제한하고, 문화유적지나 인공구조물 등의 야간 경관을 창출하기 위하여 조명기법을 활용하여야 한다.

이렇게 볼 때 경관주택은 시각적 · 물리적 측면에서 건물형태와 재료, 색채의 균형감을 잃지 않은 통일된 조화미가 중요하며, 주택이 놓이는 대지의 주변경관 및 맥력에 맞는 주택을 의미한다. 또한 경관주택은 미적인 아름다움만을 의미하는 것은 아니며, 생활적 특면에서 주택에 거주하는 거주자의 생활양식과 주거패턴에 맞는 거주편의성을 가진 거주자의 주거문화에 맞는 주택으로 정의할 수 있다. 따라서 농촌경관주택은 주택이 위치하는 농촌지역의 자연환경이 경관의 주요한 부분을 차지하고 있으므로 주변 자연경관과 조화되는 형태, 재료, 색채의 주택구성을 갖춘 주택이다. 즉, 농촌경관주택은 주택자체의 조형미도 중요하지만, 주택이 놓여지는 대지의 맥락(context)에 맞도록 주변 자연환경 및 경관과의 조화도 매우 중요하기 때문에 주변 지형여건과 조망권을 고려하여 주변경관을 훼손하지 않도록 적절히 통제되어 그 높이와 위치 등이 적정하게 유도되고, 대지 및 주변 주택들과의 조화를 고려하여야 하겠다. 또 집의 재료와 재질도 자연친화적이거나 주변 경관과 조화되어야 한다.

농촌은 도시와 다르게 흙과 자연을 가까이 할 수 있고 스카이라인이 낮은 들판이 펼쳐지는 한국인 누구나의 고향이다. 농촌주택은 이런 농촌, 곧 고향하면 떠오르는 이미지와 삶을 담을 수 있는 그릇이 되어야 할 것이다. 따라서 농촌주택이 기존의 농촌주택과는 달리 무엇인가 한 차원 뛰어넘을 수 있어야 한다. 정부가 표준설계도와 같이 주택에 대한 최소 기준을 정하여 주도하기보다는 거주하는 사람들의 의식이 깨어나 이들이 주도하여 지역성과 우리네 삶이 담긴 진정한 한국의 농촌주택을 지어야 한다. 즉, 도시에서 보고 경험할 수 없는 전통성과 지역성이 담긴 그런 주택이 되어야 한다. 최근 농촌체험마을 및 관광마을을 중심으로 실내공간은 편리와 기능을 담는 평면으로, 외부는 초가, 한옥, 너와집의 외관을 지속(유지)하면서 건축되는 것이 바로 그러한 예라고 볼 수 있다. 그렇게 될 때 농촌이 단순히 마음의 고향을 넘어 거주의 고향으로 거듭날 수 있을 것이고, 베이비붐 세대의 은퇴 증가로 도시민의 귀향도 확대될 수 있을 것이다. 이를 위하여 농촌주거에서 한국의 주거문화를 전달하는 그 중심적 역할을 할 수 있도록 지속적인 노력을 할 필요가 있다. 또한 현재의 농촌은 10% 미만의 인구가 살고 있는 지역으로 사람들의 관심대상이 되지 못하고 있는 현실이다. 그로 인해 농촌주택은 시장성을 완전히 상실하였고, 농촌주택의 질은 더욱 미궁으로 빠져들고 있다. 빠른 사회의 변화와 과학기술로 인한 지역 경계가 무의미해 지고, 고층아파트가 밀집된 도시의 삶에 지쳐 자연이 함께하는 곳으로 농촌이 각광받게 되는 시점이 곧 도래할 것이다. 다시 농촌으로 회귀하는 미래를 꿈꾸면서 농촌지역의 활성화를 이끌어 주길 기대한다. 더불어 경관이 우수하고 시장에서의 가치가 높은 농촌주택이 건설되어 도시민, 농민 모두에게 한국의 정체성이 살아있는 주택으로 지속되길 바란다.

참고문헌

강순주 · 김상희(2004). 현대주거학, 교문사.

강영환(1987). 한국 농촌주거의 변화과정에 관한 연구: 도시화 과정에 따른 주거형태 변화를 중심으로. 대한건축학회논문집, 3(6), 45~65.

강인호 · 한필원(2000). 주거의 문화사적 의미, 세진사.

김광언(1988). 한국의 주거민속지, 민음사.

내무부(1971). 농촌취락구조 개선과 주택개량 방안 연구, 내무부.

내무부 지방행정국 농촌주택개량과(1979). 민족의 대역사: 농촌주택사 Ⅰ, (사)마을문고본부.

농림부(2005). 2005 농림업 주요통계, 농림부.

농림수산식품부(2011). 농림수산식품통계연보, 농림수산식품부.

농림수산식품부 경영인력과 (2011). "귀농 · 귀촌 활성화를 위한" 농어촌 지역 빈집정보 제공, 8.5 일자 보도자료.

농림수산식품부 농촌정책국(2011). 2011년 주요업무추진계획.

농림수산식품부 농촌정책국(2011). 신임장관 업무보고 참고자료.

농림수산식품부 지역개발과(2010). "농어촌주택개량자금 43% 증액, 4000억 원 공급–세대당 융자한도액 5천만원으로 증액, 농어촌주택 8,000세대 개량 지원", 1. 19일자 보도자료.

농림수산식품부 지역개발과(2010). "농어촌 집 고쳐주기 165가구 봉사활동 마쳐–2010 농어촌집 고쳐주기 성과보고회", 12. 9일자 보도자료.

박경옥(1987). 농촌 개량주택의 평면구성에 관한 연구(Ⅰ): 생활공간 구성요소를 중심으로. 대한건축학회논문집, 3(3), 115~123.

박경옥(1988). 농촌 개량주택의 평면구성에 관한 연구(Ⅱ): 생산 · 가사작업에 관련된 공간을 중심으로. 대한건축학회논문집, 4(1), 179~186.

박경옥 · 유복희(1993). 주민 자유의사에 의해 최근 신축된 농가주택의 건축적 특성 및 생활에 관한 연구. 대한건축학회논문집, 9(1), 73~84.

박성준(1986). 농촌건축의 공간구성 및 변화과정에 관한 연구: 덕봉리 마을의 사례연구를 통하여. 서울대학교 석사학위논문.

박시현 · 김정연 · 이상문(1995). 지역특성을 고려한 농어촌마을 정비 방안, 한국농촌경제연구원.

박윤호 외 7인(2003). 농촌 경관주택 정책 및 마을 리모델링 방안연구. 농림부.

신영훈(1983). 한국의 살림집(하)–그림출처 편, 열화당.

양세화(1983). 표준형 농촌주택에 관한 연구: 내부공간의 편리성에 대한 만족도를 중심으로. 연세대학교 석사학위논문.

엄인섭 · 김종인(1983). 농촌개량주택의 공간이용에 관한 연구(Ⅰ). 대한건축학회논문집, 27(112), 11~19.

엄인섭 · 김종인(1983). 농촌 개량주택의 공간이용에 관한 연구(Ⅱ). 대한건축학회논문집, 27(113), 10~15.

엄인섭 · 김종인(1989). 농촌주택의 2층화 경향과 그 실상(Ⅰ). 대한건축학회논문집, 5(1), 45~53.

엄인섭 · 김종인(1989). 농촌주택의 2층화 경향과 그 실상(II). 대한건축학회논문집, 5(4), 35~45.
엄인섭(1991). 농촌주거의 공간이용행태에 관한 건축 계획적 연구: 개량주택에서의 주생활 전개를 중심으로. 계명대학교 박사학위논문.
엄인섭(1999). 농촌주택의 공간이용 및 형태 변화에 관한 연구. 대한건축학회논문집, 15(8), 49~57.
유옥순(1988). 한국 농가주택의 부업공간 변화요인에 관한 연구. 연세대학교 박사학위논문.
윤정숙 · 김성우 · 최병숙(1989). 서울 근교 농촌주택의 주거공간 구성에 관한 연구. 대한건축학회논문집, 5(1). 65~75.
이경회 · 김정수 · 김근덕 · 최찬환(1980). 농촌취락구조의 발전적 모형과 주거환경개선에 관한 연구. 연세대학교 건축공학과.
이 원(1987). 농촌주택의 주공간과 주생활 상호영향에 관한 연구: 경기도 용인군 삼가리 마을을 중심으로. 연세대학교 석사학위논문.
이재우(1986). 농가주택, 건우사.
임병호 외 7인(1996). '95 농어촌 주택 표준설계도 제작 · 보급 종합보고서. 농어촌진흥공사 농어촌연구원.
전경배(1974). 한국농촌주택 및 농촌취락 구성에 관한 건축계획적 연구. 한양대학교 박사학위논문.
전영미(1999). 농촌 문화마을의 주거환경 실태와 주관적 평가. 연세대학교 박사학위논문.
최병숙(1988). 서울 근교 에 있어서 식사 및 취사공간에 관한 사례연구. 연세대학교 석사학위논문.
최병숙(1994). 거주자 요구에 의한 농촌주택 계획방향에 관한 연구. 연세대학교 박사학위논문.
최병숙 · 유옥순 · 오찬옥 · 박윤호 · 전영미(2005). 농촌의 마을개선 사업에 대한 마을대표의 요구조사. 한국주거학회지, 16(3), 59~68.
최병숙 · 유옥순 · 오찬옥 · 박윤호 · 전영미(2005). 농촌 경관주택의 방향 설정을 위한 거주자요구 조사. 한국주거학회 논문집, 16(4), 17~28.
최병숙 · 홍찬선 · 박윤호 · 임상봉(1998). 문화마을 조성사업 사후평가 및 발전방안연구(I). 농어촌진흥공사 농어촌연구원.
최찬환(1982). 농촌주택개량에 대한 주민의식 구조에 관한 조사연구. 대한건축학회지, 26(104), 9~16.
최찬환(1986). 한국의 농촌과 도시주거양식의 비교연구. 연세대학교 박사학위논문.
최효승(2000). 농촌주택, 대한건축학회(편) - 주거론, 기문당.
한필원 · 이광로(1987). 농촌지역 농가주택의 이용패턴 변화에 관한 연구. 대한건축학회학술발표논문집, 7(1), 215~218
한필원 · 이광로(1990). 농촌마을 공간구조의 변화에 관한 연구. 대한건축학회논문집, 6(3), 105~112.
홍찬선 · 박윤호 · 임상봉 · 최병숙(1999). 문화마을 조성사업 사후평가 및 발전방안연구(최종). 농어촌진흥공사 농어촌연구원.
http://www.ekr.or.kr/Kkrpub/cms/index.krc?MENUMST_ID=10063 농어촌 뉴타운 조성 및 농어촌마을종합개발사업, 한국농어촌공사 홈페이지 농어촌지역 개발 2011. 8. 14일자 검색.
http://www.karico.co.kr/sds/ruralhouse 농어촌주택 표준설계도

찾아보기

가

가묘 7
가사제한 4
가옥건축가규칙 62
가족제도의 변화 66
개량한옥 89
개량한옥의 주거양식 91
개명아파트 171
개방형 평면계획 189
개선 및 합촌형 255
거실박스형 코어 221
거실복합형 156
거실홀형 123
건축사상 82
겸업농 242
겹집 16
경관 287
경관협약 284
경국대전 4
경조의식 251
곡간(곳간) 270
곳간채 20
공동빨래터 247
공동생산시설 255
공동작업장 275
공동주차장 275
공동주택 166
공영 표준형주택 129
공용시설 229
공적 영역 91
공중공용공간 212
광폭발코니 225
국민주택 114, 118
근대도시 61, 64
근대주거 65
근대화 60
근린주구론 180
기업농 245

나

나가야 73
나뭇간 265
남향 일자배치 175
내부화 272
노후 불량주택 245
녹색농촌체험마을 282
농기계 창고 269
농어촌발전특별조치법 267
농어촌정비법 267, 286
농어촌주택개량촉진법 267
농어촌지역 빈집정보 285
농어촌진흥공사 276
농업 · 농촌 및 식품산업 기본법 286
농용부속건물 247
농작업마당 279
농촌경관주택 287
농촌근대화 정책 246
농촌전통테마마을사업 282
농촌정책 242
농촌주거 243
농촌지붕개량촉진법 246
농촌진흥청 254
누마루 29

눈썹지붕 269, 274

다가구주택 145
다가구주택의 원형 136
다락 274
다세대주택 145
다용도실 177
단독주택 표준설계도 136
담장 14
대문 14
대지 안의 조경 208
대청 251
대한주택영단 118
도시 근대화 작업 66
도시 주거수준의 변화 126
도시형 한옥 97, 99, 100
도시환경개선론 75
동호인주택 153
뒤안 262

마루중심 평면 129
마스터플랜 개념 181
마찌야 73
마포아파트 172
메조넷트 189, 190
모임지붕 268
모퉁이부엌형 120
목조 단층건물 248
문간채 20
문화마을 조성사업 267
문화역사마을 282
문화주택 83
물독받침대 253
미니 2층집 136
민가 43
민간단독주택 132

반 2층주택 135
반가 18
반공공 공간 210
반포아파트 187
반하향식 개량 256
반2층 형식 250
방아실채 20
변기 265
별당 20
보조부엌 228
보차공존 210
부뚜막 247
부속공간 262
부속사 251
부흥주택 118
브랜드 아파트 214
빈집정비 285
빈집정비사업 267
빌트인 시스템 226
뾰족박공형 137

사당 7
사당채 20
사랑채 20, 247
사적 영역 91
산업화 243
산촌 종합개발사업 267
살기 좋은 지역만들기 사업 282
3세대 가족형주택 193
새마을 연탄보일러 265

새마을운동사업 243
생리위생공간 263
생산공간 279
생산양식의 변화 65
생활개선 67
생활공간 279
생활지도사 245
서양식 주택 68
석재붙임 257
세창양행 사택 70
소변기 265
속복도 115
솔거노비 9
숙석 5
시멘트 블록조 262
식 · 침 분리 101
신도시 199
신문화주택 80
신성공간 263
신촌형 255
실내 가사작업 263

아 래채 247
ICA 표준주택 121
안목치수 222
안채 20
양옥집 257
NS평형배치 197
연립형 농촌 공동주택 279
연탄아궁이 265
영단주택 92
영역감 230
온돌구조 251
와우아파트 175
외거노비 9
외래주택 69
웰빙아파트 229
2베이 207
2층 다세대거주 단독주택 144
2층 주택 138
2층 한옥 77
일본식 주택 72

자 연형 아파트 230
자조주택 115
자주주택 268
작가주택 149
장식제한 4
재건주택 118
재래식 부엌 246
잿간 250
적산가옥 112
전업농가 243
전원주택 153, 277
田자식 평면 119
전통성 149, 289
절충식 주택 73
정보화 마을 282
정비형 255
정주권 개발사업 267
정주생활권개념 255
정지 250
제례공간 271
제사 271
제2부업 258
조선건축기술단 114
조선시가지계획령 97
종가 8
종암아파트 170
주생활재 260

주택개량사상 75
주택개량운동 77
주택생산론 75
주택유형의 변화 126
주택청약부금제도 201
중복도형식 73
중앙부엌형 121
지붕개량 253
진채 5
집중식 평면 116

챙 258
초가집 246
초고층 주상복합아파트 220
축사 262
취락구조개선사업 245

코어(core)방식 173
큰방 250
큰채 250

타일붙임 257
탑상형 227
턴키베이스 방식 196
테라스 277
테라스형아파트 193
퇴비간 250

패키지마을 조성사업 267
푸세식 변소 250
평상 259
표준설계도 257
표준주택 274
표준형 농촌주택 256
표준형 주택 119, 123
필로티 146, 192

한 · 일 절충식주택 78
한 · 일 · 양 절충식 주택 78
한국농촌공사 276
한옥상가 76
행랑채 20
헛간 267
혼합배치 205
홑집 16
화란식 비탈집 137
후면 출입 114
후면발코니 207
흙벽돌 118, 248
희망주택 118

저자소개

윤정숙 Yoon, Chungsook
연세대학교 주생활학과(현 주거환경학과) 졸업
일본 오사카시립대학교 대학원 생활환경학과 졸업(학술박사)
일본 요코하마국립대학 건축학부 초빙교수
현재 연세대학교 주거환경학과 교수

유옥순 Ryou, Oksoon
연세대학교 주생활학과 졸업
연세대학교 대학원 주생활학과 졸업(이학박사)
미국 Univ. of Missouri-Columbia 방문교수
현재 군산대학교 자연과학대학 주거 및 실내계획학과 교수

박선희 Park, Sunhee
연세대학교 주생활학과 졸업
연세대학교 대학원 주생활학과 졸업(이학박사)
캐나다 British Colombia Univ. 방문교수
일본 쇼와여자대학 국제문화연구소 방문연구
현재 전북대학교 주거환경학과 교수

김선중 Kim, Sunjoong
연세대학교 주생활학과 졸업
연세대학교 대학원 주생활학과 졸업(이학박사)
미국 Ohio State Univ., Oregon State Univ.방문교수
현재 울산대학교 주거환경학과 교수

박경옥 Park, Kyoungok
연세대학교 주생활학과 졸업
일본 오사카시립대학교 대학원 생활환경학과 졸업(학술박사)
미국 Virginia Tech 방문교수
현재 충북대학교 주거환경학과 교수

개정판
한국 주거와 삶

2007년 2월 28일 초판 발행
2011년 9월 21일 개정판 발행

저 자 윤정숙 외
발행인 류제동
발행처 (주)교문사

책임교정 김지연
편 집 우은영
디 자 인 이수미
제 작 김선형
영 업 정용섭 · 이진석 · 송기윤

우편번호 413-756
주소 경기도 파주시 교하읍 문발리
출판문화정보산업단지 536-2
전화 031-955-6111(代)
FAX 031-955-0955
등록 1960. 10. 28. 제406-2006-000035호

홈페이지 www.kyomunsa.co.kr
E-mail webmaster@kyomunsa.co.kr

ISBN 978-89-363-1195-7 (93590)

*잘못된 책은 바꿔 드립니다.
값 20,000원